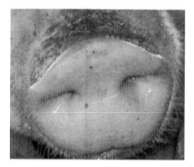

彩图2-1-14 猪吻突 A

彩图2-1-15 猪吻突 B

彩图2-1-16 猪吻突 C

彩图2-1-17 猪吻突 D

彩图2-1-18 猪耳朵

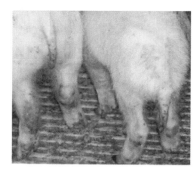

彩图2-1-19 猪尾巴

彩图2-1-20 猪肛门

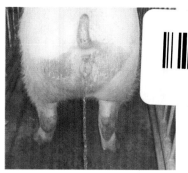

彩图2-1-22 猪尿 A（色清亮）

彩图2-1-23 猪尿 B（色黄）

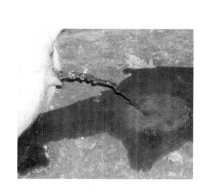

彩图2-1-24 猪尿 C（色红）

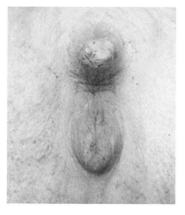

彩图2-1-25 猪阴户 A

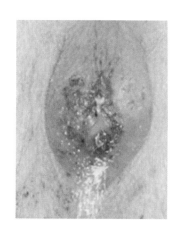

彩图2-1-26 猪阴户 B

1

彩图2-1-27 猪阴户 C

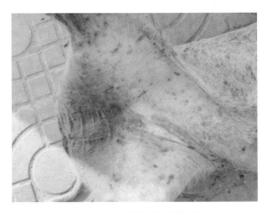

彩图2-1-31 猪阴囊 B(紫黑色)

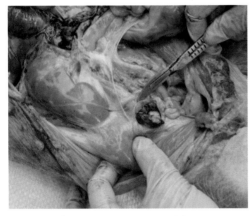

彩图2-2-16 淋巴结切面周边出血

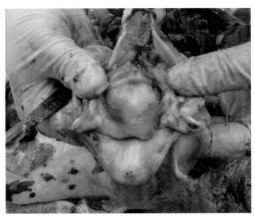

彩图2-2-17 会厌软骨有出血点

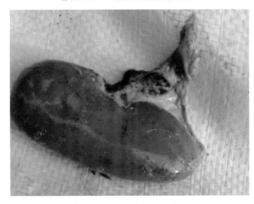

彩图2-2-18 肾脏表面有出血点

彩图2-2-19 膀胱黏膜有出血点

彩图2-2-26 器官 C

彩图2-5-1 皮肤表面有一层棕色油腻并有臭味的痂

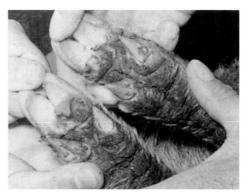

彩图2-5-2 蹄底部溃疡形成

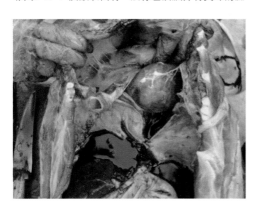

彩图2-5-12 胸膜粘连、纤维素心包炎

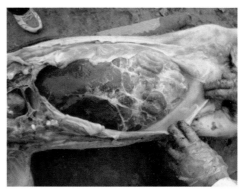

彩图2-5-13 纤维素性腹膜炎

彩图2-6-3 肝肿大，暗红色

彩图2-6-4 脾充血重大，质地柔软，
切面外翻，红髓易刮脱

彩图2-6-5 胃肠道呈急性卡他性或出血性
炎症，胃壁减少量出血点

彩图2-7-23 结肠浆膜有较多灰白色结节

3

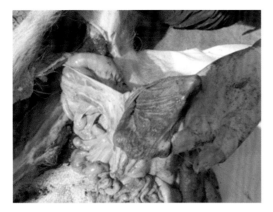

彩图2-7-24 盲肠内有大量猪鞭虫虫体

彩图2-7-25 盲结肠中收集到大量的猪鞭虫

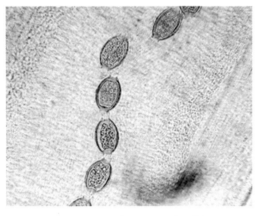

彩图2-7-26 子宫辗压后镜检腰鼓状
鞭虫卵，400倍显微镜

彩图2-7-27 病变 A

彩图2-7-28 病变 B

彩图2-7-29 病变 C

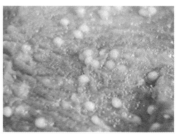

彩图2-7-30 病变 D

彩图2-7-31 虫体 A

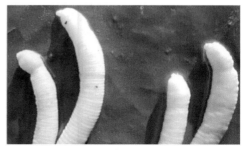

彩图2-7-32 虫体 B

北京农业职业学院教材出版基金资助

猪 病 防 治

王振玲　主编

中国农业大学出版社
·北京·

内 容 简 介

　　本教材是在遵循"以就业为导向、职业能力为本位"的教学指导思想的基础上,由校企专家共同开发,具有"工学结合"特色的教材。本教材主要内容包括猪场防疫员、猪场兽医、猪场化验员等相关工作岗位所需要的基础知识和技能要求,共设 17 个学习情境。每个学习情境设计包括学习目标、案例分析、相关知识、职业能力训练、技能考核、自测训练等部分内容。在教学方法上采取以学生为主导的情境教学,力求符合我国职业教育发展方向,旨在培养高级技术技能型人才。

　　本教材适用于高职高专畜牧兽医及相关专业教学使用,也可供个体养殖户、养猪企业技术人员、基层兽医站技术人员参考使用。

图书在版编目(CIP)数据

猪病防治/王振玲主编. —北京:中国农业大学出版社,2013.11(2019.1 重印)
ISBN 978-7-5655-0741-0

Ⅰ.①猪…　Ⅱ.①王…　Ⅲ.①猪病-防治-高等职业教育-教材　Ⅳ.①S858.28

中国版本图书馆 CIP 数据核字(2013)第 134167 号

书　　名	猪病防治		
作　　者	王振玲　主编		

策划编辑	姚慧敏	责任编辑	刘耀华
封面设计	郑　川	责任校对	王晓凤　陈　莹
出版发行	中国农业大学出版社		
社　　址	北京市海淀区圆明园西路 2 号	邮政编码	100193
电　　话	发行部 010-62818525,8625	读者服务部	010-62732336
	编辑部 010-62732617,2618	出 版 部	010-62733440
网　　址	http://www.cau.edu.cn/caup		
经　　销	新华书店		
印　　刷	涿州市星河印刷有限公司		
版　　次	2013 年 11 月第 1 版　2019 年 1 月第 2 次印刷		
规　　格	787×1 092　16 开本　17.25 印张　423 千字　彩插 2		
定　　价	36.00 元		

E-mail cbsszs@cau.edu.cn

编 审 人 员

前　言

　　猪病防治是高职院校畜牧兽医专业课程，其任务是使学生理解和掌握猪场防疫、猪病诊断及猪病化验等方面的基础知识和专业技能。为了积极推进高职高专课程和教材的改革，创新课程教学模式和课程结构，遵循"以就业为导向、职业能力为本位"的教学指导思想，将原有的按学科体系设置的教材进行了重组、改编，形成了以岗位需求为体系的工学结合教材。旨在培养具有良好职业素养，较强职业能力的高级技术技能型人才。

　　本教材的编写以职业能力训练为主线，将教学内容分为猪场防疫员、猪场兽医、猪病化验员3个岗位模块。在猪场兽医中，按猪的不同生理阶段划分疾病诊断与防制教学内容，使教学更加贴近实际工作过程。同时，为了增强教材内容的实用性，按照以工作过程为导向的理论与实践一体化课程的开发原则编写相关知识点，有助于学生把握重点，加深对知识的理解和记忆。本教材采用了大量的病例作为职业能力训练内容，强化了技能考核和自测训练，突出培养学生分析问题和解决问题的能力。教材具有题材新颖、内容翔实、技术实用的特点，可供高职高专畜牧兽医及相关专业教学使用，也可供个体养殖户、养猪企业技术人员、基层兽医站技术人员参考使用。

　　本教材由王振玲主编。编写分工：王振玲编写岗位二中的学习情境二中的学习任务一、学习情境四、学习情境五，并负责全书的统稿工作。侯引绪编写岗位二中的学习情境六。华勇谋编写岗位二中的学习情境一。王金秋编写岗位一。王黎霞编写岗位三中的学习情境一至学习情境五。关文怡编写岗位二中的学习情境三。李慧峰编写岗位二中的学习情境七中的学习任务四、岗位三中的学习情境六。谢淑玲编写岗位二中的学习情境七中的学习任务一、学习任务二。雷莉辉编写岗位二中的学习情境二中的学习任务二。蔡泽川编写岗位二中的学习情境七中的学习任务三。郭姝霞对全书进行了系统的修改。冯金梅完成了最终样稿。

　　本教材由河南科技学院的特聘教授潘耀谦，中国农业大学何伟勇教授担任主审。在此教材出版之际，谨对为本教材提供支持的院系领导和各位专家、同行表示最衷心的感谢！本教材在编写过程中参考了一些专家学者和同行的相关论述及研究成果，在此对这些专家一并表示诚挚谢意！

　　由于作者水平有限，书中疏漏和欠妥之处在所难免，敬请读者提出宝贵意见，谨此表示衷心感谢！

编　者

2013 年 8 月

目　录

岗位一　猪场防疫员

学习情境一　消毒程序的制订与实施

◈学习目标

1. 熟悉常用消毒方法。
2. 掌握常用消毒药的种类及应用。
3. 能够根据猪场的生产模式和条件制订一个合理的消毒程序并对猪场进行消毒。

◈案例分析

北京某猪场交通便利,地理条件优越。自公司成立以来,不断发展,追求卓越,现已发展种猪场 1 个,商品猪场 3 个,目前存栏基础母猪 1 200 头,品种有英系大白、法系大白、美系长白以及台系杜洛克,并生产优秀的长大、大长二元杂交猪,请你给该猪场制订一个合理的消毒程序。

◈相关知识

一、消毒的概念

消毒是指采用物理学、化学、生物学等方法清除和杀灭猪场生产环境中存活的病原体。消毒的目的在于切断疫病的传播途径,预防或终止疫病的发生与流行,是综合性防疫措施中最常采用的重要措施之一。

二、常用消毒方法

(一)物理消毒法

(1)机械消毒　用清扫、洗刷、通风和过滤等手段机械清除病原体的方法。

清扫:清除圈舍、场地、环境和道路等场所的粪便、垫料、剩余饲料、尘土和废弃物等。清扫工作要做到全面彻底,不留任何死角。

洗刷:对水泥地面、饲槽、水槽、用具或动物体表用清水或消毒液进行洗刷用高压水龙头冲洗。

通风:通风虽不能杀灭病原体,但可以排除圈舍内污秽的气体和水汽,在短时间内使舍内空气清新,降低湿度,减少空气中的病原体数量,对预防由空气传播的传染病有一定的意义,如开窗、安装排风扇等。

过滤:在圈舍的门窗、通风口处安装粉尘、微生物过滤网,阻止粉尘、病原微生物进入舍内,防止传染病的发生。

（2）焚烧　采取直接焚烧或在燃烧炉内焚烧的方法杀灭病原体,常用于病死动物尸体、垫料、污染物品、化验室废弃物等的消毒。

（3）烧灼　是用火焰直接烧灼杀死病原微生物的方法,它能很快杀死所有病原微生物。一般用于圈舍的水泥地面、金属网笼的消毒。

（4）日光、紫外线和高温消毒

①日光:日光光谱中的紫外线有较强的杀菌能力,一般病毒和非芽孢性病原菌,在直射的阳光下很快被杀死。垫料、牧草、笼网、用具和其他物品经日光暴晒可起到一定的消毒作用。

②紫外线:用紫外线灯进行空气消毒,对革兰氏阴性菌效果较好,革兰氏阳性菌次之,对一些病毒也有效,但对细菌芽孢无效。人工紫外线消毒多用于更衣室和治疗室的消毒,使用时必须做到室内清洁,保持一定湿度和时间,人应离开现场(因紫外线对人有一定的伤害)。

③高温:除火焰和烧灼、烧烤外,经常使用煮沸消毒,大部分非芽孢病原微生物在100℃的沸水中迅速死亡,大多数芽孢在煮沸后15～30 min也能致死,煮沸1～2 h可杀死所有的病原体。

（二）化学消毒法

化学消毒法是使用含化学药品的溶液进行消毒的方法,此法在养殖生产中应用的最为普遍。

（三）生物热消毒

生物热消毒主要用于污染粪便的无害化处理。在粪便堆积过程中,微生物发酵产热,使温度高达70℃以上,经过一段时间,可杀死病毒、病菌(芽孢除外)、寄生虫虫卵等病原体而达到消毒的目的,同时又保持了粪便的良好肥效。

三、常见消毒药的种类及其应用

常见消毒药的种类及其应用见表1-1-1。

表1-1-1　常见消毒药的种类及其应用

类别	药名	能杀灭的病原微生物	应用范围	使用方法及注意事项
酚类	苯酚(石炭酸)	细菌繁殖体、真菌	地面、粪便消毒、器械消毒	配成2%～5%的溶液喷洒或浸泡,不能与碘、溴、高锰酸钾等消毒药配伍
	煤酚(甲酚)(50%的煤酚皂液称来苏儿)		圈舍、粪便消毒、皮肤、器械消毒	用水稀释至2%用做皮肤、器械消毒(浸泡),5%用做环境消毒(喷洒)
	复合酚(消灵、菌毒敌、家乐)	细菌、霉菌、病毒、多种虫卵	圈舍、用具、饲养场地和污物消毒	配成1%的水溶液喷洒,用药1次,药效可维持7 d
醇类	乙醇(酒精)苯氧乙醇	细菌繁殖体,对革兰氏阴性菌,尤其是绿脓杆菌作用强	皮肤和器械消毒皮肤外伤、烫伤的治疗	配成70%的水溶液浸泡或擦拭配成2%溶液或乳剂涂擦

续表 1-1-1

类别	药名	能杀灭的病原微生物	应用范围	使用方法及注意事项
醛类	福尔马林（40%的甲醛溶液）	细菌繁殖体、芽孢、真菌、病毒	圈舍、育雏室、孵化室熏蒸消毒、种蛋熏蒸消毒	关闭门窗，使呈密封状态，每立方米用14～30 mL福尔马林，加入高锰酸钾7～15 g，消毒8～10 h后，打开门窗，使甲醛气体散尽方可使用，注意人畜不能接触高浓度的甲醛溶液
	聚甲醛（多聚甲醛）	同上	同甲醛	本身无消毒作用，在室温下缓慢释放出甲醛，要求室温高于18℃，湿度80%～90%，浓度大于3 mg/L，熏蒸消毒
	露它净（国内产品称宫炎清）	同上	治疗猪慢性子宫内膜炎、直肠脱出、烧伤	配成1%～5%的溶液，子宫内冲洗
	戊二醛	作用较甲醛强2～10倍	不易加热的医疗器械、塑料、橡胶等	配成2%的溶液应用
酸类	硼酸	抑制细菌繁殖体	用于黏膜、创伤的消毒	配成3%的水溶液冲洗
	水杨酸	细菌繁殖体、真菌	用于治疗动物皮肤真菌感染	配成5%～10%的酒精溶液涂擦皮肤
	苯甲酸		用于治疗动物皮肤真菌感染及食品防腐	1%浓度添加到食品中；外用复方软膏涂擦治疗皮肤真菌感染
碱类	氢氧化钠（苛性碱、烧碱）	细菌繁殖体、芽孢、病毒、寄生虫虫卵	圈舍、运输工具、用具、环境、粪便消毒	配成2%～3%的水溶液喷洒，消毒后要用水冲洗干净才能与动物接触
	生石灰（氧化钙）	细菌繁殖体	地面、墙壁、粪便消毒	配成10%～20%的石灰乳趁热泼洒，待石灰乳干后方可与动物接触
碘制剂	碘酊	细菌繁殖体、芽孢、真菌、病毒	皮肤消毒	2%～5%的碘酊涂擦皮肤
	碘甘油	同上	黏膜消毒	局部涂擦
	碘仿甘油	同上	化脓创治疗	局部涂擦
	碘伏	同上	皮肤、黏膜、饮水、环境消毒	冲洗用0.1%的溶液；治疗炎症或溃疡用5%～10%软膏或栓剂
	聚维酮碘	比碘强，兼有清洁作用	手术部位、皮肤和黏膜消毒	皮肤消毒配成5%溶液，浸泡0.5%～1%，黏膜及创面冲洗0.1%溶液

续表 1-1-1

类别	药名	能杀灭的病原微生物	应用范围	使用方法及注意事项
氯制剂	漂白粉	细菌、芽孢、真菌、病毒	地面、粪便消毒、饮水消毒	配成 5%～10% 的溶液喷洒地面、粪便。饮水消毒:每吨水加 4～8 g。注意不能用做金属消毒
	二氯异氰尿酸钠	同上	圈舍、粪便消毒、饮水消毒	配成 1%～5% 的水溶液喷洒、浸泡、擦拭猪圈舍、粪便消毒;饮水消毒:每吨水加 4 g,应现配现用,不能用做金属器具的消毒
	三氯异氰尿酸钠	同上	同二氯异氰尿酸钠	同二氯异氰尿酸钠
氧化剂	过氧化氢溶液(双氧水)	细菌繁殖体	黏膜、皮肤、创伤消毒	配成 1% 的水溶液冲洗,局部用药后产生的气泡有利于清除坏死组织
	过氧乙酸(过醋酸)	细菌繁殖体、芽孢、病毒、真菌	用于带动物的圈舍、环境、交通工具、用具等的消毒	配成 0.3%～0.5% 的水溶液喷洒,应现用现配,对金属有腐蚀作用
	高锰酸钾	细菌繁殖体	皮肤、黏膜消毒、饮水消毒	配成 0.1%～0.5% 的水溶液洗涤,做皮肤、黏膜消毒;饮水消毒,每 100 kg 饮水加 5 g
染料类	紫药水(龙胆紫)	革兰氏阳性菌、霉菌	皮肤、黏膜消毒	涂擦
	依沙吖啶(利凡诺)	革兰氏阳性菌和少数革兰氏阴性菌	皮肤、黏膜消毒	配成 0.1%～0.5% 的溶液冲洗或湿敷创伤
表面活性剂	新洁尔灭(溴苄烷胺)	细菌繁殖体、真菌	皮肤、黏膜、伤口消毒、器械消毒	配成 0.1% 的水溶液浸泡、洗涤或冲洗。不能与碘制剂、过氧化物、肥皂配伍
	洗必泰	同上	同新洁尔灭	同新洁尔灭
	消毒净	同上	同新洁尔灭	同新洁尔灭
	杜灭芬	同上	同新洁尔灭	同新洁尔灭
	双季铵盐类	细菌、病毒	饮水消毒和水质改良	喷洒、擦拭
气体消毒剂	环氧乙烷	细菌、芽孢、真菌、立克次氏体、病毒	仪器、医疗器械、生物制品、皮革的消毒;仓库、实验室、无菌室等空间消毒	每立方米用 300～700 g,置于消毒袋内消毒 8～24 h,使用时禁止火源

四、影响消毒剂作用的因素

(一)消毒剂浓度

各类消毒剂在使用时须根据不同的消毒对象、消毒目的,选择最合适的浓度,浓度过低常难以达到消毒目的,如乙醇在 70%～75% 时消毒效果最好,高于或低于这一浓度则效果降低。一般来说,提高消毒剂的使用浓度可提高杀菌能力和加快反应速度,但浓度过高,不但造成浪费,而且对动物的毒性和消毒对象的腐蚀性也相应增加。

(二)作用时间

各种消毒剂杀灭病原体均需要一定的作用时间。作用时间的长短与消毒剂的化学特性、浓度有关,也与病原体的种类、数量及其对消毒剂的抵抗力有关,还与消毒环境的温度和湿度有关。一般来说,消毒剂对消毒对象作用的时间越长,其效果越好,消毒时间过短,常导致消毒不彻底。因此,在使用消毒剂的过程中,应了解不同消毒剂在推荐使用浓度下所需的消毒时间,以达到彻底消毒的目的。一般消毒剂作用 20～30 min 可达到消毒效果。

(三)温度

通常在温度较高的条件下,消毒剂对病原体的杀灭力增强,同时消毒时间缩短,而在低温条件下,杀灭力下降甚至失去消毒作用。例如,在使用福尔马林熏蒸消毒圈舍时,温度低于 15℃ 时消毒效果不理想,达到 18℃ 以上时消毒效果良好;在使用酚类消毒剂消毒时,温度提高 10℃,则消毒速度提高 8 倍。

(四)湿度

猪舍空气的相对湿度对熏蒸消毒的效果有明显影响。如常用于猪舍熏蒸消毒的甲醛、过氧乙酸,在空气相对湿度 60%～80% 时消毒效果最好,若空气干燥则消毒效果不理想。

(五)pH

消毒剂的消毒效果易受环境 pH 的影响,如酸类、复合酚类、碘制剂等在酸性环境条件下杀菌力增强,碱类、阳离子表面活性消毒剂(如新洁尔灭)、醛类消毒剂中的戊二醛等在碱性环境条件下杀菌力增强。因此,在进行环境消毒时,应首先了解环境 pH,以选择合适的消毒剂。

(六)病原微生物

环境中病原微生物的种类和数量对消毒效果有着较大的影响。不同病原体对消毒剂的抵抗力不同,一般来说,无囊膜病毒(如口蹄疫病毒、细小病毒、圆环病毒等)和细菌芽孢的抵抗力最强,应使用消毒作用较强的消毒剂。严重污染的环境消毒时间相应要长,如少量芽孢菌污染时,使用 8% 的甲醛溶液作用 2 h 即可杀灭,而污染严重时,需要作用 10～24 h 才能彻底杀灭。此外,为了避免病原微生物对消毒剂产生耐药性,应有计划地轮换使用消毒剂。

(七)有机物

环境中存在有机物时(如血液、粪便、呕吐物、脓汁、痰液及饲料残渣等),可抑制或降低消毒剂的消毒作用,尤其是含氯制剂和季铵盐类消毒剂。因此,在消毒之前应对消毒对象进行彻底的清扫、冲洗。

(八)水质硬度

硬水中含有的 Ca^{2+}、Mg^{2+} 等能与季铵盐类、碘等结合成不溶性盐类,杀菌效力降低。

（九）其他物质

消毒剂的消毒效果可被一些物质抑制。例如，新洁尔灭等阳离子表面活性剂在与肥皂、洗衣粉等阴离子表面活性剂共同使用时，可降低消毒作用；塑料（聚乙烯、聚氯乙烯、聚醋酸乙烯）也能抑制某些消毒剂如季铵盐类、环氧乙烷等的消毒作用。因此，在使用消毒剂时要注意仔细阅读其说明书，注意其使用禁忌。

五、猪场应建立的消毒设施

（一）卫生消毒设施

（1）消毒更衣室（沐浴更衣室） 供本场生产人员进场消毒、更衣用。应建在猪场生产区大门旁，室内应设有消毒更衣柜、消毒洗手池，也可安装紫外线灯。有条件的猪场可设立淋浴更衣室，供员工淋浴、消毒后换穿生产区专用工作服、鞋。

（2）大型消毒池 建于生产区大门处，供本场车辆出入生产区时消毒用，其规格一般为宽度与大门同宽，长度不低于最大车轮周长的 1.5 倍，深度不小于 10 cm。池顶可修盖遮阳棚，池四周地面应低于池沿。

（3）人场消毒通道 供本场工作人员进入生产区时消毒用，与消毒更衣室相连。通道地面建有消毒池，中央装有旋转门。

（4）小型消毒池 一般建于猪舍大门处，供人员出入猪舍时消毒双脚，其规格多与猪舍内走道等宽，长度以人不能跃过即可，深度不小于 10 cm。也有猪场在猪舍入口处放置一个盛有消毒液的盆，供进入猪舍的人踩踏浸泡消毒。

（5）粪便堆积发酵场（池） 用于粪便的贮存与发酵。有条件的可将粪便制作成生物有机复合肥。

（6）污水处理净化池或沼气池 用于污水的净化。可采用多级沉淀发酵法，有条件的可采用固液分离系统。沼气池是目前采用较多的污水处理方法，其所产生的沼气可用于猪舍的供暖及照明、做饭等，沼液可用于浇灌农作物、蔬菜，沼渣可用做农田基肥。

（7）尸体剖检及处理设施 对病死猪尸体进行剖检是一项重要的诊断工作，为防止剖检可能对环境带来的污染，在距猪舍一定距离远的地方建造尸体剖检室，并与尸体坑或焚尸炉相邻。尸体剖检室备有尸体剖检台和常用消毒剂，清洗消毒后的污水可流入尸体坑中，尸体坑需密闭和修建一个出口，用于清除骨骼。

（二）消毒设备

（1）喷雾器 用于喷洒消毒剂。喷雾器有手动式、机动式和电动式 3 种，用于猪舍和环境的消毒。

（2）高压清洗机 用于强力冲洗栏舍及地面。也可与多头喷雾系统连接，用于大面积强化消毒或杀虫。

（3）火焰消毒器 用于猪舍地面及金属设备消毒。可酌情选择使用酒精、汽油或天然气做燃料的火焰消毒器。

（4）煮沸消毒器或高压灭菌器　用于兽医诊疗器械的消毒。

（5）紫外线灯　为波长254 nm的紫外线灯管，用于更衣室和治疗室的照射消毒，其悬挂高度距离地面不超过2 m，使用中应注意人员健康防护。

（6）通风换气机　用于猪舍的通风换气。根据猪舍空间大小安装相应功率的轴流风机，采用正压或负压的方法通风换气。

◉**职业能力训练**

(一)制订规模化猪场消毒程序

划定消毒区域，确定规模化猪场消毒程序。

1.门口消毒

（1）人员消毒　人员进场前应在更衣室内淋浴后，更换场内专用工作服、鞋、帽进入生产区，无淋浴条件的应在更衣室内穿戴工作服，更换场内专用工作鞋，双手在消毒池（盆）内浸泡消毒后，经消毒通道进入生产区。工作服、鞋、帽用后应悬挂于更衣室内，开启紫外线灯，照射2 h消毒，也可用熏蒸法消毒，以备下次再用。

（2）车辆消毒　本场车辆自场外返回进入生产区时，应在大门外对其外表面及所载物品表面消毒后，通过消毒池进入。如车辆装载过畜禽或其产品，或自发生疫情地区返回时，应在距场区较远处对车辆内外（包括驾驶室、车底盘）进行彻底冲洗消毒后，方可进入场区内，但7 d内不得进入生产区。

（3）物品消毒　生产用物资（如垫草、扫把、铁锹等）可用消毒剂对表面消毒即可，在有疫情时须经熏蒸法消毒后才可进入生产区。

2.场区消毒

（1）非生产区　生活区、生产辅助区应经常清扫，保持其清洁卫生，定期消毒。

（2）生产区　舍外道路每日清扫1次，每周消毒1～2次。有外界疫情威胁时，应提高消毒剂的浓度，增加消毒次数。场内局部发生疫情时，要在有疫情猪舍相邻的通道上铺垫麻袋或装锯末的编织袋，在其上泼洒消毒剂并保持其湿润。赶猪通道、装猪台在每次使用后立即清扫、冲洗并喷洒消毒剂。称重的磅秤用后必须清扫干净，再用拖布蘸取消毒剂进行擦拭消毒。尸体剖检室或剖检尸体的场所、运送尸体的车辆及其经过的道路均应于使用后立即酌情使用喷洒法或浇泼法、浸泡法等方式进行消毒。粪便运输专用道路应在每日使用后立即清扫干净，定期（每周或每2周1次）消毒，贮粪场地应定期清理、消毒。发生疫情的猪舍应暂停外运粪便，将粪便堆积在舍外的空地上，并进行消毒。

3.猪舍卫生消毒

（1）预防消毒　为猪场的一项常规性消毒措施。方法是：每日上午和下午对猪舍地面、道路及粪便各清扫1次，将收集的粪便、饲料残渣、垫草等运往贮粪场集中处理，同时清洗食槽、水槽及排污沟。每周对猪舍喷洒消毒1次，在场外疫情严重时应酌情增加消毒次数和提高消毒剂的使用浓度。

（2）局部消毒　采用传统养猪工艺、非全进全出生产方式，对断奶、转群或出售猪只后空出的栏舍消毒。方法是：将栏舍打扫干净后用高压水冲洗，然后对地面、墙壁、食槽、水槽泼洒消毒，数小时后，再以清水冲洗，干燥后即可进猪。对无专用产房实行常年分散分娩的猪场，在对分娩栏采用上述方法消毒后，对待产母猪躯体进行喷雾消毒后进栏。临产前将猪栏打扫干净，开始分娩时用消毒液（0.1%高锰酸钾或新洁尔灭等）擦洗其后躯、阴部、乳房，铺上干净垫草，候其分娩。

（3）定期消毒　采用工厂化分段式养猪工艺、全进全出生产方式时，由于各个独立的养猪单元封闭性较好，因此对环境控制的要求更高，消毒也更为严格。一般做法是：在单元空出后，彻底清扫，冲洗栏舍，对猪床、排污沟、地面、墙壁、保温箱、保温板、天花板、食槽等应仔细地洗净，清除粪污，不留死角，再喷洒消毒液，作用数小时后用清水冲洗。在尚未干燥时，即关闭门窗进行熏蒸消毒，24 h后通风换气，至少空置 7 d 方可进猪。必要时也可用火焰消毒。

（4）终末消毒（大消毒）　当疫病大面积发生和流行过后，最后一头患猪死亡、扑杀、转移出场或痊愈，经过该病的最长潜伏期无新病例发生时，在全场施行全面彻底消毒。其原则是：先消毒未发病区，后消毒发病区；先消毒猪舍外，后消毒猪舍内。猪舍外环境消毒前应进行大扫除，垫草、粪便、垃圾等应予以焚烧，水泥地面泼洒消毒剂，必要时应对病猪曾接触的泥土、地面进行消毒。舍内消毒则可按上述程序进行，必要时可适当提高消毒剂的使用浓度。

（5）带猪消毒　使用对猪刺激性和毒性均较低的高效消毒药对猪及猪舍进行的消毒。这种消毒方式可与日常消毒或空气消毒同时进行，也可单独进行。在夏季可使用凉水，冬季应使用热水稀释消毒剂。对猪体消毒要在气温较高时段进行，以防止因消毒过度导致的猪舍内湿度过高，甚至引起猪的受凉感冒。

（6）猪舍内空气消毒　封闭式猪舍在气温适宜时可开启门窗通风换气，气候寒冷时可用风机抽出舍内污浊气体；在封闭程度较高、饲养密度较大、带猪条件下的猪舍内进行空气消毒可采用刺激性较低、杀灭力较强的消毒剂进行气雾消毒。使用气雾发生器将药物向猪舍内喷洒，使药物以气溶胶形式悬浮于空气中。

4.其他常规消毒

（1）剖检消毒　对病、死因不明猪只的剖检应在剖检室内或场外规定场所进行，运送猪尸体时，应防止其对环境的污染。剖检前应对猪尸体清洗消毒。剖检完毕后应按有关规定处置尸体，勿使其对周围环境造成污染。剖检器械应浸泡消毒，所采集病料应妥善保管。剖检场地应用消毒剂泼洒清洗。

（2）工作服、鞋、帽消毒　职工在工作中穿戴的衣服、鞋、帽应定期清洗，置日光下暴晒消毒。工作人员接触病猪后应将工作服、鞋、帽置于消毒剂中浸泡消毒后再行洗涤。

（3）医疗器械消毒　注射器、针头等应采用煮沸消毒法。消毒时，金属注射器应拆卸开，玻璃注射器应将内芯抽出，用纱布包裹后煮沸 30 min，自然冷却后再行装配使用。体温计应在每次用后立即用酒精棉擦拭干净。手术刀、剪等器械用后应洗净并用消毒液浸泡消毒。

（4）粪便及污水消毒　多采用堆贮发酵法消毒，有条件的可采用发酵塔将粪便加工成有机复合肥。若粪污水产生量较大，可采用沉淀池分级沉淀发酵法将其中大部分固形物分离出，沉淀后的水再经生物发酵可用于农田灌溉及鱼塘养鱼，有条件的可采用固液分离机将粪污水中的固形物分离出用于制造肥料。

（5）饮用水消毒　猪场在使用未经过滤净化处理的江河、湖塘水作为饮用水源时，可使用有机酸制剂等通过定量加药器或水塔对猪的饮用水进行消毒。这对腹泻性疾病多发的猪场尤为重要。

（二）对规模化猪场实施消毒

1.常用的器材与用具

（1）器械　喷雾消毒器、火焰喷灯、量杯、托盘天平或台秤、盆、桶。

（2）消毒药品　新鲜生石灰、粗制氢氧化钠、20%过氧乙酸。

（3）其他　清扫及洗刷工具、高筒胶鞋、工作服、帽、口罩、橡胶手套、毛巾、肥皂等。

2.消毒器械的选用

（1）喷雾器　有2种，一种是手动喷雾器，另一种是机动喷雾器。手动喷雾器又有背携式和手压式2种，常用于小面积消毒；机动喷雾器又有背携式和担架式2种，常用于大面积消毒。

应先在一桶内将消毒剂充分溶解、搅匀、过滤，以免有些固体消毒剂存有残渣而堵塞喷嘴，影响消毒。使用前应对各部分仔细检查，尤其注意喷头部分有无堵塞现象。喷雾器内药液不要装得太满，否则不易打气或造成桶身爆破。打气时，感觉有一定抵抗力时，就不要再打气了。消毒完毕后，倒出剩余的药液前应先放气，放气时不要一下打开桶盖，应先拧开旁边的小螺丝，放完气，再打开桶盖，倒出药液，用清水将喷雾器内外冲洗干净。

（2）火焰喷灯　利用工业用火焰喷灯，以煤油或汽油作为燃料。火焰温度很高，消毒效果很好。但应注意喷烧消毒不要过久，易燃物体不宜使用，以免将物品烧坏。消毒时应有一定的次序，以免发生遗漏。

3.常用消毒液的配制

①用粗制氢氧化钠配制3%氢氧化钠溶液50 L。

②用20%过氧乙酸溶液配制0.2%过氧乙酸溶液50 L，配制0.5%过氧乙酸溶液50 L。

③用新鲜生石灰配制20%石灰乳50 kg。

消毒剂稀释浓度计算公式如下：

$$A/B = b/a$$

式中：A 为浓溶液容量，B 为稀溶液容量，a 为浓溶液浓度，b 为稀溶液浓度。

$$A = B \times b/a$$

4.饲养区地面、猪舍、用具及粪便物消毒

（1）对饲养区地面实施消毒　用3%氢氧化钠溶液喷雾。

（2）空猪舍的消毒　清除舍内所有污物，用清水冲洗墙壁、地面，干燥后用3%氢氧化钠溶液喷洒消毒。空舍1周，清水冲洗并干燥后再用0.5%过氧乙酸喷雾消毒，方可进猪。

（3）猪舍带猪消毒　清扫猪舍，用清水洗刷地面，干燥后用0.2％过氧乙酸溶液喷雾消毒。喷洒消毒液的用量，一般以畜舍内面积计算，1 000 mL/m²。消毒时，先由离门远处开始，对地面、墙壁、天花板等，按一定的顺序均匀喷湿，最后打开门窗通风。

（4）用具消毒　料槽、饮水槽、锹、车等饲养用具洗刷干净后，用3％氢氧化钠溶液喷洒或冲洗消毒，然后用清水冲洗干净，除去消毒药味。

（5）粪便的消毒　用堆积法对粪便进行生物热消毒。

◆ 技能考核

学生制订规模化猪场消毒程序和实施猪场消毒后，教师根据其操作过程及结果进行技能考核，填写技能考核表（表1-1-2）。

表1-1-2　技能考核表

序号	考核项目	考核内容	考核标准	参考分值
1	过程考核	操作态度	精力集中，积极主动，服从安排	10
2		协作意识	有合作精神，积极与小组成员配合，共同完成任务	10
3		实训准备	能认真查阅、收集资料，准备实训器材	10
4		制订规模化猪场消毒程序	结合养殖场具体情况，制订切实消毒程序	20
5		猪场消毒	动手积极，认真，操作准确，并对任务完成过程中的问题进行分析和解决	30
6	结果考核	操作结果综合判断	准确	10
7		工作记录和总结报告	有完成全部工作任务的工作记录，字迹整齐；总结报告结果正确，体会深刻，上交及时	10
合计				100

◆ 自测训练

一、看图题

猪场常用消毒药如图1-1-1至图1-1-10所示。请说明这些消毒药各属于下列哪类。

1. 醛类消毒药制剂有_____。

2. 碘制剂有_____。

3. 氯制剂有_____。

4. 氧化剂有_____。

5. 染料类有_____。

6. 表面活性剂有_____。

图 1-1-1　金碘
主要成分:聚维酮碘溶液

图 1-1-2　安灭杀
主要成分:复方戊二醛

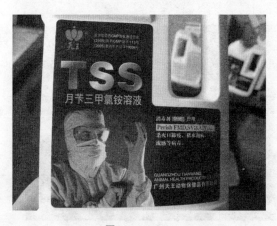

图 1-1-3　TSS
主要成分:三氯异氢脲酸钠

图 1-1-4　卫效
主要成分:二氯异氢脲酸钠

图 1-1-5　百毒杀
主要成分:癸甲溴铵溶液

图 1-1-6　甲紫

图 1-1-7　蓝光 A+B

主要成分:亚氯酸钠溶液

图 1-1-8　威灭

主要成分:稀戊二醛溶液

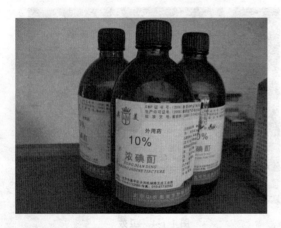

图 1-1-9　10%浓碘酊

图 1-1-10　过氧化氢

提示:一般来说,兽药既有商品名称,也有通用名称。使用消毒剂时,防疫员应着重了解通用名称,商品名仅作为参考。

二、填空题

1. 定期对猪舍地面、墙壁消毒使用＿＿＿＿＿＿＿＿＿＿消毒药。

2. 食槽、水槽消毒使用＿＿＿＿＿＿＿＿＿消毒药。

3. 定期向消毒池内投放 ＿＿＿＿＿＿＿＿＿消毒药。

4. 皮肤及注射过程使用＿＿＿＿＿＿＿＿＿消毒药。

5. 皮肤、黏膜创伤感染和溃疡使用＿＿＿＿＿＿＿＿＿消毒药。

6. 手术、外伤的局部消毒使用＿＿＿＿＿＿＿＿＿消毒药。

7. 仔猪断脐、断尾、剪牙、剪耳号多采用＿＿＿＿＿＿＿＿＿进行消毒。

8. 用于生产区大门口处、供车辆消毒使用＿＿＿＿＿＿＿＿＿消毒药。

9. 人员进入猪舍、生产区门口使用 ＿＿＿＿＿＿＿ 消毒药。

10. 医疗器械、注射器、针头等用 ＿＿＿＿＿＿＿ 进行消毒。

11. 手术器械消毒用 ＿＿＿＿＿＿＿ 。

12. 用于口腔、鼻、阴道、肛门等黏膜消毒药有 ＿＿＿＿＿＿＿ 。

13. 清洗临产前母猪乳房、后躯,清洗皮肤、黏膜的创伤、溃疡、化脓灶等用 ＿＿＿＿＿＿＿ 进行消毒。

三、选择题

1. 猪场带猪消毒最常用的消毒药是 （　　）

A. 0.1％高锰酸钾溶液　　　　　B. 0.1％氢氧化钠溶液　　　　　C. 0.3％食盐溶液

D. 0.3％过氧乙酸溶液　　　　　E. 0.3％福尔马林溶液

2. 对于剖检的组织块,如果没有条件立即送检,可将其投入到甲醛溶液中进行固定,以保持组织生前状态。这种用甲醛溶液对组织块进行固定的浓度要求是 （　　）

A. 10％　　　　　　B. 20％　　　　　　C. 36％　　　　　　D. 40％

3. 碘伏在给皮肤伤口消毒时一般使用的浓度是 （　　）

A. 0.3％～0.5％　　　B. 0.5％～1％　　　C. 1％～1.5％　　　D. 1.5％～2％

E. 2％～3％

4. 创伤冲洗常用的高锰酸钾浓度是 （　　）

A. 0.1％　　　　　　B. 0.5％　　　　　　C. 1％　　　　　　D. 5％

E. 10％

5. 0.1％苯扎溴铵溶液(新洁尔灭)浸泡消毒手术器械时,为防止生锈应添加的药物是

（　　）

A. 5％碘酊　　　　　B. 70％酒精　　　　　C. 10％甲醛　　　　　D. 2％戊二醛

E. 0.5％亚硝酸钠

6. 用70％酒精浸泡器械,浸泡时间应不少于 （　　）

A. 5 min　　　　B. 10 min　　　　C. 15 min　　　　D. 20 min　　　　E. 30 min

学习情境二　疫苗的选购、运输、保存和使用

◈ **学习目标**

1. 正确选购、运输和保存疫苗。

2. 正确使用疫苗。

3. 制订猪群的免疫接种程序。

4. 实施猪群免疫接种。

◈ **案例分析**

近几年,由于母猪受到猪瘟、猪繁殖与呼吸综合征、猪伪狂犬病等病毒的感染,曾一度出现

流产、早产、死胎、木乃伊胎等现象,给猪场造成严重经济损失,猪群的免疫也越来越受到人们的高度重视。但由于各个猪场流行的疫病不同,其猪群免疫状况也不同,请依据你所在猪场具体情况,制订本场的免疫程序,并实施免疫接种。

◆ 相关知识

一、疫苗的概念及种类

疫苗是将病原微生物(如细菌、立克次氏体、病毒等)及其代谢产物,经过人工减毒、灭活或利用基因工程等方法制成的用于预防传染病的主动免疫制剂。常用疫苗有以下4种。

(1)灭活疫苗 用化学药物或其他方法将病毒或细菌杀死,以除去其致病性,但仍保持其抗原性而制成的生物制品。

(2)弱毒活疫苗 具有良好抗原性的弱毒或无毒毒株,未经灭活制备而成的一类生物制品。

(3)基因缺失苗 采用基因工程技术,将致病基因的某一片段切去,使病毒失去致病力而保留其免疫原性的活疫苗。

(4)类毒素 将细菌所产生的外毒素用甲醛脱毒后仍保持其抗原性的制剂。如破伤风类毒素。

二、猪场常用疫苗

猪场常用疫苗有猪瘟疫苗、猪繁殖与呼吸综合征弱毒苗、猪伪狂犬病弱毒苗、猪细小病毒疫苗、猪口蹄疫灭活苗、猪丹毒弱毒苗、猪肺疫弱毒苗、猪乙脑弱毒苗、猪链球菌灭活苗、猪传染性胸膜肺炎疫苗、猪支原体肺炎弱毒苗、大肠杆菌灭活苗、猪传染性胃肠炎和猪流行性腹泻二联苗等。

三、疫苗接种途径

(1)肌肉注射 在耳根后、臀部或股内侧注射,与皮肤保持一定角度,迅速刺入肌肉内1～3 cm(视动物大小而定),然后抽动针筒活塞,确认无回血时,即可注入。注射完毕,用酒精棉球压迫针孔部,迅速拔出针头。有些疫苗切不可注入脂肪层或皮下,如猪瘟等疫苗。

(2)皮下注射 将疫苗液注射于皮下结缔组织内,经毛细血管、淋巴管吸收进入血液循环。凡是易溶解,刺激性不大的药品及疫苗、菌苗、血清等,均可皮下注射。

注射点一般选在猪耳根后或股内侧,皮肤较薄而皮下疏松易移动、活动性较小的部位,每一注射点不宜注入过多的药液,如需注射大量药液则应分点注射。

(3)后海穴(交巢穴)注射 后海穴位于猪的肛门上方,尾根的下方正中窝处。注射时应按常规消毒,注射深度:小猪1～2 cm,大猪2～4 cm。注射时应与猪的脊柱方向平行刺入,不可往下刺,以防刺伤直肠。如猪传染性胃肠炎、流行性腹泻二联苗,可用后海穴注射。

(4)胸腔注射 术者在倒数第6肋间与髋关节水平线交界处,用12号兽用针头垂直刺入,进针后若有空洞感即可将药徐徐注入。如猪支原体肺炎兔化弱毒苗,有胸腔注射要求时才使用该方法。

（5）口服免疫 根据猪的数量、免疫剂量等准确算出疫苗和水的用量。水中不能含有氯和其他有害物质，饮水应清洁。如猪副伤寒苗采用口服免疫。

（6）黏膜免疫 免疫的主要部位是呼吸道、胃肠道、泌尿生殖道黏膜，因为这些黏膜上皮下有淋巴组织，它是黏膜接触并摄取抗原和进行最初反应的效应部位。如猪伪狂犬病基因缺失疫苗滴鼻接种。

四、预防接种

预防接种要有针对性和计划性，要根据本地区或该养殖场具体情况，制订切实可行的免疫程序。做好接种前的准备工作，如查清被接种动物的种别、数量及健康状况、预接种疫苗、器械的准备、人员分工，熟悉接种方法、技术，观察接种反应等。

五、紧急接种

当猪场附近或场内局部发生传染性疾病时，为了预防或快速控制疫情的蔓延与流行，对猪群进行的应急性免疫接种称为紧急接种。一般而言，在传染病发病期间不应注射疫苗，而应使用抗血清或痊愈血清（或全血）对受威胁猪只进行预防控制。但是对一个猪场来说，大量使用血清极不现实，也不经济。实践表明，对于某些传染病，如猪瘟，紧急接种弱毒活疫苗可取得较好的预防和控制效果。接种后处于潜伏期的猪群中可能会有部分猪只迅速发病，此后猪群发病会很快下降。

紧急接种结束后，应立即将接种用器械清洗后煮沸消毒，剩余疫苗亦应在消毒后进行无害化处理，不得随意倾倒。

六、乳前免疫

乳前免疫又称超前免疫、零时免疫，是指仔猪出生后、吃初乳前进行的免疫接种。多在有猪瘟疫情时使用。其操作步骤如下。

①母猪分娩前应准备好已消毒的注射器、针头、疫苗、稀释液、酒精棉球、保温瓶、冰块、记号笔。

②实施乳前免疫。第1头仔猪出生后立即按照规定的方法稀释疫苗，每头仔猪按要求注射猪瘟脾淋苗，每头猪1个针头，注射后给仔猪打上顺序号，记录出生和注苗时间，放入温箱中保温，按照出生顺序间隔 60 min 以上依次让仔猪哺乳，直到最后 1 头仔猪出生并开始吸食初乳。对体弱仔猪可在出生后哺喂 10% 葡萄糖水。

③乳前免疫成功的关键在于仔猪出生后，在未进行免疫前不让其吸食初乳，因此母猪在分娩期间必须有专人照看。

④对免疫仔猪仔细观察有无异常表现，如个别出现过敏反应时应立即加以救治；如果出现过敏反应的仔猪数量较多，则立即停止使用该批疫苗，换用其他批次或其他种类的疫苗；注射疫苗后 1～2 h 可能出现发热仔猪，也应立即予以处理，并在此后进行的乳前免疫中停用该批次疫苗。

⑤保存所有记录，以便跟踪了解乳前免疫的效果。

七、免疫注意事项

(1)猪群的健康 一般来说,猪体格健壮、发育良好,注射疫苗后产生较高的免疫力。而体弱、有病、生长发育较差的猪注射疫苗后易发生严重不良反应,所产生的免疫力也较低;妊娠猪注射疫苗后由于注射疫苗反应可能会发生早产、流产或影响胎儿发育。因此,在无疫情时对这类猪的疫苗注射可暂缓进行,应待其身体恢复健康、产后或母源抗体消失后再行注射。

(2)疫苗的稀释 疫苗稀释前应对疫苗瓶盖用75%酒精进行消毒,要严格按照厂家的要求使用疫苗的稀释剂。稀释后的疫苗应保存于阴凉处,避免阳光直射。由于稀释后疫苗的效价不断下降,在15℃以下4 h失效,15～25℃时2 h失效,高于25℃时1 h即会失效,因此,稀释后的疫苗要尽快注射,疫苗稀释后保存的时间超过上述时间应予废弃,不能再用。

(3)影响抗体产生的因素 抗体的产生随疫苗量的增加而增加,但当疫苗用量超过了一定限度,抗体的形成反而受到抑制,称为免疫麻痹。因此,免疫过程中不能盲目加大疫苗的剂量。疫苗的种类不同,刺激机体产生抗体的速度和持续时间也不同。如活苗与死苗相比,活苗的免疫效果好,因为活苗能在体内繁殖,刺激机体产生抗体较快。但要注意使用活病毒疫苗前后1周不要使用免疫抑制剂、抗病毒药、干扰素等;注射菌苗前后1周不要使用抗生素等药物。

(4)不良反应 注射疫苗所引起的反应,是由于生物制剂本身的特性造成的,可分为正常反应和不良反应。前者仅为一过性发热或局部的红肿等,不良反应则在反应的程度上和发生反应的猪只数量上均超过正常反应,严重者可导致过敏反应甚至休克死亡,有的还可引起感染发病,其原因在于所使用的疫苗质量较差或使用方法不当。当前许多猪场猪群的健康状况不佳,抗病力低下,在使用一些活疫苗或油佐剂疫苗时常会激发猪群中潜伏的疫病发生甚至流行。预防方法:一是要选用优质疫苗。二是要严格按照操作规程进行免疫。三是在注射疫苗过程中和注射后要有专人巡视免疫猪群的反应,发生过敏反应时,应立即使用抗过敏药物,如肾上腺素等进行救治。

(5)疫苗试用 使用本场未使用过的新疫苗时,应在隔离条件下先做小群试验,观察接种后猪群的反应,经1～2 d后确认安全无问题时才可逐步扩大接种范围。如有不良反应,则应在找到对策后方可扩大接种范围,否则不得使用。

◈职业能力训练

(一)疫苗的选购、运输、保存和使用

疫苗的选购、运输、保存和使用见表1-2-1。

表1-2-1 疫苗的选购、运输、保存和使用

工作程序	操作要求
采购疫苗	①从具备相关资质的厂家选购(有 GMP 认证),保证疫苗质量,根据需求确定疫苗的购入量 ②注意疫苗的有效期 ③注意不合格疫苗的识别(冻干苗是否失真空,油佐剂苗是否破乳分层,疫苗有无变质和长霉,疫苗中有无异物,疫苗是否过期等)

续表 1-2-1

工作程序	操作要求
运输	灭活疫苗应在 2～8℃下避光运输,并要求包装完好,防止瓶体破裂,途中避免日光直射和高温,尽快送到保存地点或预防接种的场所;弱毒疫苗应在低温条件下运输,大量运送应用冷藏车,少量运输可装在盛有冰袋或冰块(用塑料袋装好系紧,以防浸湿疫苗标签而脱落)的冷藏箱中,以免降低或丧失疫苗的性能
贮存	①疫苗入库应做好记录; ②弱毒冻干疫苗,应在−15℃以下冷冻保存(看好疫苗使用说明书),切忌反复冻融。灭活苗或油苗在 2～8℃阴暗处保存,不可冻结
使用	①用规定的稀释液稀释疫苗,稀释倍数准确; ②疫苗稀释后要避免高温及阳光直接照射; ③接种剂量、部位准确(看好说明书); ④要做到头头免疫,避免出现免疫空白; ⑤用过的空疫苗瓶要集中起来烧掉或深埋

(二)制订免疫程序,实施免疫接种操作

依据所在猪场情况,制订本场的免疫程序,并实施免疫接种操作。

1.猪场免疫程序的制订

目前国内外尚无一个可供各地规模化猪场共同使用的免疫程序,各猪场流行的疫病不同,其猪群免疫状况也不同,在制订免疫程序时,既要考虑到本场的饲养条件、疫病流行情况,还要考虑本地区其他猪场发病情况,根据本猪场生产特点,按照各种疫苗的免疫特性,合理地制订接种次数、剂量、间隔时间。一般可将免疫预防的疫病分为以下几类。

(1)常规预防的疫病 这类疫病包括猪瘟、猪丹毒、猪肺疫、猪副伤寒、口蹄疫、伪狂犬病等,其中猪瘟、口蹄疫和伪狂犬病必须进行免疫注射;猪丹毒、猪肺疫、猪副伤寒 3 种疫病则应视猪场所在地的流行状况及本场防疫条件选择应用。就目前我国的疫情现状来看,散养户和小型猪场最好进行这 3 种疫苗的免疫接种。

(2)种猪必须预防的疫病 除了上述疫病外,种猪还应该对猪乙型脑炎、猪细小病毒病进行免疫,酌情对猪繁殖与呼吸综合征进行免疫,这些疫病主要引起猪的繁殖障碍,在我国广大地区均有发生与流行。由于这类疫病危害严重,又无治疗药物,只能严格按免疫程序进行接种才有可能控制其危害。

(3)可选择性预防的疫病 这类疫病较多,主要有猪大肠杆菌病(仔猪黄痢、白痢和水肿病)、仔猪红痢、猪链球菌病、猪传染性萎缩性鼻炎、猪支原体肺炎、猪传染性胃肠炎、猪流行性腹泻、猪衣原体病、猪传染性胸膜肺炎、副猪嗜血杆菌病、猪轮状病毒病等。规模化猪场应在诊断的基础上,有选择地进行免疫接种。

规模化猪场免疫水平较高,其所产仔猪吸食初乳后可获得较高水平的母源抗体,这种高水平的母源抗体一方面可使仔猪对疫病有较强且较为持久的抵抗力,另一方面又对仔猪建立自

17

身主动免疫力产生较大的抑制作用。为了克服母源抗体的干扰,制订合理的免疫程序,最好的办法是通过对猪群的免疫状况不断进行抗体监测,确定本场免疫种类及免疫流程,达到预防和控制传染病发生的目的。

2.进行免疫接种操作

免疫接种操作见表1-2-2。

表 1-2-2　免疫接种操作

工作程序	操作要求
注射前基础准备	①对拟实施预防接种的猪群健康状况进行检查,凡属患病、瘦弱猪只应暂缓注射,待其痊愈、体质好转及分娩后再行补种; ②对拟注猪群进行登记,按猪群所在的栋号、栏号、头数登记后汇总; ③对注射器和针头进行消毒,并准备2‰~5‰碘酊棉球或75%酒精棉球
疫苗准备	①按照本次注射猪只数量自冰箱中取出疫苗,逐瓶检查瓶签有无及是否清楚,无瓶签或瓶签模糊不清者不得使用; ②所取疫苗与当日注射疫苗名称是否相符; ③疫苗瓶有无破损,疫苗有无长霉、异物、瓶塞松动、变色,液体苗有无结块、冻结,油苗是否破乳,冻干苗有无失真空等,如有上述任一情况,则该瓶疫苗不能使用; ④登记疫苗批号、有效期(生产日期)、生产单位、购入期及保存期,过期应废弃
疫苗稀释	①冻干苗从冷冻室中取出后,在使用前必须先放置于室温下升温1~2 h,其温度与室温一致后方可用专用稀释剂稀释; ②由于冻干苗均以小瓶包装,各生产厂家每瓶装量不尽相同,因此在稀释前须仔细阅读使用说明书,严格按照装量和规定的稀释剂进行稀释; ③在临用时进行稀释,稀释时如发现疫苗已失去真空,应废弃不用; ④已稀释的疫苗应在4 h内用完,气温较高季节,稀释后的疫苗应置于加冰的保温箱中保存,避免阳光直接照射
疫苗注射	①疫苗稀释或摇匀后,将其放入已消毒的瓷盘内,同时还应将已消毒的针头、碘酊棉或酒精棉、记号笔一并放入,注射器吸入疫苗,即可开始注射; ②注射部位一般为颈部耳根后区域肌肉注射。有的疫苗采用穴位注射的方法,如猪传染性胃肠炎、口蹄疫等疫苗可采用后海穴注射,有的疫苗需按其他规定的部位注射,如气喘病弱毒疫苗应采用胸腔注射等。具体可根据疫苗使用说明书中有关规定注射; ③对成年猪及架子猪应使用12号的针头,对哺乳及保育猪应使用9号的针头。注射中每注射1头猪后更换1个针头,以防止传播疾病。在免疫注射前和注射过程中,应注意检查针头质量,凡出现弯折、针座松动、针尖毛刺等情形的应废弃。注射时如出现针头折断,应马上停止注射,针头断端如遗留在注射部位肌肉中时,须设法用器械取出; ④发生疫苗漏出时应进行补注,保证注射剂量准确
免疫记录	免疫接种时应严格按照相关规定做好各项记录,遇到异常情况,如发生严重过敏反应或死亡、导致猪群发病等而怀疑疫苗有问题时,应保存所使用的同一批号的疫苗1~2瓶备查,同时迅速通知制剂生产者,以共同查明原因,防止类似事故再次发生

续表1-2-2

工作程序	操作要求
抗体检测	开展对主要传染病的抗体水平检测,既可了解接种的效果,又可开展血清流行病学的调查,为正确制订本场的免疫程序等获取第一手资料,具体方法见岗位三中的学习情境三

(三)建立动物免疫档案

1.建立免疫档案要求

对实施强制性免疫的动物须建立免疫档案,严格按农业部《动物免疫标识管理办法》规定填写。免疫档案内容须包括畜主姓名、动物种类、年、月、日、免疫日期、疫苗名称、疫苗批号、疫苗厂家、疫苗销售商、免疫耳标号、防疫员签字等。

2.填写猪免疫档案表

填写猪免疫档案表,如表1-2-3所示。

表1-2-3 猪免疫档案

猪耳标号			栏号	
进栏日期	年 月 日		存栏数	
防疫员			场主管兽医	
疫苗名称				
疫苗厂家及批号				
一免日期	年 月 日			年 月 日
二免日期	年 月 日			年 月 日
备注				

◆拓展知识

(一)分析免疫失败的原因

近年来,全国各地许多规模化养猪场尽管都按要求给猪免疫,但免疫失败的例子却举不胜举。许多猪场猪群的群体性免疫失败问题极为突出,主要表现在猪群在接种某种疫苗后,猪群没有得到有效的特异性保护,免疫后依然出现该种疫病;有的猪场免疫后虽未出现疫情,但在检测抗体时也常常发现猪群的抗体水平极低,此种情况在猪瘟、口蹄疫、伪狂犬病等的免疫中较为多见。猪群的免疫力下降,一些细菌性疾病如大肠杆菌病、沙门氏菌病、链球菌病、巴氏杆菌病、副猪嗜血杆菌病等的混合感染、继发感染极易发生,同时疾病的病程延长,药物疗效低,治愈率下降,死淘率上升等问题突出。导致免疫失败的原因有以下几种。

(1)正常免疫反应呈正态分布 免疫失败的原因较为复杂。一般来说,由于免疫反应是一个复杂的生物学过程,其对一个群体不可能提供绝对的、百分之百的保护,免疫接种的猪群中所有成员的免疫水平也不可能完全一致,免疫反应呈正态分布,大多数猪只的免疫反应呈中等水平,一小部分的猪只免疫反应较差。

(2)免疫抑制 目前在猪场中出现的免疫失败,较多是由于免疫抑制所造成的。许多疾病会导致免疫抑制,如猪繁殖与呼吸综合征、圆环病毒病、伪狂犬病、传染性胃肠炎对机体免疫系统的破坏,使得正常的免疫反应受到抑制,特别是由于两大免疫抑制性疾病猪繁殖与呼吸综合征和圆环病毒病在猪群中的流行与蔓延,对免疫器官造成了严重的损伤。另外,猪支原体肺炎、体内外寄生虫病在我国猪群中的广泛存在,也是免疫抑制产生的一个重要的原因。

(3)野毒感染 在许多猪群中,由于一些疫病的亚临床感染,使猪群长期处于一种亚健康状态。检测表明,目前许多猪场猪瘟病毒、伪狂犬病病毒、猪繁殖与呼吸综合征病毒、细小病毒等的野毒感染,对猪群的免疫会产生干扰,影响免疫效果。

(4)免疫程序制订及免疫操作不当 母源抗体在一定的时间内有助于仔猪抵抗疫病的侵袭,若首免日龄过早,则母源抗体会对仔猪主动免疫力形成干扰,过迟又会使仔猪的免疫空白期过长,可能导致免疫失败;许多疫苗一次免疫形成的免疫力不够坚强和持久,若不进行二次的强化免疫,则会影响免疫效果。因此,应根据对猪群抗体水平的持续检测结果和疫苗说明书提供的免疫程序,选择适宜的首免日龄和二免时机。此外,在免疫操作过程中一些问题,如疫苗的采购、运输、保存不当,疫苗使用不合理,疫苗质量不佳或疫苗的贮运错误影响疫苗的效价;疫苗选用不当,菌(毒)株与流行毒株存在血清学差异;疫苗稀释不当,疫苗注射质量差或免疫密度低,猪群健康状况不良或处于应激状态时注射疫苗等,都可能导致免疫失败。

(5)饲养管理不当 猪群的营养调控失当,饲料和料槽中霉菌毒素的严重污染,过多地混群、调群使得猪群应激性升高,过度使用药物特别是滥用免疫抑制性药物,猪舍内环境的温度、湿度、空气质量控制不良使得猪群的健康状况不佳等,都会给免疫带来不利的影响。

重视猪群的免疫失败现象,解决好猪群中的免疫抑制问题,是猪场防疫员在日常疫病防治中的一项重要工作,从饲养和管理抓起,从猪场疫病的控制与净化入手,逐步提高猪群对疫病的抵抗力,才有可能使得免疫失败问题得以解决。

(二)附录:猪的免疫参考程序

本资料来源于《北京动物疫病预防与控制工作手册》。

1.仔猪及自繁自养的生长育肥猪

免疫日龄	疫苗种类
0 时超免	猪瘟
7~10	伪狂犬病活疫苗(母猪未免疫过)
20	猪瘟
25	口蹄疫(母猪未免疫过)
30	猪副伤寒

40	伪狂犬病活疫苗（母猪未免疫过）
45	口蹄疫高效苗（母猪未免疫过）
50	猪丹毒、猪肺疫
60	猪瘟
70	口蹄疫高效苗
80	伪狂犬病活疫苗流行地区做
100	监测口蹄疫、猪瘟免疫效果，达不到保护的监测群体要及时补种。

如供港、调省外猪则在出场前 4 周做口蹄疫和猪瘟加强免疫。

备注：10～11 月份猪传染性胃肠炎、流行性腹泻二联苗，后海穴注射。

2. 后备公、母猪

免疫时间	疫苗种类
配种前 2.5 个月	猪瘟
配种前 2 个月	伪狂犬病灭活疫苗
配种前 1 个月	细小病毒疫苗
配种前 4 周	口蹄疫高效苗
配种前 3 周	猪丹毒、猪肺疫
配种前半个月	细小病毒疫苗

每年 4 月份，乙脑疫苗，间隔 3 个月加强 1 次。

3. 经产母猪

免疫时间	疫苗种类
产前 45 d	仔猪肠毒血症苗
产前 40 d	仔猪大肠杆菌苗
产前 35 d	细小病毒活疫苗
产前 30 d	伪狂犬病灭活疫苗
产前 20 d	链球菌活疫苗
产前 15 d	仔猪大肠杆菌苗
产前 10 d	仔猪肠毒血症苗
产后 21 d	猪瘟
产后 25 d	猪丹毒、猪肺疫
产后 30 d	口蹄疫高效苗
产后 35 d	猪繁殖与呼吸综合征（按说明书根据本场情况定）

猪繁殖与呼吸综合征的免疫必须在兽医指导下进行，程序按疫苗的说明书。生产母猪建议用灭活苗；活疫苗可产生坚强持久的体液和细胞免疫应答，但产前 1 个月不要免疫。

◈ **技能考核**

让学生结合某猪场具体情况,制订免疫程序,实施免疫接种操作,建立免疫接种档案,教师填写技能考核表(表1-2-4)。

表1-2-4 技能考核表

序号	考核项目	考核内容	考核标准	参考分值
1	过程考核	操作态度	精力集中,积极主动,服从安排	10
2		协作意识	有合作精神,积极与小组成员配合,共同完成任务	10
3		制订免疫程序	能结合猪场情况,制订合理的免疫程序	20
4		实施免疫接种操作	动手积极,认真,操作准确,并对任务完成过程中的问题进行分析和解决	30
5		建立动物免疫接种档案	字迹工整,记录详细,保存完整	10
6	结果考核	操作结果综合判断	免疫程序合理,免疫操作准确	10
7		工作记录和总结报告	有完成全部工作任务的工作记录,字迹整齐;总结报告结果正确,体会深刻,上交及时	10
		合　计		100

◈ **自测训练**

一、选择题

1.临床上常用的破伤风疫苗属于以下哪种类型的疫苗　　　　　　　　　　(　　)

A.灭活疫苗　　　　B.弱毒活疫苗　　　　C.基因缺失苗　　　　D.类毒素疫苗

2.为了有效预防控制猪病发生和流行,我国对于以下哪种生猪疫病实行强制免疫?(　　)

A.猪瘟　　　　B.口蹄疫　　　　C.猪繁殖与呼吸综合征 D.链球菌病

3.猪场常用的进口弱毒苗的保存条件为　　　　　　　　　　　　　　　(　　)

A.−15℃以下冷冻保存　　　　　　　　　B.2～8℃保存

C.常温保存　　　　　　　　　　　　　　D.25℃以上保存

4.某猪场新购入一批仔猪,无明显临床症状。经实验室检测发现,部分仔猪有猪瘟病毒血症,仔猪免疫猪瘟疫苗后,不能产生猪瘟病毒抗体。这种现象临床上称　　　　　(　　)

A.免疫失败　　　　B.免疫应答　　　　C.免疫耐受　　　　D.免疫不当

5.在口蹄疫疫区内要严格实行_____消毒、免疫的综合防治措施。　　(　　)

A.封锁、隔离、扑杀　　B.封锁、隔离、治疗　　C.封锁、隔离　　　　D.封锁、治疗

二、简答题

1.猪场常用疫苗种类有哪些?

2.猪的疫苗接种途径有几种?

3.猪疫苗免疫应注意哪些事项?

4.某猪场有30头母猪分娩后已产300多头仔猪,计划在仔猪21日龄首免猪瘟脾淋苗,请到防疫站购买猪瘟疫苗,并进行免疫接种。

5.如何根据猪场情况制订合理的免疫程序?

学习情境三　驱虫的操作程序

◆ **学习目标**

　　1.选择合适的药物进行驱虫。

　　2.熟练掌握常用的驱虫方法。

　　3.制订猪场驱虫程序。

　　4.进行驱虫操作并填写驱虫记录。

◆ **案例分析**

　　病猪眼圈、颊部和耳等处,尤其在耳廓内侧面形成结痂性病灶,剧烈发痒,患猪常在圈墙、柱栏、槽边等处擦痒,影响猪休息,造成猪食欲减退、营养不良,请问猪患哪种寄生虫病? 应如何进行预防?

◆ **相关知识**

一、猪寄生虫病的种类

　　①蠕虫类寄生虫病包括吸虫病、绦虫病、线虫病、棘头虫病。

　　②蜱螨与昆虫类寄生虫病包括猪疥螨病、猪虱等。

　　③原虫类寄生虫病包括猪球虫病、猪弓形虫病等。

二、规模化猪场常见的寄生虫病

　　规模化猪场常见的寄生虫病主要有猪蛔虫病、猪结节虫(食管口线虫)病、猪鞭虫(毛首线虫)病、猪球虫病、猪弓形虫(龚地弓浆虫)病、猪疥螨病等,少数猪场可能还有猪肺丝虫(后圆线虫)、猪肾虫(冠尾线虫)、猪类圆线虫等,其他种类寄生虫在规模化猪场中则少有报道。

三、猪场常用的驱虫药物

　　在规模化、集约化的高密度饲养条件下,寄生虫病对养猪生产的影响日渐突出,猪场对驱虫工作越来越重视,对驱虫药物的要求也越来越高。理想的驱虫药应在高效、低毒、广谱的基础上,尽量做到剂量小、适口性好、使用方便、价格低廉、残留量低。

(一)伊维菌素类药物

　　伊维菌素类药物是新一代抗生素类驱虫药物。属于大环内酯类抗生素类药物,无抗菌作用,对线虫及节肢动物有效,具有高效、广谱、低毒和用量小等优点。目前生产中最常用的有伊维菌素、多拉菌素。伊维菌素药物不仅对肠道寄生虫有效,而且对猪螨虫也有较好的驱杀效果,如害获灭针剂、预混剂,多拉菌素针剂,伊力佳的针剂、粉剂、片剂、预混剂等已在生产中广为应用。阿维菌素由于毒性略大和稳定性较差,目前在临床上已较少应用。

(二)丙硫苯咪唑

　　丙硫苯咪唑属广谱驱蠕虫药。不仅对胃肠道线虫成虫及幼虫有高度驱虫活性,而且对片形吸虫和绦虫都有良好效果,还有极强的杀虫卵作用。

对猪肺丝虫、食道口线虫、毛首线虫(毛尾线虫)、猪蛔虫、猪囊尾蚴均有驱杀效果,内服剂量为每千克体重每次 10～20 mg。

(三)磺胺类药物

磺胺类药物系人工合成的化学药物,具有广谱抗菌、性质稳定、便于长期保存、价格便宜、制剂多样等诸多优点,在养猪生产中多应用于控制猪群中的弓形虫病。常用磺胺类药物的复方制剂防治猪弓形虫病,具有用药量少、疗效较好的特点。可采用磺胺嘧啶(SD)、磺胺-5-甲氧嘧啶(SMD)、磺胺-6-甲氧嘧啶(SMM)等与甲氧苄氨嘧啶(TMP)或二甲氧苄氨嘧啶(DVD)的复方制剂合用。各种磺胺类药物预混剂较多,使用中要注意其所用磺胺类药物种类、含量、添加剂量、持续使用时间等,一般不要超量、超过规定疗程使用。

(四)左旋咪唑

左旋咪唑为人工合成的广谱驱虫药,对猪蛔虫、类圆线虫、结节虫、肾虫等有较好的驱杀作用。制剂有盐酸左旋咪唑和磷酸左旋咪唑,口服治疗量为每千克体重每次 8～10 mg。

(五)三嗪酮

三嗪酮系化学合成的广谱抗球虫药,可抑制球虫子孢子或裂殖体的发育。为治疗和预防仔猪球虫病的最有效的药物,特别对猪的等孢球虫效果较好。百球清有效成分为 2.5％三嗪酮,仔猪 5 日龄时一次每头口服 1 mL,可较好地控制仔猪 7～10 日龄由球虫引起的腹泻。

四、常用的驱虫方法

猪场的驱虫方法一般可分为口服法和注射法,口服法又可分为混饲法与一次性投喂法,此外也有采用驱虫药物的透皮剂型驱虫的方法。

(一)混饲法

混饲法是将驱虫药物以较低剂量预混合于饲料中,令猪只自由采食,一般用药 5～7 d,是目前多数猪场采用的驱虫方法。其优点是操作简便,节省劳力,适宜对较大群体驱虫时采用。其缺点是在较大的群体中,猪只的采食量多少不同,获取的药物量不同,甚至可能会有少量猪只因采食量减少或不食,没有摄入足够的药物等,都会使其体内外寄生虫未得到有效杀灭,可导致其他猪的再次感染。

(二)一次性投喂法

向猪群一次性投喂全剂量的驱虫药物的驱虫方法在一些猪场也常被采用。但在一个较大的群体中,由于采食量的差异,常出现有的猪只摄入药物的量超过安全剂量而发生中毒,而有的又因为未摄入足够的药物而驱虫效果不佳。因此,这种方法不常用于大群体的驱虫,仅在较小的猪群中使用。

(三)注射法

注射法是使用驱虫药物的针剂逐头按剂量注射的方法。这一方法的优点是可使全群所有猪同时获得足够的驱虫药物,一次用药,全面驱虫,驱虫较为彻底。此外,这一方法可用于一些体外寄生虫感染严重的猪只进行重点治疗。其缺点在于工作量较大,且会对猪群造成较强的应激反应。

(四)涂抹法

将驱虫药物制成透皮剂型,在驱虫时将药物涂抹于猪背正中线上,药物经皮肤吸收后发挥驱虫作用。该方法适用于数量较少,体重较轻的猪群。

◈ 职业能力训练

制订猪场驱虫程序(表 1-3-1)。

表 1-3-1　猪场驱虫程序

工作程序	操作要求
猪场寄生虫流行状况调查	①体外寄生虫(疥螨)检查:选定一个猪栏中的猪群,观察和记录猪群蹭痒、踢腿等的次数;必要时可使用实验室检查法(见岗位三中的学习情境五); ②体内寄生虫检查:粪便检查和实验室检查(见岗位三中的学习情境五); ③弓形虫检查
猪群健康状况调查	在驱虫工作开始前,应先清点驱虫猪群的猪只数量,所在栋、栏,估测体重,评价其健康状况,在疫病流行期不宜进行驱虫,猪群转栏、混群、换料、注射疫苗、采食不正常时期也不宜进行驱虫
选择合适药物	一般采用伊维菌素预混剂进行驱虫。伊维菌素制剂驱虫谱广,对多数肠道寄生线虫和体外寄生虫均有驱杀作用;在常用的有效驱虫剂量时,对哺乳动物的毒性极低。缺点在于不能有效驱杀移行期幼虫,须在成虫期进行驱虫。为此,近年来许多养猪场采用芬苯达唑与伊维菌素联合进行早期驱虫。其他药物如哌嗪的驱虫谱较窄,敌百虫的毒性较大,有强烈气味,适口性不好,左旋咪唑对体外寄生虫无效,这些药物多已不用或少用。丙硫苯咪唑对体内寄生虫驱虫效果较好
驱虫程序	全群驱虫。在第一次使用伊维菌素类药物驱虫时,可对全场所有猪群同时进行一次驱虫,此后驱虫按如下程序进行。 ①种公、母猪的驱虫。每年定期驱虫 2~4 次,这一方法的优点是一次对所有猪进行驱虫,不会有猪被遗漏,其缺点是可能部分猪在投药期间由于采食量不足,导致驱虫效果不佳;最好使用复方驱虫药,伊维菌素＋阿苯哒唑(或芬苯哒唑),该药包括怀孕母猪在内的各种猪只都可以用,剂量是 350 g/t 饲料;用药时间一般为 5~7 d; ②仔猪的驱虫。仔猪的驱虫可于 60 日龄左右在保育舍或育成舍进行,驱虫后再转群。为了尽早解决寄生虫对猪的危害,可采用早期驱虫的方法,即在仔猪进入保育舍,30 日龄左右,采食基本正常后进行。此时驱虫可采用芬苯哒唑与伊维菌素联合驱虫,不仅可有效驱杀在猪体内移行的寄生虫的各期幼虫,也可有效控制体外寄生虫。在 4 月龄左右时须进行第 2 次驱虫; ③后备公、母猪的驱虫。后备公、母猪在引进后采食量恢复正常时进行,在参加配种前可进行第 2 次驱虫,到产前进行第 3 次驱虫

续表 1-3-1

工作程序	操作要求
其他寄生虫病的控制	①弓形虫病的控制。预防本病应特别注意经常进行血清学检查,了解本场弓形虫病流行状况,以便及时采取防治措施;猪场内不能养猫,如有野猫应设法驱除,定期灭鼠。使用药物预防是常用的方法,在有本病的猪场定期在饲料中添加磺胺类药物预防,可使用磺胺嘧啶按照 0.5~1 kg/t 饲料的剂量对所有猪群连续饲喂 7 d。治疗本病可使用磺胺嘧啶 70 mg/kg 体重+甲氧苄氨嘧啶 14 mg/kg 体重的剂量,肌肉注射,每天 2 次,连用 3~5 d。其他磺胺类药物对本病也有较好的疗效,均可使用; ②球虫的防治。预防本病主要在于做好猪舍内的清洁卫生和消毒工作,由于猪的球虫病引起的腹泻多发生于 10 日龄前后的仔猪,可使用抗球虫药物进行防治,目前最有效的药物为三嗪类制剂,特别是德国拜耳公司生产的百球清,其有效成分为甲基三嗪酮
驱虫效果的检查	使用药物驱杀肠道寄生虫和外寄生虫后,应每日观察猪群的粪便中有无寄生虫排出,必要时可采用漂浮法检查粪便中的虫卵数量有无减少(见岗位三);观察猪群中蹭痒、踢腿次数有无减少,皮肤病变有无消退等,可了解药物驱除体外寄生虫的疗效
建立驱虫档案	做好驱虫记录,以便观察驱虫效果并确定后续驱虫程序

◈ **技能考核**

让学生结合某猪场具体情况制订猪场驱虫程序,并实施操作,教师根据学生操作情况填写技能考核表(表 1-3-2)。

表 1-3-2　技能考核表

序号	考核项目	考核内容	考核标准	参考分值
1	过程考核	操作态度	精力集中,积极主动,服从安排	10
2		协作意识	有合作精神,积极与小组成员配合,共同完成任务	10
3		实训准备	能认真查阅、收集资料,积极主动准备实训任务	10
4		熟练说出猪寄生虫名称	回答准确、快速、完整	20
5		制订猪场驱虫程序,并实施操作	驱虫程序合理,实施操作准确,并对任务完成过程中的问题进行分析和解决	30
6	结果考核	操作结果综合判断	合理、准确	10
7		工作记录和总结报告	有完成全部工作任务的工作记录,字迹整齐;总结报告结果正确,体会深刻,上交及时	10
合计				100

◈ **自测训练**

一、看图题

看图说出猪寄生虫形态与名称(图 1-3-1 至图 1-3-4)。

图1-3-1　虫A

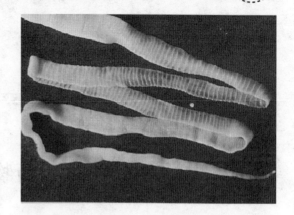

图1-3-2　虫B

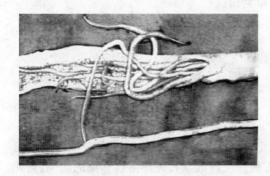

图1-3-3　虫C

图1-3-4　虫D

二、选择题

1.丙硫苯咪唑是国内兽医使用最广泛的广谱、高效、低毒的新型驱虫药,对猪哪种类型的寄生虫有驱虫效果 （　　）

A.蠕虫类寄生虫　　　　B.原虫　　　　　　C.节肢动物　　　　　D.蜱螨

2.我国规模化猪场常见的寄生虫病不包括 （　　）

A.猪蛔虫　　　　　　　B.猪球虫　　　　　C.猪棘头虫　　　　　D.猪疥螨

3.对于猪弓形虫病使用药物预防是常用的方法,在有本病的猪场通常定期在饲料中添加哪种类型的驱虫药物 （　　）

A.伊维菌素类药物　　　B.左旋咪唑　　　　C.磺胺类　　　　　　D.丙硫苯咪唑

4.北京某猪场饲养的仔猪出现排血样稀便、生长停滞,经抗生素治疗不见症状减轻。采集病猪粪便用漂浮法收集虫卵,在显微镜下观察到大量棕黄色腰鼓样虫卵。判断该猪群可能感染的疾病是 （　　）

A.鞭虫病　　　　　　　B.弓形虫病　　　　C.后圆线虫病　　　　D.华枝睾吸虫病

5.某屠宰场在屠宰一批生猪后发现有部分猪心脏表面有黄豆粒大小不等的囊泡,采集囊泡发现囊内含有透明的液体和一个白色头节。判断该猪群可能感染有 （　　）

A.猪囊虫病　　　　　　B.猪旋毛虫病　　　C.猪棘头虫病　　　　D.猪球虫病

三、简答题

1.规模化猪场有哪些常见寄生虫病?

2.列举猪场常用驱虫药物名称及作用。

3.猪场常用的驱虫方法有哪些?

4.猪螨虫病种类及鉴别方法有哪些?

学习情境四 药物保健与生物安全

◈ 学习目标

1.掌握猪不同生长阶段药物保健与生物安全相关知识。

2.根据猪场疾病发生情况进行药物保健。

3.做好猪场生物安全防护工作。

◈ 案例分析

2001年年底,猪圆环病毒在南方地区一些规模化猪场开始流行,2002年是该病的暴发年,2003年开始在全国范围内大面积流行,使很多规模猪场都感染了圆环病毒,尤其是仔猪和生长育肥猪感染率最高。因猪圆环病毒可破坏猪体正常的免疫功能,影响猪瘟等其他疫苗的免疫效果,时常能够见到圆环病毒与猪瘟及其他病毒病并发或继发其他细菌病感染的病例,猪死亡数量较多,直接影响养猪场的效益。如何做好猪场的药物保健和生物安全工作,才能减少和避免猪场更大的经济损失?

◈ 相关知识

一、药物保健的相关知识

(一)药物保健药选用的基本原则

①选用无毒副作用、无药物残留、无耐药性的药物。

②选用能调节动物机体免疫功能、增强免疫力;能调理机体内各器官机能,能激活细胞再生系统的药物。

③选用具有抗病毒、抗细菌、抗衣原体、抗支原体、抗螺旋体、抗真菌与抗立克次体等药物,以及清除毒素作用的药物。

④选用保健与治疗效果好,作用确切与使用方便的药物。

总之,选用的药物尽可能少用抗生素,特别是不要滥用抗生素。可使用天然植物、中药制剂与生物基因工程制剂等,如兽医临床上使用的金黄素、银黄素、灵芝多糖、香菇多糖以及干扰素、转移肽、抗菌肽、白细胞介素、溶菌酶等。

(二)药物保健的参考方案

目前,我国猪场发生的疫病种类繁多,有些疫病可通过疫苗接种达到预防目的,有些疫病则没有疫苗或较好的疫苗可供使用。除了加强饲养管理、搞好猪场的生物安全、做好消毒等综合防制措施以外,还要酌情考虑药物保健,以满足不同日龄,不同生产状态猪只健康,不发或少发病。

1. 后备母猪的保健

维生素E与繁殖关系密切,硒参与免疫反应,还可促进生长。后备母猪配种前7~15 d,每头注射亚硒酸钠维生素E制剂2.5 mL,可提高母猪受胎率和分娩率。

2. 产前母猪的保健

①母猪产前及产后各7 d,在每吨饲料中添加80%支原净125 g+强力霉素200 g+阿莫西林200 g,可切断肺炎支原体等病原由母猪传给仔猪,并能防止母猪产后泌乳障碍综合征。

②母猪产前24 h,注射亚硒酸钠维生素E制剂5 mL,能提高母猪初乳中的免疫球蛋白和硒的含量,从而提高仔猪的抗病力。

③鉴于母猪产前容易出现便秘、不食、瘫痪及体质下降等疾病,应在产前2周,在饲料中适当添加人工盐,添加量10~30 g/d,防便秘;补充B族维生素,促进胃肠蠕动;补充维生素C,抗应激;饮水中添加葡萄糖酸钙,预防生产瘫痪。

另外,也可采用以下方法进行保健。在母猪产前3 d或在产后3 d,肌肉注射1次盐酸头孢噻呋或美福先(长效土霉素注射液),同时于产前、产后7 d用强力霉素、阿莫西林可溶性粉、黄芪等拌料,借以有效预防治产后因机体虚弱而激发病原菌感染。

为预防母猪无乳综合征,可考虑使用氟尼辛葡甲胺进行预防保健。

3. 产后母猪的保健

①母猪产仔后,注射30%氟苯尼考注射液10 mL可预防子宫内膜炎、阴道炎和母猪产后泌乳障碍综合征。

②母猪产仔后48 h内肌肉注射氯前列烯醇2 mL,能有效促进恶露排出和促使母猪泌乳,并可显著缩短断奶至发情间隔。

4. 经产母猪的保健

据德国专家研究,从仔猪断奶的第3天起,给母猪喂食时添加200 mg维生素E和400 mg胡萝卜素,直到母猪发情时,再将这2种添加剂的量各减少1/2,喂至妊娠第21天。采用这一保健方法,可使母猪产仔数增加约22%。

5. 哺乳仔猪的保健

仔猪出生后,擦净口中黏液,立即滴服保命液(恩诺沙星)或链霉素5万IU,或庆大霉素6万IU,0.5 h后喂奶,预防新生仔猪腹泻。3日龄、7日龄、21日龄分别肌肉注射得米先或30%氟苯尼考或头孢类药物,可预防仔猪大肠杆菌病、红痢、猪支原体肺炎、化脓性放线菌病及链球菌病等。

个别猪场在仔猪2日龄,则用伪狂犬病基因缺失活疫苗滴鼻。3日龄时补铁、补硒,每头肌肉注射牲血素1 mL及0.1%亚硒酸钠维生素E注射液,可防治缺铁性贫血、缺硒及预防仔猪腹泻的发生。

6. 仔猪断奶前和培育仔猪的保健

根据猪群健康状态,仔猪断奶前后和培育仔猪转入生长舍前7 d,每吨饲料中添加80%支原净125 g+强力霉素300 g+阿莫西林150 g(或用康舒秘代替),可预防猪呼吸道病综合征及断奶性腹泻。若料中加药不方便,可改为饮水加药,饮用电解质多维+葡萄糖+黄芪多糖粉+溶菌酶100 g。

还可考虑使用润生康等药物,使肠道微生态达到平衡,对调节猪的胃肠功能,提高饲料利用率和抗病力有作用。

7. 生长育肥猪的保健

每月 7 d 在生长育肥猪饲料中添加复方黄芪多糖粉 1 000 g＋2‰纽氟罗预混剂 1 000 g 氟苯尼考＋强力霉素 300 g,可增强体质,预防病毒性疾病和呼吸道疾病发生。出栏前 30 d 不能使用。

(三)药物保健的误区

①脱离本场实际,照搬照抄别场的药物保健方案。

②认为保健药越高档、越贵越好,无视药物保健的实际需要,为保健而保健。

③认为保健药物要不间断地使用,导致耐药性和抗药性的增加。俗话说:是药三分毒,猪保健药多由口入,滥用乱投极易打破消化道菌群平衡,从而引起药源性疾病。

总之,猪场预防性药物的投放,应根据既往病史、疾病监测结果和出现的苗头、饲养阶段、生产性能以及季节变化等来设计保健方案。

二、生物安全的相关知识

1. 建立生产安全体系的意义

第一,现代化的育种手段使猪的生产性能得到了很大提高,而猪的体质、抗逆性等明显下降,对营养、管理等环境条件要求更加苛刻,对环境的变化更加敏感。

第二,随着规模化养猪的发展,集约化程度不断提高,一旦发生疫情,就难以控制,导致巨大的经济损失。

第三,国际间品种交流日趋频繁,而目前监测手段滞后,造成旧病未除,新病又起,疫情和病情更加复杂,多以综合症状表现,临床确诊难度加大。

第四,全球疫情恶化、复杂,危机四伏。因此,在规模化猪场,采取各种主动措施,提高猪群的健康水平,从过去致力于对特定疫病进行控制转变为对全群健康进行保护,免受各种疾病的侵袭。加强猪场生物安全越来越为人们所接受。

2. 猪场生物安全工作内容

养猪场在一般情况下有 3%～5%的死亡率。对于病死猪有些猪场不经无害化处理,随意处置,严重影响了猪场的生物安全,也会导致疫病的传播蔓延。因此,认真做好病死猪的无害化处理,是养猪业良性发展的一个重要措施,应予以高度重视。猪场生物安全工作要从以下几点做起。

①普及猪场生物安全知识,使养殖场从饲养员、兽医人员到场长增强对这方面工作的重视。

②认真执行有关法律法规,严厉打击违法行为。违法行为不应局限于经营病死或者死因不明的动物、动物产品用于食用,还应包括违法利用病死或者死因不明的动物、动物产品,及未将病死动物作无害化处理而赠予他人或任由他人处置的行为,对情节特别恶劣者应该按照刑法的规定追究刑事责任。

③重视病死猪的无害化处理,与病死猪有接触的用具也需严格消毒,以防止疾病的蔓延。一般在沸水中不易破坏的,可用煮沸 1～2 h 消毒,以有效杀灭所有病原体。猪圈、限位栏等可采用化学消毒法。化学消毒剂可破坏细菌和病毒的细胞壁和蛋白质,使其变性而将其杀死。

如配合熏蒸消毒,效果更好。一般猪舍在消毒后闲置2~3周以上才可再次使用。

◈**职业能力训练**

(一)如何建立规模化猪场生物安全体系

猪场生物安全体系的建立主要着眼于为猪生长提供一个舒适的生活环境,从而提高机体的抵抗力,同时尽可能地使猪远离病原体(病毒、细菌、真菌、寄生虫)的攻击。目前,针对现代化饲养管理体系下疫病控制的新特点,生物安全已经和药物治疗、疫苗免疫等共同组成了疫病控制的三角体系,通过生物安全的有效实施,可为药物治疗和疫苗免疫提供一个良好的应用环境,尽量获得药物治疗和疫苗免疫的最佳效果,进而减少在饲养过程中药物的使用。

1.树立生物安全观念

改变传统的"先病后防"、"重治不重防"的错误观念,树立"无病先防"、"环境、饲养、管理都是防疫"的正确理念。要让畜主清醒地认识到一旦发生疾病,只能采取极为被动的办法,不仅造成猪只死亡,成本增加,而且影响产品质量,造成更大的经济损失。

2.明确生物安全体系的具体内容

环境控制,人员的控制,生产群的控制,饲料、饮水的控制,对物品、设施和工具的清洁与消毒处理,垫料及废弃物、污物处理等。

(1)合理建场、布局 猪场的选址应尽量位于相对较高处。在风向位置上应选择在全年大部分时间为上风向处,同时能保证常年有清洁水源。远离主要交通、生活居民区、厂区或畜禽养殖场、屠场、畜产品加工厂。生产区、生活区和管理区应严格分开,缓冲隔离带至少200 m。

(2)实行严格的隔离、消毒制度 出入生产场所的运输车辆必须经过严格的清洗和消毒。生产区间内的运输工具要做到及时清洗消毒,保持清洁卫生。不能将场内的运输工具用于场外。

(3)引种计划 最好做到自繁自养。若本场不是育种场,每年需要引种时,不要认为种源多,血源远有利于本场猪群生产性能的改善,从多家猪场引种势必引进多种疾病,风险大、不安全。应从有实力、信誉好、质量佳、售后完善的大型种猪企业引种。引种前必须做好疾病检测,特别注意对布氏杆菌病、猪瘟、猪圆环病毒、猪伪狂犬病、繁殖与呼吸综合征等重要传染性疾病的检测。

(4)加强饲养管理 定期监测饲养环境质量,加强圈舍卫生、通风和饲养密度的管理,饲喂营养全价饲料。

(5)制订免疫程序 根据猪场猪群的实际抗体效价,结合本场流行病的特点,制订合理的免疫程序。

(6)做好猪不同阶段的药物保健工作 根据猪不同生长阶段添加适当的保健药物,预防控制猪疫病的发生。

(7)人员控制 严格限制人员、动物和运输工具的流动,杜绝外来人员的参观;本场内各猪舍的饲养员禁止互相往来;技术人员进入不同猪舍要更换衣物,防止交叉感染。

(8)全进全出 即同一栋猪舍(或同一个猪场)内的猪最好在同一天转进,又在同一天转出。全进全出制度是集约化猪场的一项基本管理制度。

(二)病死动物尸体如何处理才能保证生物安全

1.掩埋法

掩埋法要选择远离住宅、农牧场、水源及道路的偏僻地方。土质宜干而多孔,沙土地最好,以便尸体腐败分解。掩埋坑的长度和宽度以能容纳侧卧尸体即可,距离地面不得少于 1.5～2 m。将坑底铺以 2～5 cm 的石灰,将尸体侧卧放入,并将污染的土层及污染的废物一同抛入坑内,然后再铺 2～5 cm 的石灰,填土夯实。

本法适宜食物中毒、肉毒梭菌病、产气荚膜梭菌病(魏氏梭菌病)、猪繁殖与呼吸综合征、猪链球菌病、猪细小病毒病等;因布鲁氏菌病致死的动物内脏及流产的胎儿、胎衣、羊水、分泌物、排泄物等都要深埋处理。

2.焚烧法

焚烧法可在焚尸炉中进行。也可挖掘焚尸坑,按十字形挖两条沟,在两沟交叉处坑底堆放干草和木柴,沟沿搭数条木棍,将尸体放在架上,在尸体的周围及上面再放上木柴,然后在木柴上倒以煤油,并压以砖瓦或铁片,从下面点火,直到把尸体烧成黑炭为止,并把灰烬掩埋在坑内。

本法适宜炭疽病、猪水疱病、猪瘟等。

3.湿化法

它是以湿化机来化制尸体与废弃品的方法。湿化机是一个大型的高压蒸汽消毒器,其不同点是容量较大,其容量一般是 2～3 t。大猪可以不经解体,直接进入湿化机,是一种安全彻底的处理方法。

本法适宜患有一般性传染病、轻症寄生虫病或病理性损伤的动物尸体。如果没有专门的化制厂,就不能擅自化制处理传染病尸体,比如患沙门氏菌病致死的动物尸体,最易产生内毒素,且细菌毒素有耐热能力,不容易破坏,应深埋或烧毁。

◈ 技能考核

结合养殖场具体情况,制订切实可行的药物保健程序并实施,教师根据学生操作过程及结果进行技能考核,填写技能考核表(表 1-4-1)。

表 1-4-1 技能考核表

序号	考核项目	考核内容	考核标准	参考分值
1		操作态度	精力集中,积极主动,服从安排	10
2		协作意识	有合作精神,积极与小组成员配合,共同完成任务	10
3	过程考核	实训准备	能认真查阅、收集资料,积极主动完成准备工作	10
4		药物保健防控措施制订	结合养殖场具体情况,制订切实可行药物保健程序	30
5		药物保健实施	动手积极,认真,操作准确,并对任务完成过程中的问题进行分析和解决	20

续表1-4-1

序号	考核项目	考核内容	考核标准	参考分值
6	结果考核	操作结果综合判断	准确	10
7		工作记录和总结报告	有完成全部工作任务的工作记录,字迹整齐;总结报告结果正确,体会深刻,上交及时	10
		合计		100

◈ **自测训练**

一、选择题

1. 耳、肾毒性最大的氨基糖苷类抗生素是 （　）

A.卡那霉素　　　B.庆大霉素　　　C.新霉素　　　D.替米考星　　　E.链霉素

2. 为预防缺铁性贫血的猪群,可考虑的保健药物有 （　）

A.叶酸　　　　　B.维生素　　　　C.硫酸亚铁　　　D.华法林　　　　E.肝素

3. 内地某山区一家猪场,长期以来养殖效益不明显,主要是某些新生仔猪无毛,尤以四肢无毛最明显,严重者几小时内死亡,你认为该猪场应添加的保健药物是 （　）

A.硒　　　　　　B.铜　　　　　　C.碘　　　　　　D.锌　　　　　　E.锰

4. 所有食品动物禁用的药物是 （　）

A.噻拉唑　　　　B.巴胺磷　　　　C.氯羟吡啶　　　D.呋喃唑酮　　　E.氯硝柳胺

5. 猪场生物安全不包括下列哪项内容 （　）

A.生物性安全防疫　　　　　　　　　　　　B.主动性安全防疫

C.猪群的健康管理和环境管理　　　　　　　D.兽医的管理

二、简答题

1. 母猪在产前、产后常使用哪些保健药物?

2. 哺乳仔猪和培育仔猪应使用哪些保健药物?

3. 猪场生物安全工作内容有哪些?

◈ **拓展知识**

(一)常用药物的配伍禁忌表

常用药物的配伍禁忌见表1-4-2。

表1-4-2　常用药物的配伍禁忌表

使用药物名称	不能配合使用的药物(禁忌)
青霉素	土霉素、四环素、金霉素、红霉素、替米考星、林可霉素、磺胺钠盐、氯丙嗪、氯霉素*、高于1‰浓度的普鲁卡因
阿莫西林	卡那霉素、阿米卡星、链霉素、新霉素

续表 1-4-2

使用药物名称	不能配合使用的药物(禁忌)
氨苄青霉素	酸性溶解剂水溶很不稳定(应尽快用完),维生素 B_1
链霉素	磺胺类、维生素 C、维生素 B_1、新霉素、多黏霉素、维生素 E、速尿
红霉素	磺胺类、林可霉素、碳酸氢钠
四环素类(四环素、土霉素、金霉素、强力霉素)	青霉素、维生素 C、碳酸氢钠 另外:①土霉素牛、羊不宜内服。长期大量使用,会诱发二重感染。②四环素和金霉素不宜肌肉注射,静脉注射勿漏出血管外。③强力霉素马属动物不宜服用
先锋霉素	强效利尿剂,如速尿
林可霉素(洁霉素)	青霉素、红霉素、氯霉素*
喹诺酮类(诺氟沙星、洛美沙星、环丙沙星、恩诺沙星、氧氟沙星等)	利福平、呋喃唑酮*、氯霉素*
卡那霉素	阿莫西林,忌大剂量静脉注射
痢菌净	呋喃唑酮
替米考星	忌静脉注射
氯霉素	林可霉素、红霉素、喹诺酮类、青霉素
杆菌肽	喹乙醇、克林霉素
泰妙菌素	莫能菌素、盐霉素
磺胺类	复方氨基比林、青霉素、链霉素、红霉素、维生素 C、普鲁卡因、干酵母
地塞米松	孕猪忌用
复方氨基比林	磺胺类、氯丙嗪、维生素 E
安乃近	氯丙嗪、喹宁
阿司匹林	氨茶碱
安钠咖	四环素、土霉素
氯丙嗪	青霉素、金霉素、复方安比西林、安乃近、安痛定、碳酸氢钠
维生素 B_1、维生素 B_2	氨苄青霉素、先锋霉素、四环素、土霉素、红霉素、金霉素、多黏霉素、新霉素、链霉素、卡那霉素、林可霉素
氨茶碱	四环素、维生素 C、氯丙嗪、肾上腺素、地塞米松

续表 1-4-2

使用药物名称	不能配合使用的药物(禁忌)
麻黄素	肾上腺素
绒毛膜促性腺激素	肾上腺素
安络血	垂体后叶素、青霉素、氯丙嗪
速尿	链霉素、卡那霉素、新霉素、庆大霉素、头孢噻啶
左旋咪唑	苏打、人工盐
敌百虫	苏打、人工盐、新斯的明
654-2	毛果芸香碱、阿托品
914	阿托品、肾上腺素、普鲁卡因、利尿素、头孢噻啶
阿托品	毛果芸香碱、肾上腺素、麻黄素
碳酸氢钠	稀盐酸、胃蛋白酶
人工盐	稀盐酸、胃蛋白酶、硫酸镁
干酵母	磺胺类药
乳酶生	抗生素,禁用开水调剂
复合酶	磺胺类、抗生素

注：* 为临床禁用药。

(二)孕母猪用药注意事项

(1)对孕猪有害的药物 四环素、链霉素、呋喃类、阿司匹林、苯海拉明、利眠宁、扑尔敏、可的松类等。

(2)对孕猪无害的抗生素 青霉素、红霉素等。

(3)静脉注射 由于静脉注射药物不经过母体肝脏,可直接进入胎体,故对胎儿毒害性较大的药物,应用时应加以注意。

(4)孕猪宜口服药 因口服药要通过肝脏,肝脏有解毒功能,故常可把对胎儿有毒的药物化解。

(5)用药时注意母猪孕期时间 母猪卵子受精多在输卵管的前端,逐渐移向子宫角,附着在子宫黏膜上(着床),并在其周围形成胎盘吸收母体营养,这个过程需 15～30 d,在此时间用药,一般对胎儿无影响;30 d 后,胎盘可以依靠绒毛吸取母体子宫血获得营养,再经脐带进入胎体,若此时用药不当,可导致胎儿死亡或发育畸形。6～8 周,胎儿各脏器已基本形成,用药不当可引起中毒,轻者引起早产、流产,重者胎死腹中。

岗位二 猪场兽医

学习情境一 猪病的基本知识

学习任务一 猪病的检查

◆**学习目标**

1. 掌握对猪病个体的检查方法。
2. 掌握对猪病群体的检查方法。

◆**相关知识**

一、猪病个体检查

猪病个体检查分别介绍猪病个体检查方法、猪病个体诊断程序、猪病个体检查内容等。

(一)猪病个体检查方法

猪病个体检查是通过查看病猪的临床症状,了解饲养管理情况、发病史等异常变化,全面系统地进行分析,判断出疾病发生的病因,并做出客观的评价,提出合理的诊断方案。这是一个由现象到本质的认识过程。症状是猪在发病时的外在表现,掌握正确的猪病个体检查方法,就是要透过疾病的外在表现深入认识疾病的本质,以便提出正确的诊断结论。

建立正确的诊断方法,通常采取论证诊断法和鉴别诊断法。

(1)论证诊断法 论证,就是用论据来证明一种客观事物的真实性。论证诊断法,就是对在猪病检查中所搜集的症状,分出主要症状和次要症状,按照主要症状推测一个疾病,再把临床上所见的主要症状与所设想的疾病互相对照印证。如果用所设想的疾病能够解释主要症状,且又和多数其他症状不相矛盾,便可得出结论而建立诊断。

一般有经验的兽医,都使用论证诊断法,因为此法比较简便,尤其当症状暴露得比较充分或出现综合症状和特征性症状时,运用论证诊断法就比较适宜。反过来,如果症状暴露得不够充分,或缺乏临床经验又不善于进行逻辑推理,则以鉴别诊断法为宜。如果只是随便提出一个疾病就建立诊断,难免会造成错误。

(2)鉴别诊断法 在疾病的早期、症状不典型或疾病比较复杂,找不出可以确定诊断的依据来进行论证诊断时,可采用鉴别诊断法。其具体方法是先根据一个主要症状(如呕吐)或几个重要症状,提出多个可能的疾病。这些疾病在临床上比较近似,但究竟是哪一种,须通过相互鉴别,逐步排除可能性较小的疾病,逐步缩小鉴别的范围,直至剩下一个或几个可能性较大的疾病。这种诊断法就是鉴别诊断法,也称为排除诊断法。在提出待鉴别的疾病时,应尽量将所有可能的疾病都考虑在内,以防止遗漏而导致错误诊断。但是,考虑全面并不等于漫无边际,而是要从实际搜集的临床资料出发,抓住主要矛盾来提出病名。一般是先想到常见病、多发病和传染病,因为这些病的发病率高;然后还要想到少见病和稀有病,特别是与常见病、多发病的普遍规律和临床经验有矛盾时,更应注意。

在实行鉴别诊断时,主要根据所提出的疾病能不能解释病猪所呈现的全部临床症状,是否存在或出现过该病的固定症状与示病症状,如果提出的疾病与病猪呈现的临床症状有矛盾,则所提出的疾病就可以被否定。经过这样的几次淘汰,可筛选出一个或几个可能性较大的疾病。如果用一个疾病不能解释所有的症状,就可能存在着并发病或伴发病。

(3)论证诊断法与鉴别诊断法的关系 临床上,一般是先用鉴别诊断法,后用论证诊断法,但也有先用论证诊断法的。这不是一成不变的,而是要根据疾病的复杂性和个人的临床经验来决定。为了求得诊断的准确性,对于用鉴别诊断法得来的诊断,最好再通过论证诊断法加以证实,两种诊断法不是对立的,而是互补的。

不论用哪种方法建立的诊断,都必须根据疾病的发展变化,经常加以核对。因为疾病的病理过程是不断变化的,在此过程中有的症状消失,有的症状出现,或在此过程中矛盾的主次地位发生变化,这些都需要我们用发展的观点观察疾病,修正诊断。

(二)猪病个体诊断程序

(1)调查病史,搜集临床症状 对猪只既往病史,现病史进行调查,完整的病史对于建立正确的诊断是非常重要的。要得到完整的病史资料,应全面、认真地进行调查,同时要克服调查的主观性和片面性,避免造成诊断上的错误。

搜集症状要依据疾病的发展进程随时观察和补充。因为每次对病猪的检查,都只能看到疾病全过程中某个阶段的变化,只有综合各个阶段的变化,才能获得对疾病较完整的认识。在搜集症状的过程中,还要善于及时归纳,不断地做分析,以便发现新线索,一步步地提出要探索检查的项目。具体来说,在调查病史之后,要对畜主或饲养员讲述的材料进行分析,以便大体确定可能是普通病、外科病还是传染病与中毒病,然后在一般检查、系统检查、特殊检查与实验室检查之后,及时归纳与总结,为最后的综合分析做准备。

(2)分析症状,建立初步诊断 临床工作中,所调查的病史材料或临床症状,都是比较零乱和不系统的,必须进行整理归纳。或按时间先后顺序排列,或按各系统进行归纳,这样才便于发现问题。此外还必须经过科学的分析,区别主要的和次要的、局部的和整体的、特殊的和一般的,还要注意考虑它们之间有无内在联系,彼此有无矛盾。只有把由一般检查所搜集到的临床症状与实验室检查和相应的特殊检查结果进行纵横剖析,连贯起来思索、分析各种检查结果之间的内在联系,才能提出正确的诊断。

建立诊断,就是对病猪所患疾病提出病名。这一病名,应能指出患病器官、疾病性质和发病原因。要想提出恰当的病名,建立比较正确的初步诊断,除了上面所说分析症状应注意的几个关系外,还要求能够善于发现综合症状或示病症状,最后再运用论证诊断法或鉴别诊断法,建立初步诊断。在建立诊断时,首先要考虑常见多发病,注意猪的年龄、地区和环境条件等。如 30 日龄以内的仔猪多发大肠杆菌病,2～4 月龄的猪多发猪副伤寒,在某些传染病流行地区首先要考虑这些传染病,土质含氟过多的地区要考虑氟中毒,缺硒地区要考虑硒缺乏等。所以,对于复杂的临床症状,必须去粗取精,去伪存真,由此及彼,由表及里,由现象到本质,抓住主要矛盾。从相互联系中进行细致深入的分析,不放过一个微小的细节,才能避免诊断错误。

(3)实施防治,验证诊断 在运用各种检查手段,全面客观地搜集病史、症状的基础上,通过思考加以整理、建立初步诊断之后,还须制订和实施防治计划,并观察这些防治措施的效果,以此验证初步诊断的正确性。一般地说,防治措施显效的,证明初步诊断是正确的;无效的,要重新认识,修订诊断。

综上所述,从调查了解病史、搜集临床症状到分析症状、建立初步诊断,直至实施防治、验证诊断,是认识疾病的3个过程,这三者互相联系,相辅相成,缺一不可。调查了解病史、搜集临床症状是认识疾病的前提;分析症状是揭示疾病本质、制订防治措施的关键;实施防治、观察效果是验证诊断,纠正错误诊断和发展正确诊断的必须过程。如果搜集症状不全面,或先人为主,主观臆断,根据片面的或主、客观相分离的症状做诊断,必然要犯片面性的或主观性的错误;如果对搜集到的症状主次不分,本质不明,那么对疾病的认识就只能停留在表面现象上,无法深入到本质;如果建立初步诊断之后就万事大吉,不去验证,那就无从纠正错误的认识,不能达到正确诊断的目的。

(三)猪病个体检查的内容

一般情况下,猪对捕捉的应激反应非常大,为避免因抓捕、刺激等造成生理变化的影响,应尽可能在其自由状态下检查,除临床检查、一般检查外,还要做系统检查。必要时可在观察之后再将猪捕捉保定,做进一步检查。

1. 临床检查的方法

在对猪发病的临床检查中,最常用的是问诊和视诊,必要的时候配合触诊、听诊等进行检查,收集有关资料,综合分析判断,做出诊断。

(1)问诊 以交谈和启发的方式,向防疫员,饲养、管理人员调查,了解猪或猪群生活史和患病史。一般在着手检查前进行,也可边检查边询问。

问诊时,首先询问病猪的日龄,性别,发病数量,发病时间,病后的主要表现,免疫接种情况,是否经过治疗,用过什么药物,用药剂量、次数和效果如何。再了解猪舍的卫生状况,饲喂日粮的种类、数量和质量以及饲喂方法。最后询问猪群过去曾发生过什么病,其他猪或邻近地区的猪有无类似的疾病发生,其经过与结局如何以及畜主所估计的致病原因等。

(2)视诊 是检查猪时最主要的方法,而且获得的资料最为真实可靠。视诊时,先对猪群进行全面观察,发现病猪后再重点检查。检查时,先观察猪的精神状态,饮食欲,体格发育,姿势和运动行为等有无异常,借此以发现病猪。然后仔细检查病猪的皮肤、被毛、可视黏膜(如眼结膜、口腔、鼻腔等)、咳嗽、呼吸、排粪、排尿、粪尿及眼和鼻分泌物等有无异常变化。

(3)触诊 是用手对被检部位进行触摸,以判断有无病理变化。对猪进行触诊,主要检查皮肤的温度、局部肿胀、腹股沟淋巴结的大小以及骨骼、关节和有关器官的敏感性等。

(4)听诊 一般直接听取猪的咳嗽和喘鸣音,必要时可听取心音、呼吸音和胃肠蠕动音等。

2. 一般检查

对猪进行一般检查时,主要检查猪的精神状态、营养、被毛与皮肤、可视黏膜、腹股沟淋巴结、体温等。

(1)精神状态的检查 健康育肥猪贪吃好睡,仔猪灵活好动,不时摇尾。精神沉郁是各种热性病、缺氧及其他许多疾病的表现。病猪表现卧地嗜睡,眼睛半闭,反应迟钝,喜钻草堆,离群独处或扎堆。昏睡时,病猪躺卧不起,运动能力丧失,只有给予强烈刺激才突然觉醒,但又很快陷入昏睡状态,多见于脑膜脑炎和其他侵害神经系统的疾病过程中。昏迷时,病猪卧地不起,意识丧失,反射消失,甚至瞳孔散大,粪尿失禁,可见于严重的脑病、中毒等。精神兴奋时,表现容易惊恐，骚动不安，甚至前冲后撞，狂奔乱跑，倒地抽搐等，可见于脑及脑膜充血、脑膜脑炎、中暑、伪狂犬病和食盐中毒等。

(2)营养状态的检查　临床上主要根据肌肉丰满度、皮下脂肪蓄积量和被毛状态来确定。营养良好的猪表现体躯浑圆，肌肉丰满，皮下脂肪充盈，皮肤红润，被毛光泽润滑。营养不良的猪表现消瘦，皮肤干燥，被毛粗乱无光泽，多见于各种慢行消耗性疾病，长期腹泻，寄生虫病等。短时间突然消瘦，多见于剧烈腹泻和急性高热性疾病等。

(3)皮肤的检查　着重检查皮温、皮肤颜色、丘疹、水疱、皮下水肿、皮肤脓肿和被毛等。

皮温：检查皮温时，可用手触摸耳、四肢和股内侧。全身皮温增高，多见于感冒、组织器官的重剧性炎症及热性传染病；全身皮温降低，四肢发凉，多见于严重腹泻、心力衰竭、休克和濒死期。

皮肤颜色：检查皮肤颜色只适用于白色皮肤猪。皮肤有出血斑点，用手指按压不退色，常见于猪瘟、弓形虫病等；皮肤有淤血斑块时，指压退色，常见于猪丹毒、猪肺疫、猪副伤寒等传染病；皮肤发绀，可见于亚硝酸盐中毒及重症心、肺疾病；猪耳尖、鼻镜发绀，可见于猪副伤寒、猪繁殖与呼吸综合征等。

丘疹：为皮肤上出现米粒大到豌豆大的圆形隆起，可见于猪痘及湿疹的初期。

水疱：为豌豆大内含透明浆液的小泡，若出现在口腔、蹄部、乳房部皮肤，可见于口蹄疫和猪传染性水疱病；如果出现在胸、腹部等处皮肤，可见于猪痘以及湿疹。

皮下水肿：其特征是皮肤紧张，指压留痕，去指后慢慢复平，呈捏粉样硬度。额部、眼睑皮肤水肿，主要见于猪水肿病。体表炎症及局部损伤，发生炎性水肿时，有热、痛反应。

皮肤脓肿：猪皮肤脓肿十分常见，主要是由于链球菌病或注射时消毒不严、皮肤划伤感染化脓菌引起的。初期局部有明显的热、痛、肿胀，而后从中央逐渐变软，穿刺或自行破溃流出脓汁。

局部脱毛：主要见于猪疥螨和湿疹。

(4)眼结膜的检查　主要是检查眼结膜颜色的变化。眼结膜弥漫性充血发红，除结膜炎外，可见于多种急性热性传染病、肺炎、胃肠炎等组织器官广泛炎症；结膜小血管扩张，呈树枝状充血，可见于脑炎、中暑及伴有心机能不全的其他疾病；可视黏膜苍白是各种类型贫血的表现；结膜发绀(呈蓝紫色)为病情严重的象征，如最急性猪肺疫、胃肠炎后期，也见于猪亚硝酸盐中毒；眼结膜黄染，可见于肝脏疾病、弓形虫病、钩端螺旋体病、附红细胞体病等。眼结膜炎性肿胀，分泌物增多，常见于猪瘟、流感和结膜炎等。

(5)腹股沟淋巴结的检查　猪淋巴结大多都深在，不易检查，只有腹股沟浅淋巴结便于检查。腹股沟浅淋巴结肿大，可见于猪瘟、猪副伤寒、猪丹毒、圆环病毒病、弓形虫病等多种传染病和寄生虫病。

(6)体温的检查　许多疾病，尤其是患传染病时，体温升高往往较其他症状的出现更早，因此，体温反常是猪患病的一个重要症状。猪的正常体温为 38～39.5℃。体温升高，可见于许多急性热性传染病和肺炎、肠炎疾病过程中；体温降低，多见于大出血、产后瘫痪、内脏破裂、休克及某些中毒等，多为预后不良的表现。

3. 系统检查

(1)心脏的检查　猪正常心跳数为 60～80 次/min。心跳次数增加，主要见于传染病等急性发热性疾病。心跳次数减少比较少见，可见于高胆红素血症、某些引起颅内压升高的疾病和某些中毒。

（2）呼吸系统的检查　检查猪的呼吸系统时，着重检查呼吸次数、呼吸类型、鼻液、咳嗽和喉部有无肿胀等。

①呼吸次数的检查：健康猪的呼吸次数为 18～30 次/min。呼吸次数增多，见于肺部疾病，如各型肺炎、肺充血、肺水肿、肺气肿、胸膜炎及胸水，以及各种高热性疾病、疼痛性疾病和亚硝酸盐中毒。呼吸缓慢主要为呼吸中枢高度抑制，可见于生产瘫痪、某些脑病、中毒等。

②呼吸类型的检查：健康猪呼吸时胸壁与腹壁的运动协调，起伏强度大致相等，为胸腹式呼吸。若呼吸时胸壁的起伏特别明显，而腹壁运动微弱，称为胸式呼吸。可见于膈肌破裂、腹壁创伤、腹膜炎和腹腔大量积液等；若呼吸时腹壁的起伏特别明显，而胸壁运动微弱，称为腹式呼吸。可见于胸壁创伤、肋骨骨折、胸膜炎、胸膜肺炎、胸腔大量积液、气喘病等。

③鼻液的检查：健康猪鼻孔有少量鼻液，如有大量鼻液流出，为呼吸器官患病的表现。若流无色透明、水样的浆液性鼻液，可见于呼吸道炎症、猪传染性萎缩性鼻炎、感冒的初期；鼻流黏稠、蛋清样，灰白色不透明，呈牵丝状的黏性鼻液，可见于呼吸道卡他性炎症、猪传染性萎缩性鼻炎和感冒的中后期；鼻流黏稠混浊，呈糊状、膏状、灰白色或黄白色脓性鼻液，可见于感冒、流行性感冒的中后期；猪在打喷嚏时，发生鼻出血，是猪传染性萎缩性鼻炎的特征，若为粉红色鼻液，除见于肺水肿、肺充血外，是猪接触性胸膜肺炎的特征。

④咳嗽的检查：健康猪不发生咳嗽或仅发生一两声咳嗽，连续咳嗽，则是呼吸器官患病的表现，如支气管炎、肺炎、各种呼吸器官传染病。猪低头弓腰，连续发咳，直到将呼吸道中的渗出物咳出咽下为止，为慢性气喘病的特征。

（3）消化系统的检查　消化系统疾病是常见、多发病。其他系统疾病也常会导致消化系统机能紊乱。因此，消化系统的检查有着重要的临床意义。检查猪消化系统，应着重检查食欲、呕吐、腹围、排粪状态及粪便。

①食欲：健康猪食欲旺盛，而病猪往往表现食欲不振，甚至食欲废绝。废绝后又出现食欲，表示病情好转。异嗜是食欲紊乱的另一种表现，病猪喜吃垫草、泥土、灰渣、碎布、麻绳等。多由于消化不良、慢性腹泻、维生素和微量元素缺乏症等。

②呕吐：多由于咽、食道、胃肠黏膜或腹膜受到刺激后发生。猪胃食滞、胃炎、仔猪蛔虫病、日本乙型脑炎、脑炎及某些中毒病过程中，都可能发生呕吐。另外，某些传染病如猪传染性胃肠炎、流行性腹泻等也常见呕吐。

③腹围的检查：腹围较正常增大，特别是左肋下区突出，病猪呼吸困难，表现不安或犬坐，多为胃臌气或过食，触诊左肋下区紧张而抵抗明显。

④排粪及粪便的检查：排粪异常表现为腹泻、便秘、失禁、里急后重等。检查粪便着重注意其形状、颜色及有无寄生虫。3 日龄以内的仔猪排血样稀便，为仔猪红痢的特征；育肥猪排黏液性血样稀便，为猪痢疾的特征；3 日龄以内仔猪排黄色水样稀便，是仔猪黄痢的表现；而 20～30 日龄的仔猪排灰白色糊状粪便，常见于仔猪白痢；猪排灰色腥臭的稀便，多见于猪瘟、猪副伤寒等。

（4）泌尿生殖系统检查　检查泌尿生殖系统时，着重检查排尿动作、尿量、颜色和外生殖器等。

排尿减少，颜色加深，可见于热性病、各种原因引起的脱水和急性肾炎。病猪停止排尿称为无尿，可见于重剧肾炎、膀胱破裂、某些中毒等。排尿时猪表现不安、疼痛、摇尾、弓背、两后肢张开，见于膀胱炎、尿道炎及结石等疾病。膀胱充满尿液而不能排出叫做闭尿，常见于尿道结石、尿道阻塞、膀胱括约肌痉挛等。排尿淋漓不畅，常见于尿道结石、膀胱及尿道炎。排尿失禁,可见于膀胱括约肌麻痹及脊柱受到损伤,也见于昏迷和濒死期的病猪。尿中带血称为血尿,静置后红细胞沉积于容器底部,多由于肾脏、膀胱和尿道受到损伤;血红蛋白尿时,尿呈红褐色,静置后容器底部有沉积的红细胞,可见于猪钩端螺旋体病、附红细胞体病及新生仔猪溶血病等,使红细胞大量破坏。膀胱炎时,尿液混浊,有氨臭味。

检查公猪生殖器官,注意有无阴囊疝、隐睾,睾丸肿大、疼痛、发热,多见于日本乙型脑炎,也可能为布鲁氏菌病。母猪如果阴道黏膜潮红、肿胀、糜烂或溃疡,分泌物增多,是阴道炎的表现。

(5)神经系统的检查

①中枢神经机能的检查:中枢神经机能异常,在临床上表现为抑制和兴奋2种形式。抑制是中枢神经机能降低,动物对刺激的感受性减弱或消失。按其程度可分为沉郁、昏睡和昏迷。兴奋为大脑皮质兴奋性增强的状态。病猪表现狂躁不安,不断鸣叫、乱走、乱撞等症状,可见于脑炎、中毒和某些传染病。

②感觉机能的检查:在临床上主要检查痛觉,针刺时,健康猪有回头竖耳、躲闪等反应。皮肤感觉减弱,可见于脑炎、产后瘫痪、濒死期等;皮肤感觉增强,可见于脊髓炎、皮肤局部炎症等。

③运动机能的检查:注意病猪有无做圆圈运动,向前暴进或后退、运动失调、痉挛和瘫痪等表现,可见于各型脑炎、猪瘟、猪伪狂犬病、猪水肿病、有机磷和食盐中毒等。持续性痉挛,使肌肉呈现僵硬的状态,可见于破伤风。

二、猪病群体检查

(一)猪群发病的种类

猪群发病的种类按性质和原因可分为五大类,如图2-1-1所示。

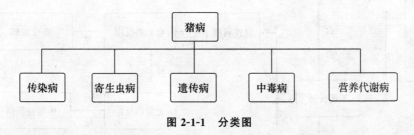

图2-1-1 分类图

(1)传染病 各种病原微生物引发的一类群发病。按其病原可分为细菌病、立克次氏体病、支原体病、衣原体病、钩端螺旋体病和病毒病;按其病程又可分为最急性型、急性型、亚急性型和慢性型。

(2)寄生虫病 各种寄生虫所引发的一类群发病。按其病原可分为蠕虫病(吸虫病、绦虫病、棘头虫病、线虫病),昆虫病、蜱螨病和原虫病。按其病程又可分为急性型、亚急性型、慢性型和隐性型(亚临床型)。

(3)遗传病 基因突变或染色体畸变引发的一类群发病。包括遗传性代谢病、遗传性血液病、遗传性免疫病、遗传性神经-肌肉疾病、遗传性心脏血管病、遗传性内分泌腺病以及其他遗传病(如上皮发育不全、先天性震颤等)。

(4)中毒病 各种有毒物质引发的一类群发病。包括饲料中毒、农药中毒、矿物质中毒、有毒植物中毒、真菌毒素中毒、鼠药中毒等。

(5)营养代谢病 营养物质摄入不足或过剩、营养物质吸收不良、营养物质需求增加、参与物质代谢的酶缺乏和内分泌机能障碍引起的一类群发病。营养代谢病包括营养物质摄入不足或需求增加造成的营养缺乏病;营养物质的吸收、利用和代谢异常造成的营养代谢障碍病。

(二)猪群发病的诊断思路

猪群发性疾病的诊断分4个步骤进行(图2-1-2)。

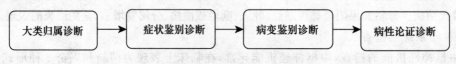

图 2-1-2　猪群发性疾病的诊断步骤

(1)大类归属诊断　当猪群中一部分、大部分乃至全群同时或相继发生,在临床症状和剖检病变上基本一致的疾病时,即可考虑群发病。

猪群发病归类诊断的主要依据有以下几点。

①传播方式是水平传播、垂直传播还是不能传播?

②起病和病程是起病急、病程短还是起病缓、病程长?

③是否有发热?

④是否有足够数量肉眼可见的寄生虫存在?

猪群发病具体归类诊断思路如图2-1-3所示。

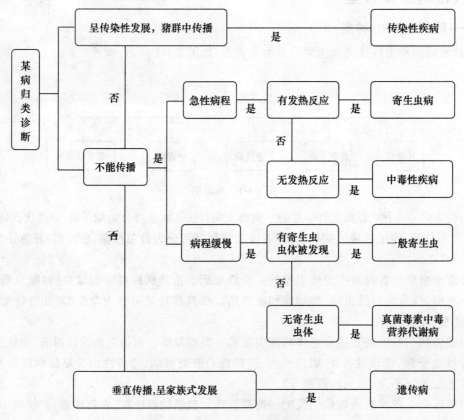

图 2-1-3　猪群发病归类诊断思路

（2）症状鉴别诊断 症状鉴别诊断是以主要症状或体征为线索,将若干相关疾病联系起来,为疾病鉴别诊断提供依据。

（3）病变鉴别诊断 病变鉴别诊断是从剖检变化出发,以基本病变为线索,将若干相关疾病串在一起,再逐步把它们区分开来。病变鉴别诊断法和症状鉴别诊断法相辅相成,是猪病尤其是猪的群发病鉴别诊断常用的两根拐杖。其中,病变鉴别诊断法是兽医独享的一个法宝。

（4）病性论证诊断 猪群发病在经过大类归属诊断、症状鉴别诊断和病变鉴别诊断之后,还必须完成诊断的终末程序——病性论证诊断加以认定。

◆职业能力训练

（一）结合相关知识回答问题

1. 观察猪营养状况是否正常（图 2-1-4、图 2-1-5）

图 2-1-4 猪 A

图 2-1-5 猪 B

2. 观察猪体表、皮毛是否正常（图 2-1-6、图 2-1-7）

图 2-1-6 猪 A

图 2-1-7 猪 B

3.观察猪睡觉的姿势是否正常(图 2-1-8 至图 2-1-11)

图 2-1-8　猪 A

图 2-1-9　猪 B

图 2-1-10　猪 C

图 2-1-11　猪 D

4.观察猪眼睛是否正常(图 2-1-12 和图 2-1-13)

图 2-1-12　猪眼睛 A

图 2-1-13　猪眼睛 B

5.观察猪吻突、耳朵和尾巴是否正常（图 2-1-14 至图 2-1-19,参加彩插）

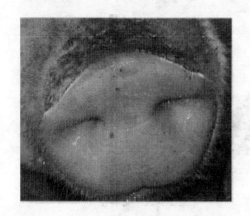

图 2-1-14　猪吻突 A

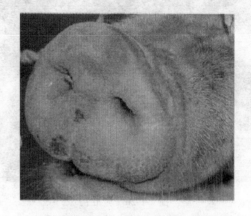

图 2-1-15　猪吻突 B

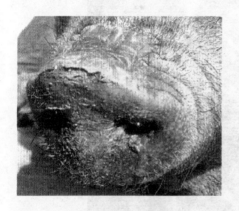

图 2-1-16　猪吻突 C

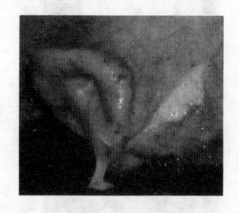

图 2-1-17　猪吻突 D

图 2-1-18　猪耳朵

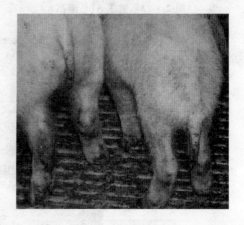

图 2-1-19　猪尾巴

6.观察猪肛门、粪便是否正常(图 2-1-20,参见彩插;图 2-1-21)。

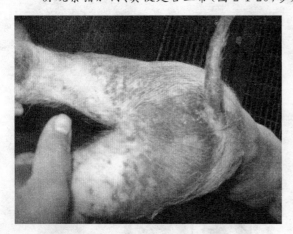

图 2-1-20　猪肛门　　　　　　　　　　　　　图 2-1-21　猪粪便

7.观察猪尿是否正常(图 2-1-22 至图 2-1-24,参见彩插)

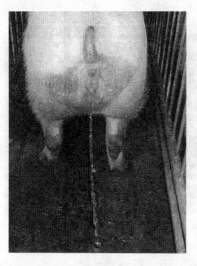

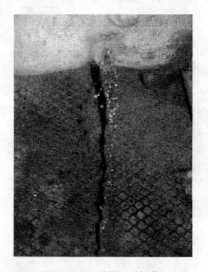

图 2-1-22　猪尿 A(色清亮)　　　　　　　　图 2-1-23　猪尿 B(色黄)

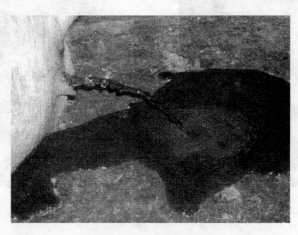

图 2-1-24　猪尿 C(色红)

8.观察猪阴户是否正常(图2-1-25至图2-1-27,参见彩插)

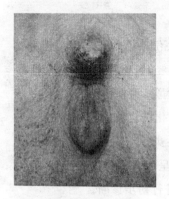

图2-1-25　猪阴户A　　　　图2-1-26　猪阴户B　　　　　　图2-1-27　猪阴户C

9.观察猪呼吸状态有无变化(图2-1-28、图2-1-29)

图2-1-28　猪呼吸A　　　　　　　　　图2-1-29　猪呼吸B

10.观察猪阴囊有什么变化(图2-1-30;图2-1-31,参见彩插)

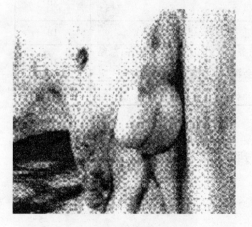
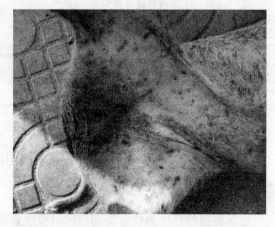

图2-1-30　猪阴囊A　　　　　　　图2-1-31　猪阴囊B(紫黑色)

(二)病例分析

2012 年 1 月 20 日,一养猪户到门诊就诊。

主诉:饲养 125 头外购仔猪,体重 13~16 kg,进场时做过 2 头份猪瘟兔化弱毒疫苗和 2 头份猪副伤寒疫苗已有 5 d,最近 2 d 猪群出现食欲不振、腹泻和呕吐,肌肉注射止痢神、青霉素、安乃近、地塞米松效果不明显,死亡 3 头仔猪,大群仍不断出现病猪,请求诊治。

病猪表现水泻,呈喷射状,水泻物为灰色或褐色,含有少量未消化的食物,个别猪呕吐、严重腹泻和脱水,最后导致死亡。从胃到直肠可见程度不一的卡他性炎症。胃黏膜充血,小肠充满气体。肠壁弹性下降,管壁变薄,呈透明或半透明状,肠内容物呈泡沫状、黄色、透明,肠系膜淋巴结肿胀。心、肺、肾未见明显的肉眼病变。请对该患病猪群进行初步诊断。

◆**技能考核**

教师带领学生实地参观一个规模化养殖场,简要介绍猪场概况后,让学生分组观察,并结合猪场具体情况,总结猪病个体及群体诊断方法和诊断程序,教师根据学生表现,填写技能考核表(表 2-1-1)。

表 2-1-1 技能考核表

序号	考核项目	考核内容	考核标准	参考分值
1	过程考核	操作态度	精力集中,积极主动,服从安排	10
2		协作意识	有合作精神,积极与小组成员配合,共同完成任务	10
3		实训准备	能认真查阅、收集资料,完成任务过程中积极主动	10
4		猪病个体诊断	结合养殖场具体情况,熟练掌握猪病个体诊断方法和诊断程序	20
5		猪病群体诊断	结合养殖场具体情况,熟练掌握猪病群体诊断方法和诊断程序	30
6	结果考核	操作结果综合判断	准确	10
7		工作记录和总结报告	有完成全部工作任务的工作记录,字迹整齐;总结报告结果正确,体会深刻,上交及时	10
			合计	100

学习任务二　猪病的病理剖检与诊断

◆**学习目标**

1. 掌握猪的尸体剖检方法和尸体剖检注意事项。

2. 做好病理剖检记录。

3. 进行尸体剖检诊断。

◆案例分析

　　某猪场断奶仔猪 200 头，断奶后 1 周相继发病，表现发烧，食欲不振，呼吸困难，耳、四肢末梢发绀，发病率达 20%，死亡 14 头，畜主非常着急，带猪到兽医站请求兽医进行病猪剖检诊断。

◆相关知识

一、猪的尸体剖检

(一)剖检器械和消毒药的准备

　　(1)器械　剥皮刀、解剖刀、手术刀、外科剪、肠剪、镊子、骨锯、斧子、磨刀棒、量杯、搪瓷盘、桶、酒精灯、注射器、针头、广口瓶、高压灭菌器、载玻片、灭菌纱布块、脱脂棉球等。

　　(2)药品　2%碘酊、70%酒精、0.1%新洁尔灭等。

　　(3)其他　毛巾、脸盆、工作服、口罩、帽、胶鞋、乳胶手套、肥皂等。

(二)猪的尸体剖检方法

　　(1)了解病史　在进行尸体剖检前，先仔细了解病死猪的生前状况，主要包括临床症状、流行病学、防治情况等。通过对病史的了解，缩小对所患疾病的怀疑范围，以确定剖检的侧重点。

　　(2)尸体的外部检查　猪死亡后，受体内存在的酶和细菌的作用以及外界环境的影响，逐渐发生一系列的死后变化，包括尸冷、尸僵、尸斑、血液凝固、尸体自溶及腐败等。正确地辨认尸体的变化，可以避免将某些死后变化误认为是生前的病理变化。检查顺序是从头部开始，依次检查颈、胸、腹、四肢、背、尾、肛门和外生殖器等。

　　(3)尸体剖检的方法　剖检多采用仰卧位。为了使尸体保持背位，需切断四肢内侧的所有肌肉和髋关节的圆韧带，使四肢平摊在地上，然后再从颈、胸、腹的正中侧切开皮肤。如果是大猪，又属非传染病死亡，皮肤可以加工利用时，建议按常规方法剥皮，然后再切断四肢内侧肌肉，使尸体保持背位，进行剖检。

　　①皮下检查：检查皮下有无充血、炎症、出血、淤血、水肿等病变，并观察皮下脂肪组织的多少、颜色、性状及病理变化等。检查体表淋巴结的大小、颜色，有无出血、充血，有无水肿、坏死、化脓等病变。对断奶前的小猪还要检查肋骨和肋软骨交界处，有无串珠样肿大。

　　②关节肌肉检查：在剥皮后检查四肢关节有无异常，同时检查骨骼肌的色泽、硬度、有无出血、变性、脓肿及萎缩，并检查肌间结缔组织的状态。

　　③淋巴结检查：注意下颌淋巴结、颈浅淋巴结、腹股沟浅淋巴结、腹股沟深淋巴结、肠系膜淋巴结、肺门淋巴结和肝门淋巴结等，观察其大小、颜色、硬度、与其周围组织的关系及横切面的变化。

　　④胸膜腔检查：观察有无液体，液体的数量、透明度、色泽、性质、浓度和气味，注意浆膜是否光滑，有无粘连及粘连的质地和颜色等。

　　⑤肺脏检查：先观察肺的大小、色泽、重量、质地、弹性，有无病灶及表面附着物等。然后用剪刀将支气管剪开，注意观察支气管黏膜的色泽，表面附着物的数量、黏稠度。最后将整个肺

脏横向切割数刀,观察切面有无病变,切面流出物的数量、色泽变化等。

⑥舌、喉头、气管检查:观察扁桃体是否有肿胀、化脓、坏死,检查舌有无出血溃疡,喉头是否有出血,检查气管有无出血,气管内有无黏液。

⑦心脏检查:先检查心包,用剪刀剪开一切口,观察其心包液的数量、性状、色泽、透明度以及有无粘连、肿瘤等,再检查心脏纵沟、冠状沟的脂肪量、性状,有无出血,检查心脏的外形、大小、色泽及心外膜的性状,有无白色条纹状的心肌变性坏死等,最后进行心脏内部检查。

心脏的切开方法是沿左纵沟左侧的切口,切至肺动脉起始处;沿左纵沟右侧的切口,切至主动脉的起始处;然后将心脏翻转过来,沿右纵沟左右两侧做平行切口,切至心尖部与左侧切口相连接;切口再通过房室口切至左心房及右心房。经过上述切线,心脏全部剖开。

检查心脏时,注意检查心腔内血液的含量及性状。检查心内膜的色泽、光滑度、有无出血,各个瓣膜、腱索是否肥厚,有无血栓形成和组织增生或缺损等病变。对心肌的检查,应注意心肌各部的厚度、色泽、质地,有无出血、萎缩、变性和坏死等。

⑧脾脏检查:脾脏摘出后,检查脾门血管和淋巴结,测量脾的长度、宽度、厚度,称其重量;观察其形态、色泽、包膜的紧张度,检查脾头、脾尾、边缘有无出血、坏死和梗死,有无肥厚、脓肿形成;用手触摸判断脾的质地(坚硬、柔软、脆弱)及有无病灶,然后做一两个纵切,观察切面的色泽、血量、硬度,检查脾髓、滤泡和脾小梁的状态和比例关系,有无结节、坏死、梗死和脓肿等。

⑨肝脏检查:先检查肝脏的形态、大小、色泽、包膜性状、有无出血、结节、坏死等,然后检查肝门部的动脉、静脉、胆管和淋巴结,最后切开肝组织,观察切面的色泽、质地和含血量等情况。注意切面是否隆突,肝小叶结构是否清晰,有无血栓、结石、寄生虫性结节和坏死等。

⑩胰脏检查:观察胰脏形态、颜色、质地、大小。死后胰脏最早出现变化,此时胰呈红褐色、绿色或黑色,质地极软,甚至呈泥状。

⑪肾脏:先检查肾脏的形态、大小、色泽和质地。注意包膜的状态是否光滑、透明和容易剥离。包膜剥离后,检查肾表面的色泽,有无出血、瘢痕、梗死等病变,然后由肾的外侧向肾门部将肾纵切成两等份,检查皮质和髓质的厚度、色泽,交界部血管状态和组织结构纹理。最后检查肾盂,注意其容积,有无出血、积尿、积脓、结石以及黏膜的性状等。

⑫肾上腺检查:确定肾上腺外形、大小、重量、颜色,然后纵切检查肾上腺皮质与髓质的厚度比例,再检查有无出血变化。

⑬膀胱检查:先检查其充盈情况,浆膜有无出血等变化,然后从基部剖开检查尿液色泽、性状、有无结石,翻开膀胱检查黏膜有无出血、溃疡等。

⑭生殖器官检查:公猪检查睾丸和附睾,检查其外形、大小、质地和色泽,观察切面有无充血、出血、瘢痕、结节、化脓和坏死等。母猪检查子宫、卵巢和输卵管,先注意卵巢的外形、大小、卵泡的数量、色泽,有无充血、出血、坏死等病变。观察输卵管浆膜面有无粘连、膨大、狭窄、囊肿,然后剪开,注意腔内有无异物或黏液、水肿液,黏膜有无肿胀、出血等病变。检查阴道和子宫时,除观察子宫大小及外部病变外,还要用剪子依次剪开阴道、子宫颈、子宫体,直至左右两

侧子宫角,检查内容物的性状及黏膜的病变。

⑮脑检查:检查硬脑膜和软脑膜的状态,脑膜的血管充盈状态,有无充血、出血等变化。检查脑回和脑沟的状态,是否有渗出物蓄积、脑沟变浅、脑回变平等。然后切开大脑,查看脉络丛的性状和脑室有无积水,最后横切脑组织,查看有无出血及溶解性坏死等。必要时取材送检。

⑯胃检查:先观察其大小,浆膜面的色泽,有无粘连,胃壁有无破裂和穿孔等,然后由贲门沿大弯剪至幽门。胃剪开后,检查胃内容物的数量、性状、含水量、气味、色泽、成分,有无寄生虫等。最后检查胃黏膜的色泽,注意有无水肿、充血、溃疡、肥厚等病变。

⑰肠管检查:对肠道进行分段检查。在检查时,先检查肠管浆膜面的色泽,有无粘连、肿瘤、寄生虫结节等。然后剪开肠管,随时检查肠内容物的数量、性状、气味,有无血液、异物、寄生虫等。除去肠内容物后,检查肠黏膜的性状,注意有无肿胀、发炎、充血、出血、寄生虫和其他病变。

⑱骨和骨髓的检查:将长骨纵切开,注意观察骨端和骨干的状态,红骨髓与黄骨髓的分布,同时注意骨密质与骨松质的状态。

(4)注意事项　在剖检的过程中,应随时填写病理剖检记录。通过对病变的观察和鉴别,综合分析,做出病理学诊断。

(三)做好病理剖检记录

病理剖检记录概括为临床病历摘要、器官病变记录、病理学诊断、结论4个方面。

1.临床病历摘要

①一般情况登记:畜别、性别、年龄、病例号、送诊日期。

②主诉。

③发病经过:记录本病起始及各期的经过情形。

④实验室检查结果:细菌培养、毒物化验等。

⑤临床诊断。

2.器官病变记录

(1)观察记录　可采用文字叙述、填表及画图等方式记录剖检所见病理变化。

(2)剖检记录内容

①为了减少遗漏和错误,应在剖检时记录下所有可见的病理变化;并在剖检后由剖检人再做修改、补充和整理。

②叙述文字力求简洁明确,对各器官的位置、大小、形态、表面、切面、颜色、硬度都要如实记录。

③记录病变时不可滥用病理诊断和病理组织学上的名词。

④对于各器官的描述,不仅要说明其阳性变化,凡与临床诊断不符的阴性情况也要注明。

⑤对器官硬度及器官的固有结构描述,应注意有空腔时要说明其腔壁及内容物的性状;有溃疡时要说明溃疡边缘及基底的性状。

⑥叙述大小时,须准确测量其重量及尺寸。应对脏器的边缘、切面的变化情况进行客观描述。

⑦对器官颜色的变化应准确客观,因为器官的颜色变化常能提示某些病变,在判断颜色时

切面较表面正确,因为表面有包膜,当包膜有改变时可影响其下组织的色泽。

(3)剖检记录提纲 记录应反映剖检当时的情况,故其顺序应和剖检的顺序一致。

3. 实验室诊断

(1)病理组织学检查 有条件的地区应做病理组织学检查。各器官切片检查可按照肉眼观察记录内所列的次序排列。也可按病变的重要性依次排列,与死亡有直接关系的列在最前面,将次要的排列于后。

(2)病原学检查结果记录 不仅包括鉴定结果,还应简述细菌的培养情况及染色性状。

4. 结论

由剖检人根据各种重要病理变化,综合临床及其他化验结果,分析各种病变的关系、临床和病理联系以及死亡的原因,对本病例做简要结论。做好以上记录后,最好将结果登记在尸检诊断登记册上,以便日后查阅做统计。

(四)猪病理剖检的注意事项

1. 剖检前

应详细了解病猪的来源、病史、临床症状、治疗经过和临死前的表现。

2. 现场剖检

(1)场地和尸体处理 剖检场地应选择便于消毒和防止病原扩散的地方,最好在专设的具有消毒条件的解剖室内进行剖检。若条件不具备,可选在距房舍、猪群、道路和水源较远,地势较高燥的地方进行。剖检前先挖 2 m 左右的深坑,坑内撒些生石灰,便于剖检后对尸体做无害化处理。

剖检前应在尸体表面喷洒消毒药液。死于传染病的尸体,可采用深埋或焚烧法处理。搬运尸体的工具及尸体污染的场地也应注意清洗消毒。

(2)被检对象的选择 剖检猪最好是濒死猪,或死后不久的猪。被剖检猪生前症状具有代表性,为了客观准确,可多选择几头在疾病流行期间不同时期出现的病猪或死猪。

(3)剖检时间 剖检应在病猪死后尽早进行(夏天不得超过 12 h)。死后时间过长的尸体,因发生自溶和腐败而无法判断原有病变,失去剖检意义。剖检最好在白天进行,因为灯光下很难把握病变组织的颜色。

(4)要正确认识尸体变化 动物死后,在体内存在的酶和细菌的作用下,以及外界环境的影响,逐渐发生一系列的死后变化。其中包括尸冷、尸僵、尸斑、血液凝固、溶血、尸体自溶与腐败等。正确地辨认尸体的变化,可以避免将某些死后变化误认为生前的病理变化。

3. 剖检人员的防护

剖检者要穿工作服,戴胶皮手套和线手套以及工作帽、口罩、防护镜,穿胶靴,采取各种防护手段,防止感染各种微生物、寄生虫。剖检完毕应将器械及地面清洗干净,若疑为传染病必须进行消毒。

二、附录

1. 尸体外部检查的主要内容与相关疾病(表2-1-2)

表2-1-2　病猪尸体外部病理变化可能涉及的疾病

器官	病理变化	可能涉及的疾病
眼	眼角有泪痕或眼屎	流感、猪瘟、萎缩性鼻炎
	眼结膜充血、苍白、黄染	热性传染病、贫血、黄疸
	眼睑水肿	水肿病
口鼻	鼻孔有炎性渗出物流出	流感、气喘病、萎缩性鼻炎
	鼻歪斜、颜面部变形	萎缩性鼻炎
	上唇吻突及鼻孔有水疱、糜烂	口蹄疫、水疱病
	齿龈、口角有点状出血	猪瘟
	唇、齿龈、颊部黏膜溃疡	猪瘟
	齿龈水肿	猪水肿病
皮肤	胸、腹和四肢内侧皮肤有大小不一的出血斑点	猪瘟、湿疹
	皮肤出现红紫色斑块并肿胀	皮炎肾病综合征
	皮肤弥漫性潮红	链球菌病、胸膜肺炎
	方形、菱形红色疹块	猪丹毒
	耳尖、鼻端、四蹄呈紫色	沙门氏菌病、猪繁殖与呼吸综合征、中毒病等
	下腹和四肢内侧有痘疹	猪痘
	蹄部皮肤出现水疱、糜烂、溃疡	口蹄疫、水疱病等
	咽喉部明显肿大	链球菌病、猪肺疫等
肛门	肛门周围和尾部有粪污染	腹泻性疾病

2. 内脏器官的病理剖检变化与相关疾病(表2-1-3)

表2-1-3　各器官病理变化及可能发生的疾病

器官	病理变化	可能发生的疾病
淋巴结	颌下淋巴结肿大,出血性坏死	猪炭疽、链球菌病
	全身淋巴结有大理石样出血变化	猪瘟
	咽、颈及肠系膜淋巴结黄白色干酪样坏死灶	猪结核
	淋巴结充血、水肿、小点状出血	急性猪肺疫、猪丹毒、链球菌病
	支气管淋巴结、肠系膜淋巴结髓样肿胀	猪支原体肺炎、猪肺疫、传染性胸膜肺炎、猪副伤寒
	淋巴结肿大,无明显出血变化	附红细胞体病、圆环病毒病、弓形虫病

续表 2-1-3

器官	病理变化	可能发生的疾病
肝	坏死灶	猪副伤寒、弓形虫病、李氏杆菌病、伪狂犬病
	胆囊出血	猪瘟、胆囊炎
	胆囊肿大,内含黏稠胆汁	附红细胞体病
脾	脾边缘有出血性梗死灶	猪瘟、链球菌病
	脾稍肿大,呈樱桃红色	猪丹毒
	脾淤血肿大,灶状坏死	弓形虫病
	脾边缘有小点状出血	仔猪红痢
	脾肿大,质硬	附红细胞体病
胃	胃黏膜斑点状出血,溃疡	猪瘟、胃溃疡
	胃黏膜充血、卡他性炎症,呈大红布样	猪丹毒、食物中毒
	胃黏膜下水肿	水肿病
小肠	黏膜小点状出血	猪瘟
	节段状出血性坏死,浆膜下有小气泡	猪红痢
	以十二指肠为主的出血性、卡他性炎症	仔猪黄痢、猪丹毒、食物中毒
大肠	盲肠、结肠黏膜灶状或弥漫性坏死	猪副伤寒
	盲肠、结肠黏膜扣状溃疡	猪瘟
	卡他性、出血性炎症	猪痢疾、胃肠炎、食物中毒
	黏膜下高度水肿	水肿病
肺	出血斑点	猪瘟
	纤维素性肺炎	猪肺疫、传染性胸膜肺炎、副猪嗜血杆菌病
	心叶、尖叶、中间叶肉变或胰样变	气喘病
	水肿,小点状坏死	弓形虫病
	粟粒样、干酪样结节	结核病
心脏	心外膜斑点状出血	猪瘟、猪肺疫、链球菌病
	心肌条纹状坏死带	口蹄疫
	纤维素性心外膜炎	猪肺疫
	心瓣膜菜花样增生物	慢性猪丹毒
	心肌内有米粒大灰白色囊泡	猪囊尾蚴病
肾	苍白,小点状出血	猪瘟
	高度淤血,小点状出血	急性猪丹毒
膀胱	黏膜层有出血斑点	猪瘟
浆膜及浆膜腔	浆膜出血	猪瘟、链球菌病
	纤维素性胸膜炎及粘连	猪肺疫、气喘病、副猪嗜血杆菌病、
	积液	传染性胸膜肺炎、弓形虫病

续表2-1-3

器官	病理变化	可能发生的疾病
睾丸	一侧或二侧睾丸肿大、发炎、坏死或萎缩	乙型脑炎、布鲁氏菌病
肌肉	臀肌、肩胛肌、咬肌部外有米粒大囊泡	猪囊尾蚴病
	肌肉组织出血、坏死、含气泡	恶性水肿
	腹斜肌、大腿肌、肋间肌等处见有与肌纤维平行的毛根状小体	住肉孢子虫病
血液	血液凝固不良	链球菌病、中毒性疾病、附红细胞体病

3. 主要猪病剖检诊断(表2-1-4)

表2-1-4　主要猪病剖检诊断

病名	主要病变
仔猪红痢	空肠、回肠有节段性出血性坏死
仔猪黄痢	主要在十二指肠有卡他性炎症
轮状病毒感染	胃内有乳凝块,大、小肠黏膜呈弥漫性出血,肠管菲薄
传染性胃肠炎	主要病变在胃和小肠,呈现充血、出血并含有未消化的小凝乳块,肠壁变薄
流行性腹泻	病变在小肠,肠壁变薄,肠腔内充满黄色液体,肠系膜淋巴结水肿,胃内空虚
仔猪白痢	胃肠黏膜充血,含有稀薄的食糜和气体,肠系膜淋巴结水肿
沙门氏菌病	盲肠、结肠黏膜呈弥漫性坏死,肝、脾淤血并有坏死点,淋巴结肿胀、出血
猪痢疾	盲肠、结肠黏膜发生卡他性、出血性炎症,肠系膜充血、出血
猪瘟	皮肤、浆膜、黏膜及肾、喉、膀胱等器官有出血点,淋巴结出血、水肿,回盲瓣口扣状溃疡
猪丹毒	体表有充血疹块;肾充血,有出血点;脾充血,心内膜有菜花状增生物,关节炎
猪肺疫	全身皮下、黏膜、浆膜明显出血,咽喉部水肿,出血性淋巴结炎,胸膜与心包粘连,肺肉变
猪水肿病	胃壁、结肠系膜和下颌淋巴结水肿,下眼睑、颜面及头颈皮下有水肿
气喘病	肺尖叶、心叶及部分膈叶的下端出现肉变,肺门及纵隔淋巴结肿大
附红细胞体病	血液稀薄、皮肤和黏膜贫血状、黄疸、淋巴结肿大、脾肿大、胆囊内充满浓稠胆汁

◈职业能力训练

病死猪的剖检、疾病记录和诊断:剖检病死猪,记录剖检病理变化,初步做出诊断。

1. 器械和消毒药的准备

(1)器械　剥皮刀、解剖刀、外科刀、外科剪、肠剪、镊子、骨锯、凿子、斧子、磨刀棒、量杯、搪瓷盘和桶、酒精灯、注射器、针头、青霉素瓶、广口瓶、高压灭菌器、载玻片、灭菌纱布、脱脂棉花等。

(2)药品　2%碘酊、70%酒精、0.1%新洁尔灭等。

(3)其他　毛巾、脸盆、工作服、口罩、帽、胶鞋、乳胶手套、肥皂。

2.猪的尸体剖检

参考相关知识。

3.做好剖检记录

参考相关知识。

◆ 技能考核

让学生分组进行猪尸体剖检,教师根据小组操作过程及尸体剖检记录填写技能考核表(表2-1-5)。

表 2-1-5　技能考核表

序号	考核项目	考核内容	考核标准	参考分值
1	过程考核	实训准备	能认真查阅、收集资料,完成任务过程中积极主动	10
2		协作意识	有合作精神,积极与小组成员配合,共同完成任务	10
3		临床症状观察	根据发病猪群及个体临床症状,查阅各种资料,做出初步判断结论	10
4		猪尸体剖检	能熟练打开胸腔、腹腔,说出各脏器名称,指出各器官病理变化,能准确判断和描述病理变化	30
5		尸体剖检记录	能认真操作,记录剖检内容,字迹整洁、内容清晰、完整	20
6	结果考核	操作结果综合判断	临床诊断和剖检诊断准确	10
7		工作记录和总结报告	有完成全部工作任务的工作记录,字迹整齐;总结报告结果正确,体会深刻,上交及时	10
			合计	100

◆ 自测训练

一、选择题

1.某猪场 3 日龄仔猪发病,主要表现精神沉郁,食欲废绝,排黄色水样稀粪,随后仔猪脱水昏迷死亡。剖检可见小肠黏膜充血,出血,胃内有凝乳块,肠系膜淋巴结充血水肿。可能的疾病是　　　　　　　　　　　　　　　　　　　　　　　　　　　　　　　　　　　　　　　（　　）

A. 猪痢疾　　　　　　　B. 仔猪白痢　　　　　　　C. 仔猪红痢

D. 仔猪黄痢　　　　　　E. 猪增生性肠病

2.某猪场 30～40 日龄保育猪发生以咳嗽和呼吸困难为主要症状的传染病,并且伴有关节肿大。剖检见心包炎,肺脏与胸壁粘连,腹腔组织器官表面覆盖纤维素样渗出物。可能的疾病是　　　　　　　　　　　　　　　　　　　　　　　　　　　　　　　　　　　　　　　（　　）

A. 猪丹毒病　　　　　　B. 猪支原体肺炎　　　　　　C. 副猪嗜血杆菌病

D. 猪传染性萎缩性鼻炎　　E. 猪瘟

3.某猪场 3 月龄猪发病,表现为体温升高,弓背,行走摇晃,病初便秘,后期腹泻,四肢末端

皮肤有出血点,发病率 15%;剖检可见脾脏边缘梗死,回盲口有纽扣状溃疡。最可能引起本病的病原是 ( )

    A. 猪瘟病毒   B. 猪流感病毒   C. 猪细小病毒

    D. 伪狂犬病病毒   E. 猪传染性胃肠炎病毒

4. 某猪场一批 4 月龄育肥猪,体温和食欲正常,但生长缓慢,个体大小不一,经常出现咳嗽、气喘等症状。剖检见肺部尖叶、心叶、膈叶前缘呈双侧对称性肉变,其他器官未见异常,该病最可能的病原是 ( )

    A. 巴氏杆菌   B. 布鲁氏菌   C. 猪链球菌

    D. 肺炎支原体   E. 副猪嗜血杆菌

5. 某猪场 3 日龄仔猪发病,主要表现发烧、呕吐、腹泻、排黄色水样稀粪,内含凝乳块。部分猪有神经症状,死前口吐白沫,死亡率高达 90%。剖检可见小肠黏膜充血、出血,胃出血、内有凝乳块,肠系膜淋巴结水肿,大脑充血、出血,用于检测的最佳病料是 ( )

    A. 血液   B. 肛门拭子   C. 大脑

    D. 小肠前段内容物   E. 胃内容物

二、简答题

1. 主要猪病剖检诊断要点有哪些?

2. 猪尸体剖检的注意事项是什么?

3. 猪病理剖检记录内容有哪些?

学习情境二　母猪常见疾病的诊断与防制

学习任务一　母猪常见的繁殖障碍性疾病

◆学习目标

1. 了解多种导致母猪繁殖障碍性疾病,如猪瘟、猪繁殖与呼吸综合征、猪伪狂犬病、猪细小病毒病、猪流行性乙型脑炎、布鲁氏菌病、猪钩端螺旋体病、猪衣原体病、猪流行性感冒的病原形态。

2. 掌握以上多种母猪繁殖障碍性疾病的流行病学、临床症状和病理变化。

3. 对以上多种母猪繁殖障碍性疾病进行诊断和防治。

◆案例分析

江西省某养猪场饲养生产母猪 450 头,2012 年 12 月初,有 2 窝 18～20 日龄仔猪开始发病,表现呼吸加快,发热,食欲废绝,耳尖边缘呈淡蓝色。发病 2～3 d 后,全窝死亡。至 12 月中旬已有 8 窝仔猪感染发病,死亡 37 头。同时有 2 头妊娠后期母猪出现流产,产出死胎、木乃伊胎等。剖检病变如下。

①主要病变在肺部,弥散性间质性肺炎的症状均有不同程度出现,肺间质增宽,切开气管,支气管腔充满泡沫状物,胸腔积液,心包积液。

②全身淋巴结肿大,切面周边出血,呈大理石样。

③肾呈土黄色,有针尖大小的出血点,肾乳头出血。

④少数膀胱、喉头有出血点,脾脏边缘梗死。

初步诊断母猪患有什么病?

◈ **相关知识**

母猪繁殖障碍性疾病是以妊娠母猪发生流产、死胎、木乃伊胎、产出无活力弱仔、畸形儿、少仔和不育症为特征的一类疾病。现在猪场常见的母猪繁殖障碍性疾病有猪瘟、猪繁殖与呼吸综合征、猪伪狂犬病、猪细小病毒病、猪流行性乙型脑炎、布鲁氏菌病、猪钩端螺旋体病、猪衣原体病、猪弓形虫病、猪流行性感冒等。

一、猪瘟

猪瘟(classical swine fever,CSF)是由猪瘟病毒引起的一种急性、热性、高度接触性传染病。其特征是发病急,高热稽留,全身泛发性点状出血。慢性以坏死性肠炎所致的纽扣状肿为特征。国际兽医局(OIE)已将本病列为 A 类传染病,在我国也被列为一类传染病。

1.病原

猪瘟病毒(CSFV)属黄病毒科瘟病毒属,核酸类型为单股 RNA,有囊膜,囊膜上有许多含糖蛋白的纤突。它与同属的牛病毒性腹泻－黏膜病病毒(BVDV)基因组序列有高度同源性,抗原关系密切,可以产生血清学交叉反应和交叉保护作用。

CSFV 不同毒株间存在显著抗原差异,根据与 BVDV 抗体的中和反应,分为 H 和 B 两群,不易被牛 BVDV 抗体中和的为 H 群,易被 BVDV 抗体中和的为 B 群。H 群毒力强,B 群毒力比较弱。

CSFV 仅有一个血清型。不同毒株的毒力差异很大,有的毒株毒力不稳定,通过猪体传代可使毒力增强。强毒株引起死亡率高的急性猪瘟,中等毒力毒株一般引起亚急性或慢性猪瘟,低毒力毒株感染妊娠母猪,可经胎盘感染胎儿。中等毒力毒株感染的程度取决于宿主年龄、免疫力和营养状况等因素,而强毒株或低毒力毒株的感染程度宿主因素仅起很小的作用。

猪肾细胞是最常用的培养 CSFV 的细胞,病毒在细胞浆复制,在细胞内膜上成熟,不引起细胞病变。鸡新城疫病毒(NDV)在猪睾丸细胞培养中亦不产生细胞病变,但接种猪瘟病毒后再接种新城疫病毒,则可产生明显的细胞病变,此法可用于猪瘟诊断。

CSFV 经家兔连续继代后,毒力显著减弱,但仍有良好的免疫原性。猪瘟兔化弱毒疫苗的种毒就是这样培育成功的。

病毒对环境因素的抵抗力较强,60℃经 10 min 可使细胞培养液失去感染力,而脱纤血中的病毒在 68℃经 30 min 尚不能灭活。含 CSFV 的猪肉冷冻储存几个月后仍有传染性,因此,具有重要的流行病学意义。CSFV 对腐败特别敏感,对常用消毒剂有抵抗力,但生石灰、漂白粉、苛性钠等溶液都能很快使其灭活。

2.流行病学

本病只引起家猪和野猪发病,其他动物均有抵抗力。

病猪和带毒猪是本病的传染源,感染猪在潜伏期即可从口、鼻及泪腺分泌物、尿和粪便向外排毒,并延续整个病程。康复猪在产生特异抗体后停止排毒。强毒株感染在 10～20 d 内大量排毒,在猪群传播快,发病率与死亡率高。低毒株感染后排毒时间相对较短,慢性感染猪可连续或间歇排毒。

低毒株感染妊娠母猪时,常不被察觉,但可侵袭子宫中的胎儿,造成死产或产出弱仔,并在分娩时大量排毒,污染环境。如果这种先天性感染的仔猪在出生时正常,并存活几个月,它们可作为传染源而很难辨认。因此,这种持续的先天性感染对流行病学具有重要意义。

猪群存在强毒株、慢性病猪和免疫耐受性的持续感染猪,以及引进外表健康的感染猪是猪瘟发生的最常见的原因。含毒的猪肉、猪肉制品和厨房的废弃物是传播本病的重要媒介。自然条件下病毒经口、鼻腔,间或通过眼结膜、生殖道黏膜或损伤的皮肤感染,妊娠母猪可通过胎盘传染给胎儿。经口和注射感染后,病毒在扁桃体复制,然后经淋巴管进入淋巴结,继续增殖,随即到达外周血液。病毒在脾、骨髓、内脏淋巴结和小肠的淋巴组织增殖到高滴度,导致高水平的病毒血症。

3. 临床症状

猪瘟的潜伏期一般为 5～7 d,短的 2 d,长的可达 21 d。

急性型:病猪体温升高到 41～42℃。精神沉郁,卧地嗜睡,畏寒怕冷,肌肉震颤,扎堆或钻入草堆,全身衰弱无力,步态不稳。食欲减退或废绝,喜饮冷水,先便秘,粪便呈球状、干硬、表面常附有灰白色黏液,有的混有血液,而后发生腹泻,味恶臭。结膜发炎,眼角有黏液脓性眼眵,严重时将眼睑封闭。临死前耳朵、颈下、胸部、腹部、四肢内侧等处皮肤有紫绀或出血斑点。公猪包皮积尿,可挤出黄白色混浊恶臭尿液。

慢性型:症状极不规则,病猪极度消瘦、贫血、全身衰弱无力,步态不稳。体温时高时低,食欲时有时无,喜饮冷水或脏水,便秘与腹泻交替出现,粪便恶臭,皮肤有紫斑或坏死痂。病程长达 1 个月以上,最后多衰竭而死。

迟发型:猪瘟是先天性 CSFV 感染的结果。感染的胎猪在出生后几个月表现正常,随后发生轻度食欲不振,精神沉郁,结膜炎,皮炎,下痢和运动失调。体温正常,大多数能存活 6 个月以上,但最终死亡。

非典型性型:非典型性猪瘟亦称温和性猪瘟,由低毒力猪瘟病毒引起,是近年来发生较为普遍的一种猪瘟类型。其症状和病变不典型,病情缓和,发病率和死亡率均低。病猪体温微热或中热,大多数在腹下有轻度的淤血或发绀,皮肤很少有出血点。有的自愈后出现干耳和干尾,甚至皮肤出现干性坏疽而脱落。新生斑痕无色素而呈现花皮猪。病程长达 1 个月以上,较大的猪一般多可耐过,死亡者多为幼猪,少数自愈者变为僵猪。

繁殖障碍型:猪瘟病毒(CSFV)感染可导致流产,产出木乃伊、畸胎、死胎、有颤抖症状的弱仔或外表健康的感染仔猪。

4. 病理变化

猪瘟急性型和亚急性型病例,淋巴结和肾脏的病变最常见。全身淋巴结肿大、出血、暗红色,切面多汁,周边出血明显,呈红白相间的大理石样外观(图 2-2-1)。肾包膜下有数量不等的针尖大小的暗红色出血点,严重病例肾脏表面出血点密集(图 2-2-2),肾切面皮质、髓质、肾盂和肾乳头均能见到出血点。脾不肿大,部分病例脾脏边缘有米粒大到豆大的紫黑色,稍突起、硬实的出血性梗死灶(图 2-2-3),具有诊断意义。心内外膜、心耳、心冠脂肪、胃肠浆膜和黏膜、会厌软骨、胸壁、胆囊、膀胱黏膜、脑软膜等处有的有大小不等,数量不一的小出血点或出血斑(图 2-2-4、图 2-2-5)。扁桃体一侧或两侧性出血,病程长者甚至出现坏死灶。肺有肺炎病变。

大多数病猪都有非化脓性脑炎变化,病理组织学变化的特征是在血管周围形成袖套,同时可见内皮细胞增生,胶质细胞增多,胶质结节形成和局灶性脑组织坏死。

图 2-2-1 淋巴结切面出血,呈大理石样外观

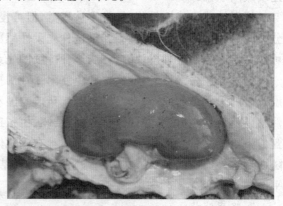

图 2-2-2 肾脏表面有出血点

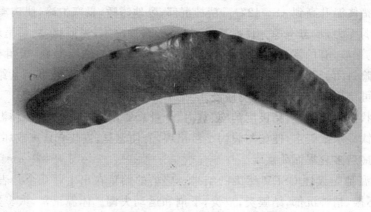

图 2-2-3 脾边缘梗死

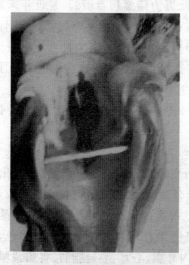

图 2-2-4 会厌软骨有出血点

图 2-2-5 膀胱黏膜有出血点

慢性病例的出血和梗死变化不明显,特征病变是在回肠后段、盲肠和结肠,特别是回盲瓣附近的淋巴滤泡周围的肠黏膜逐渐坏死、溃疡,并有纤维素性渗出,互相凝结成同心轮层状或纽扣状溃疡灶。

低毒株性猪瘟病毒感染可引起胎儿木乃伊化、死胎和畸形。死产的胎儿最显著的病变是全身性皮下水肿,腹水和胸水。胎儿畸形包括头和四肢变形,小脑和肺以及肌肉发育不良。在出生后不久死亡的子宫内感染仔猪,皮肤和内脏器官常有出血点。迟发性猪瘟的突出变化是胸腺萎缩,外周淋巴器官严重缺乏淋巴细胞和生发滤泡。

5.诊断

典型的急性病例根据流行病学、临床症状和病理变化可做出相当准确的诊断。病猪高热稽留,腹股沟淋巴结急性肿大,白细胞数减少,药物治疗无效,死亡率高;剖检可见淋巴结、肾脏和其他器官出血,脾脏梗死等,这些都是猪瘟的特征。必要时,应做实验室诊断。

(1)细菌学检查 采取病猪心包液、心血、肝、脾、淋巴结等涂片、染色、镜检,或做分离培养等均为阴性,可怀疑为猪瘟。如检出细菌,要具体分析是否为继发性感染。

(2)兔体交互试验 猪瘟强毒不引起家兔体温反应,但能使其产生免疫力,而猪瘟兔化弱毒能使家兔发生热反应,但对产生免疫力的家兔则不引起体温反应。据此,选健康成年家兔4只分为2组。采取可疑病猪的淋巴结和脾脏做10倍稀释的悬液,取上清液每毫升加青霉素、链霉素各1 000 IU处理,试验组每只兔肌肉注射5 mL。经7 d后再用猪瘟兔化弱毒做20倍稀释,同时给2组家兔耳静脉注射1 mL,24 h后,每隔6 h测温1次,连续3 d,如试验组无体温反应而对照组体温升高,即诊断为猪瘟。

(3)荧光抗体法 采取可疑病猪的扁桃体、淋巴结、肝、脾、肾等,制作冰冻切片、组织切片或组织压片,用猪瘟荧光抗体处理后,在荧光显微镜下观察,如见细胞中有亮绿色荧光斑块,为阳性;青灰色或带橙色,为阴性。

6.猪瘟与其他疾病的区别

此外,酶标抗体试验、新城疫病毒强化试验、对流免疫电泳等方法也可用于猪瘟的诊断。急性猪瘟在临诊上与急性猪丹毒、最急性猪肺疫、急性副伤寒、慢性副伤寒、弓形虫病有许多类似之处,其鉴别要点如下。

(1)急性猪丹毒 夏天多发,病程短,发病率和病死率比猪瘟低。病猪的体温虽然很高,但仍有一定食欲。皮肤上的红斑,指压退色,病程较长时,皮肤上有紫红色疹块。死后剖检,胃和小肠有严重出血;脾肿大,呈樱桃红色,多无梗死变化;淋巴结和肾淤血肿大。青霉素等抗生素治疗有显著疗效。

(2)最急性猪肺疫 夏天或气候和饲养条件剧变时多发,发病率和病死率比猪瘟低,咽喉部急性肿胀,呼吸困难,口鼻流泡沫,有咳嗽,皮肤发红,或有少数出血点。剖检时,咽喉部皮下有明显的出血性浆液浸润;肺脏呈现出典型的纤维素性肺胸膜炎变化;颌下淋巴结出血,切面呈红色,而其他淋巴结多呈急性浆液性淋巴结炎的变化。用抗菌药治疗时有较好的疗效。

(3)急性猪副伤寒 多见于2~4个月的猪,在阴雨连绵季节多发,一般呈散发。先便秘后下痢,有时粪便带血,有结膜炎,胸腹部皮肤呈蓝紫色。剖检肠系膜淋巴结显著肿大,呈浆液性淋巴结炎变化;肝脏肿大,表面常见散在的灰黄色坏死灶;大肠有局灶性溃疡;脾脏肿大,无出血性梗死灶。

(4)慢性猪副伤寒 慢性猪副伤寒呈顽固性下痢,体温不高,皮肤无出血点,有时咳嗽。剖检的特点是大肠黏膜的纤维素性坏死性炎,表现为弥漫性溃烂或局灶性溃疡;脾脏增生肿大,质地坚实,切面平滑、干燥;肠系膜淋巴结呈髓样肿大,有灰黄色坏死灶或灰白色结节;有时伴发卡他性肺炎的变化。

(5)弓形虫病 弓形虫病也有持续高热,皮肤有紫斑和出血点,粪便干燥等症状,容易与猪瘟相混。但弓形虫病呼吸高度困难,磺胺类药治疗有效。剖检时,肺发生间质性肺炎或水肿,有时为纤维素性肺炎;肝脏散布淡黄色或灰白色局灶性坏死;全身淋巴结,尤其是内脏淋巴结肿大并伴发灶状坏死。采取肝、肺和淋巴结等病料做涂片,用瑞氏染液等染色观察,常可检出弓形虫。

7.防制

加强饲养管理,搞好环境卫生消毒。

按免疫程序进行预防接种,控制本病发生,免疫注射要确实,防止漏打和打飞针,对未按免疫程序接种的猪要及时补种。引进猪只后,要进行临时预防接种。有条件时,应对猪群进行免疫检测,掌握猪群体的免疫水平和免疫效果。

猪瘟的免疫程序是仔猪 21 日龄首免,60 日龄二免,或采用超前免疫。种公猪春秋两季各免疫 1 次。母猪配种前 7～10 d 免疫。

目前常用的疫苗有猪瘟兔化弱毒活疫苗,如乳兔组织苗、牛睾丸细胞苗和家兔淋脾组织苗等肌肉注射。

猪群发生猪瘟后,立即采取扑灭措施,销毁病猪,彻底消毒,对假定未感染猪只进行疫苗紧急接种,数天后可控制本病的流行。

二、猪繁殖与呼吸综合征

猪繁殖与呼吸综合征(porcine reproductive and respiratory syndrome,PRRS)俗称蓝耳病。本病是由病毒引起的一种传染病。其特征为厌食、发热、怀孕后期发生流产、产出死胎和木乃伊胎;幼龄仔猪主要表现呼吸道症状。1996 年国际兽医局(OIE)将 PRRS 列入 B 类传染病。

1.病原

本病的病原为动脉炎病毒科、动脉炎病毒属的猪繁殖与呼吸综合征病毒(PRRSV)。病毒粒子呈卵圆形,直径为 50～65 nm,有囊膜,二十面体对称,为单股 RNA 病毒。该病毒分为 2 个亚群,A 亚群为欧洲原型,B 亚群为美国原型。PRRSV 比较独特之处是,即使抗体试验结果阳性也不表示具有免疫力;具有高滴度抗体的猪仍可大量排毒。

本病毒对寒冷具有较强的抵抗力,但对高温和化学药品的抵抗力较弱。在 -70℃ 可保存 18 个月,4℃ 可保存 1 个月;37℃ 经 48 h、56℃ 经 45 min 则完全丧失感染力;对乙醚和氯仿敏感,常用的消毒药也可将其杀灭。

2.流行病学

猪是唯一的易感动物。不同年龄和性别的猪均易感,但以怀孕的母猪和 1 月龄内的仔猪最易感,并出现典型的临床症状。本病主要是通过直接接触及空气和精液传播而感染。发病无季节性,一年四季均可发生。饲养管理不当、防疫消毒制度不健全、饲养密度过大等是本病的诱因。

3. 临床症状

各种年龄的病猪均拒食,母猪流产,仔猪呼吸困难。死胎率和哺乳仔猪死亡率极高。因年龄不同,临床表现也有较大的差异。

①繁殖母猪:母猪感染本病后反复出现食欲不振,发热(40～41℃),嗜睡,精神沉郁,呼吸加速,呈腹式呼吸,偶可见呕吐和结膜炎。少数母猪的耳朵、乳头、外阴、腹部、尾部和腿发绀,以耳尖最为常见,是"蓝耳病"俗称的来源。妊娠晚期有5%～35%的母猪发生流产、早产(妊娠107～113 d)。此外,可出现死胎、弱仔和木乃伊胎。这种产仔情况往往持续数周。每窝产死胎数差别很大,有的无死胎,有的可高达80%～100%。有些猪场直到4～5个月后才能恢复正常。少数母猪皮下出现一过性淤血斑,有的母猪出现四肢麻痹性中枢神经症状。此外,还可出现乳汁减少,分娩困难,继发膀胱炎和重发情等。

②仔猪:以2～28日龄仔猪感染后症状最为明显,死亡率高达80%,临床症状与日龄有关。早产的仔猪出生当天或几天内死亡。大多数新生仔猪出现呼吸困难,肌肉震颤,后肢麻痹,共济失调,打喷嚏,嗜睡,精神沉郁,食欲不振。有的仔猪耳朵和躯体末端皮肤发绀。哺乳仔猪发病率为11%,最高达54%。除上述症状外,还表现吮乳困难。断乳前死亡率可增加到30%～50%,甚至可达到100%。存活下来的仔猪体质衰弱、腹泻,对刺激敏感或呆滞,遭受再次感染的几率增加。人工哺喂的仔猪则很少死亡,但常出现继发感染,并产生与呼吸道和肠道疾病相关的临床症状。

③公猪:表现为咳嗽、喷嚏、精神沉郁、食欲不振、嗜睡、呼吸急促和运动障碍等。有性欲,但精子质量下降,射精量少。少数公猪耳朵变色,继发膀胱炎和白细胞数减少。

④育肥猪:发病率低,仅为2%,有时达10%。感染初期出现轻微的呼吸道症状,而后病情加重,除咳嗽、气喘外,普遍出现高热、腹泻、肺炎,还可出现耳部、腹部、尾部和腿部发绀,以及眼肿胀、结膜炎、血小板减少、排血便、两腿外展等症状。

4. 病理变化

本病的病理变化不太明显,外观偶尔可见个别母猪被毛粗,耳、外阴和腹部发绀,真皮内形成色斑、水肿和坏死。主要病变为肺弥漫性间质性肺炎,并伴有细胞浸润和卡他性肺炎,继发细菌感染时表现为胸膜肺炎。此外,还多见淋巴结有不同程度的出血和坏死变化,甚至呈现出血性淋巴结炎的病变;脾脏肿大,有的呈败血脾样变化,表面常有暗红色质地较硬的出血性梗死。肾表面多少不一的出血点。肝轻度淤血、变性、肿大。剖检流产的胎儿及弱仔,可见胸腔内积有大量的清亮液体,偶见肺实变。

5. 诊断

根据妊娠母猪后期发生流产、新生仔猪死亡率高,而其他猪临床症状表现温和,以及间质性肺炎变化,或参照荷兰制订的三项诊断指标,即死产20%以上、流产母猪至少8%以上、断乳仔猪的死亡率至少26%以上,取其中两项作为诊断依据,可做出初步诊断。确诊则有赖于病毒的分离鉴定及血清学检查。

(1)病毒分离鉴定 可采集流产死胎、新生仔猪肺、脾等病料,接种Marc-145等敏感细胞系;也可采用RT-PCR法检测。

(2)血清学检查 可采用酶联免疫吸附试验(ELISA)、间接荧光抗体试验(IFA)、血清中和试验(SN)、免疫过氧化物酶单层细胞试验(IPMA)等方法检测。

6. 防制

(1)治疗　本病目前尚无特效药物进行治疗,主要采取综合性的对症治疗或预防,给初生仔猪补充电解质、葡萄糖和充足的初乳等可降低死亡率。母猪于分娩前 20 d 可连续用数天水杨酸钠或阿司匹林等抗炎性药物,借以减少流产,但用药应在产前 7 d 左右停止;用抗生素或抗病毒类的药物,如泰乐菌素、替米考星、恩诺沙星、磺胺类药物等,借以控制继发性感染。若猪采食量下降,可在每吨饮水中添加利高霉素 600 g、黄芪多糖粉 500 g、维生素 C 500 g;或在每吨水中添加氟康王 250 g、强力霉素 250 g、黄芪多糖粉 500 g、维生素 C 500 g,在发病期间,对猪群用药饮水 15 d。也可试用复方黄芪多糖注射液,清开灵注射液等,或用清瘟败毒饮(石膏、知母、水牛角、生地、玄参、黄连、丹皮、赤芍、黄芪、栀子、连翘、淡竹叶、桔梗、甘草)煎汁饮用,可控制疫情发展。

另外,有条件的猪场可配合使用猪白细胞干扰素、免疫球蛋白、高免血清等生物制剂进行辅助治疗,会收到更好的治疗效果。

(2)预防　预防的主要措施是清除传染来源,切断传播途径,对有病或带毒母猪应淘汰;对感染后康复的仔猪应隔离饲养,肥育猪出栏后圈舍及用具彻底消毒,间隔 1~2 个月再使用;对已感染本病的种公猪应坚决淘汰。猪舍应通风良好,经常喷雾消毒,防止本病的空气传播。

在本病流行的地区,应用疫苗来预防。目前有弱毒疫苗和灭活苗。弱毒疫苗有扩散病毒的危险,所以只限在疫区或污染猪场使用,不能扩大使用范围。受本病威胁的猪场可注射猪繁殖与呼吸综合征灭活苗预防。仔猪出生后 20 d 接种,种猪配种前 2~3 个月首免,间隔 20 d 加强免疫 1 次,以后每 6 个月免疫 1 次。没有本病的猪场可以不用疫苗。发病猪可用抗菌药控制继发性感染,配合支持疗法,则能提高成活率。

三、猪伪狂犬病

猪伪狂犬病(pseudorabies,PR)是由伪狂犬病病毒引起的猪和其他动物共患的一种急性传染病。新生仔猪感染后表现神经症状、腹泻;妊娠母猪感染后可引起流产,产死胎;种公猪感染可导致不育。

1. 病原

伪狂犬病病毒属疱疹病毒科疱疹病毒亚科水痘病毒属,只有 1 个血清型,但毒株间存在差异,有些流行区毒株的毒力有所增强,可导致乳猪和成猪死亡。本病在我国广泛存在,给养猪业带来严重威胁。

2. 流行病学

猪、牛、羊、犬、猫、兔和鼠等多种动物都可自然感染本病。猪是伪狂犬病病毒的贮存宿主和传染源。猪场伪狂犬病病毒主要通过已感染猪排毒而传给健康猪,被污染的工作人员和器具在传播中起着重要的作用。此外,本病还可经呼吸道黏膜、破损的皮肤和配种等发生感染。妊娠母猪感染本病时可经胎盘侵害胎儿。本病一年四季都可发生,但以冬、春两季多发,这是因为低温有利于病毒的存活。另外,本病在产仔旺季也多发。

3. 临床症状

猪伪狂犬病的潜伏期一般为 3~6 d,少数达 10 d。

(1)母猪及种公猪 妊娠母猪表现咳嗽,发热,流产,产木乃伊胎、死胎和弱仔(图 2-2-6,图 2-2-7)。产下的弱仔 1～2 d 出现呕吐和腹泻,运动失调,痉挛,角弓反张,通常在 24～36 h 死亡。有的种猪表现繁殖障碍,母猪返情率高、屡配不孕;种公猪睾丸肿胀或萎缩,丧失性欲。

图 2-2-6 病猪娩出的木乃伊胎

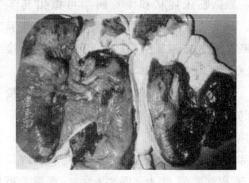
图 2-2-7 死胎、木乃伊胎

(2)仔猪 仔猪发病严重,以高热、神经症状及高死亡率为特点。垂直感染的仔猪在 2 日龄即发病,3～5 日龄为死亡高峰,15 日龄内死亡率高达 100%。发热达 41℃左右,呼吸困难,呕吐,腹泻,神经症状明显,表现四肢运动不协调、转圈、昏睡、鸣叫等(图 2-2-8,图 2-2-9)。一般出现神经症状后 2 d 内死亡。

图 2-2-8 有的做圆圈运动,有的后躯麻痹

图 2-2-9 角弓反张,头颈歪斜,呈癫痫样发作

(3)育成猪 通常死亡率较低,但近几年死亡率有攀升的趋势。表现神经症状,包括运动失调、惊厥等。有的毒株会导致严重的呼吸系统症状,如体温升高、打喷嚏、咳嗽、肺炎、鼻炎等;有的往往不出现症状,仅表现生长发育迟缓。

4. 病理变化

鼻腔卡他性炎症甚至化脓、出血;扁桃体水肿并出现坏死灶;喉头黏膜水肿、点状出血,会厌部覆纤维素性坏死性假膜;气管腔内有泡沫样液体;肺水肿;肝脏和脾脏有散在直径 1～2 mm 的灰白色坏死灶;肠系膜淋巴结和下颌淋巴结肿大、坏死;心内膜有出血斑或出血点;肾脏出血,有灰白色坏死灶,有的肾盂积水,有的肾上腺切面散在坏死点;胃底部黏膜大面积出血;脑膜水肿,脑实质点状出血。病程长者肝脏表面覆有纤维素性渗出物,心包积液,胸腹腔积液,脑积液增多。流产母猪的胎盘绒毛膜坏死。

5.诊断

根据临床症状和流行病学可做出初步判断。确诊须结合病理组织学变化或其他实验室诊断。检测抗体常用酶联免疫吸附试验,检测抗原常用 PCR 试验和动物接种试验。

(1)动物接种实验 采取病猪脑组织接种于健康家兔后腿外侧皮下,家兔于 24 h 后表现精神沉郁、发热、呼吸加快(98~100 次/min),局部出现奇痒症状,用力撕咬接种点,引起局部脱毛、皮肤破损、出血(图 2-2-10)。严重者可出现角弓反张,4~6 h 后病兔衰竭而亡。

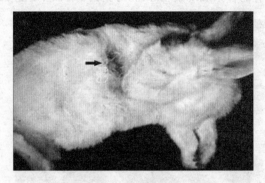

图 2-2-10 兔表现奇痒,用力撕咬接种部位(箭头处)

(2)血清学诊断 可直接用免疫荧光法、间接血凝抑制试验、琼脂扩散试验、补体结合试验、酶联免疫吸附试验、乳胶凝集试验(见岗位三中学习情境三的学习任务三)。

6.鉴别诊断

本病的临床症状与链球菌性脑膜炎、猪水肿病、食盐中毒和流行性感冒等有相似之处,临床诊断时须注意区别。

(1)链球菌性脑膜炎 除有神经症状外,还有皮肤出血、肺炎及多发性关节炎症状,白细胞数增加,青霉素等抗生素治疗有良好效果。

(2)猪水肿病 多发生于断乳仔猪,眼睑浮肿,体温不高,声音改变,胃壁和肠系膜水肿。

(3)食盐中毒 有吃食盐过多的病史,体温不高,喜欢喝水,有出血性胃肠炎病变,无传染性。

(4)流行性感冒 上呼吸道黏膜的卡他性炎症变化与猪伪狂犬病相似,但哺乳猪及断乳仔猪均无严重的神经症状。

7.防制

目前尚无有效的治疗办法。要严格控制犬、猫、鸟类和其他禽类进入猪场,严格控制人员来往,并做好消毒工作及血清学监测等,阳性者淘汰。以 3~4 周为间隔反复进行,一直到 2 次试验全部阴性为止。

免疫接种是预防本病的主要措施。目前国内外已研制成功的疫苗有伪狂犬的弱毒疫苗、灭活疫苗以及基因缺失疫苗(包括基因缺失弱毒苗和灭活苗)。由于本病具有终生潜伏感染、长期带毒和散毒的特点,因此,不提倡使用普通弱毒苗。在阳性猪场使用基因缺失弱毒苗也有发生基因重组的危险。

四、猪细小病毒病

猪细小病毒(porcine parvovirus,PPV)可引起猪的繁殖障碍,其特征是受感染母猪,特别是初产母猪产死胎、畸形胎、木乃伊胎及病弱仔猪,偶有流产,而母猪本身通常不表现临床症状。

本病于 1967 年在英国报道,其后欧洲、美洲、亚洲及大洋洲的很多国家均有本病的报道。目前世界各地的猪群中,普遍存在该病,在大多数猪场均有发生。在我国,本病已广泛分布,一定要引起足够的重视。

1.病原

猪细小病毒属细小病毒科、细小病毒属(图 2-2-11)。病毒具有血凝性,能凝集人、猴、豚鼠、小鼠和鸡的红细胞。病毒毒力有强弱之分,强毒株能通过胎盘感染使胎儿死亡,弱毒株不能经胎盘感染胎儿,往往被选用做疫苗株。

2.流行病学

猪是唯一的已知宿主,不同年龄、性别和品种的家猪、野猪都可感染,但发病常见于初产母猪。感染本病的母猪、公猪及污染的精液等是本病的主

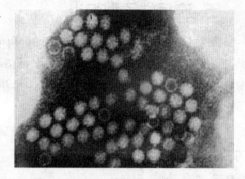

图 2-2-11 细小病毒电镜照片

要传染源。本病可经胎盘垂直感染,也可经交配感染,公猪、育肥猪、母猪主要通过被污染的食物、环境,经呼吸道、消化道感染。

本病一般呈地方流行性或散发。一旦猪场发生本病,可持续多年。妊娠早期感染时,其胚胎死亡率可高达 80%~100%。本病的感染率与动物年龄呈正相关,5~6 月龄阳性率 8%~29%,11~16 月龄阳性率可高达 80%~100%,在阳性猪群中有 30%~50% 的猪带毒。

3.临床症状

不同日龄的猪都可感染,但通常不表现症状。公猪感染后对受精率、性欲等没有明显的影响。初产母猪发生繁殖障碍,有的母猪发情不正常、不孕,有的产出死胎、木乃伊胎及畸形胎及弱仔。偶尔流产,胎儿以木乃伊胎为主。妊娠 1~70 d 是病毒增殖的最佳时期,不同孕期感染症状有差异,具体如下。

妊娠 1~30 d 感染,胚胎或胎儿死后迅速被母体吸收,腹围变小,母猪会再次发情。

妊娠 30~50 d 感染,主要产木乃伊胎。

妊娠 50~60 d 感染,主要产死胎。

妊娠 70 d 感染,常表现流产。

妊娠 70 d 后感染多能正常生产,但所产仔猪带毒,成为重要的传染源。

4.病理变化

主要有母猪子宫内膜炎,胚胎木乃伊化、畸形,胚胎溶解、腐败、黑化。

5.诊断

如果发生流产、死胎、胎儿发育异常等情况而母猪没有什么临诊症状,应考虑到细小病毒感染的可能性。最终确诊要靠实验室诊断。

6.防制

目前尚无有效的治疗方法。接种疫苗是防治本病的有效措施。猪细小病毒疫苗有弱毒苗

和灭活苗,目前我国主要使用灭活苗来预防本病,注射疫苗后 7～14 d 产生免疫力,免疫期 6 个月以上。接种对象以初产母猪为主,配种前 2 个月接种疫苗,疫病流行地区需要加强免疫 1 次。一般认为血凝抑制抗体水平大于 1∶80 时可抵御病毒感染。感染母猪产的幸存仔猪不能留作种用。

五、流行性乙型脑炎

流行性乙型脑炎(epidemic encephalitis B),又称日本乙型脑炎。本病是由日本乙型脑炎病毒引起的一种人畜共患的传染病。母猪表现为流产,公猪发生睾丸炎。由于本病疫区范围较大,又人畜共患,危害严重,被世界卫生组织认为是需要重点控制的传染病。

1. 病原

乙型脑炎病毒属于黄病毒科、黄病毒属。病毒在碱性和酸性条件下活性迅速下降,常用消毒药有良好的灭活作用。

2. 流行病学

猪、马、牛、羊等多种动物都可自然感染本病。猪是乙型脑炎病毒的贮存宿主和传染源,蚊虫是本病的传播媒介,因此本病流行的季节与蚊虫的繁殖和活动有很大的关系。在我国,约有 90% 的病例发生在 7～9 月份,而在 12 月份至次年 4 月份几乎无病例发生。本病在猪群中的流行特征是感染率高,发病率低,绝大多数在病愈后不再复发,但局部地区的大流行也时有发生。

3. 临床症状

不同日龄的猪均可感染,往往急性发病,高热,持续 10 d 左右。

(1)妊娠母猪 妊娠母猪感染主要发生突发性流产或早产,流产胎儿有死胎、木乃伊胎或弱胎,多为弱胎。胎儿从拇指大到正常大小不等。流产母猪体温和食欲很快恢复正常。母猪流产后不影响以后的配种。

(2)公猪 常发生睾丸炎,多为单侧性肿大,多数能在 2～3 d 后恢复正常,偶尔出现睾丸萎缩、变硬,失去配种能力。

(3)新生仔猪和育肥猪 持续高热,食欲减退,嗜睡,喜卧,口渴,粪便干球状,表面带白色黏液,尿黄,有的后肢关节肿胀、跛行。新生仔猪发生脑炎,痉挛后死亡。

4. 病理变化

流产母猪子宫内膜水肿,黏膜糜烂、出血。死胎大小不一,黑褐色,干硬,较大的死胎头肿大,脑液化,脑内水肿,脑膜出血,皮下水肿,腹水增多,稀薄,不凝固。

5. 诊断

根据本病发生有明显的季节性。母猪发生流产,产出死胎、木乃伊胎,公猪睾丸一侧性肿大等临床症状可做出初步诊断。确诊必须进行实验室诊断。检测抗体常用 ELISA 试验,检测抗原常用病毒中和试验。

在诊断时应与布鲁氏菌病、伪狂犬病、猪细小病毒病相区别。

(1)布鲁氏菌病 无明显的季节性,体温不高,流产的胎儿主要是死胎,很少木乃伊化,而且没有非化脓性脑炎变化。公猪有睾丸肿,但多为两侧性,且是化脓性炎症。如诊断困难时可采血做布鲁氏菌病凝集反应试验。

(2)猪伪狂犬病 本病经直接接触和间接接触传染,无季节性,流产胎儿的大小无显著差别,在母猪流产的同时,常有较多的哺乳仔猪患病,呈现兴奋、痉挛、麻痹、意识不清而死亡。公猪无睾丸肿大现象。

(3)猪细小病毒病 本病无季节性,流产只发生于头胎,母猪除流产外无任何症状,其他猪即使感染猪细小病毒,也无任何症状,木乃伊胎的大小常不一致,存活的胎儿,有的可能是畸形仔猪。

5.防制

①对猪群用乙脑疫苗免疫接种,一般在每年蚊虫出现前(南方3月底4月初,北方4月底5月初)进行免疫。

②做好猪舍的灭蚊工作。

六、布鲁氏菌病

布鲁氏菌病(brucellosis)简称布病,是由布鲁氏菌属细菌引起的急性或慢性的人畜共患传染病。临床上主要侵害生殖器官,引起胎膜发炎,流产,不育,睾丸炎,关节、滑液囊炎及各种组织的局部病灶。

1.病原

布鲁氏菌为革兰氏阴性菌。初次分离培养时,多呈球杆状,次代培养时,猪布鲁氏菌逐渐转变成小杆状。大小为$(0.5\sim 0.7)\mu m\times (0.6\sim 1.5)\mu m$,散在,无芽孢及鞭毛,个别菌株可产生荚膜。能被常用的碱性染料着色,但对某些染料具有迟染的特点。以此原理设计的沙黄-孔雀绿(碱性美蓝)染色法,本菌染成红色,其他细菌及组织细胞则染成绿色。

本菌对外界因素的抵抗力较强,在污染的土壤、水、粪尿及饲料中可生存1至数月,在胎衣、胎儿体内存活4~6个月。对热和消毒药的抵抗力不强,常用消毒药能迅速将其杀死。

2.流行病学

本菌传染源主要是病畜和带菌动物,尤其是受感染的妊娠母畜。病原菌可随感染动物的精液、乳汁、脓液,特别是流产胎儿、胎衣、羊水以及子宫渗出物等排出体外,通过污染饮水、饲料、用具和草场传染。通过消化道感染,也可通过结膜、皮肤、交配感染多种动物,家畜中以牛、猪、山羊、绵羊易感性较高,其他动物如水牛、牦牛、羚羊、鹿、骆驼、猫、狼、犬、马、野兔、鸡、鸭及啮齿类等都可以自然感染。随性成熟易感性增强,孕畜最易感染。

本病无明显的季节性,在产仔季节多发,一般为散发性。在疫区,第一胎发生流产后多不再发生流产,也有连续几胎流产的。

3.临床症状

布鲁氏菌潜伏期短的2周,长的可达半年。常为隐性经过,流产可发生在妊娠的任何阶段,一般发生在妊娠后第4~12周,有的在妊娠第2~3周发生隐性流产,也有的在接近妊娠期满早产。流产前常表现精神沉郁,体温升高,食欲减退,阴唇和乳房肿胀,阴道黏膜潮红、水肿,有时阴道流出灰白色黏性或脓性分泌物。羊水多清亮,有时混浊含有絮状物,胎儿多为木乃伊胎、死胎或弱胎,流产后很少发生胎衣滞留,一般产后 8～10 d 可以自愈。少数发生胎衣滞留,阴道流出污红色分泌物,引起子宫内膜炎和不孕。还见有皮下脓肿、乳房炎、关节滑膜炎或腱鞘炎等。公猪感染后多发生睾丸炎和附睾炎,全身发热,局部疼痛,不愿配种。

4.病理变化

流产胎儿有的是木乃伊胎,有的是死胎,死胎表面水肿,出血;有的是弱仔,可能还有正常的仔猪。这是由于猪的各个胎衣互不相连,胎儿受感染的程度和死亡时间不同所致。子宫黏膜上有许多粟粒大、黄色坏死小结节,含有脓样或干酪样物,即"珍珠胎衣"。胎盘充血、水肿,有出血点,肥厚,表面有一薄层淡黄色或淡褐色黏液脓性渗出物。胎儿皮下水肿,在脐带周围充血、出血明显,并由此渗入体腔,水肿液常被血液染成红色。睾丸、附睾明显肿大,实质上有豌豆大的坏死灶,有钙盐沉着,睾丸、鞘膜常与皮下组织粘连。

关节病变开始呈滑膜炎,进而发展为化脓性或纤维素性化脓性关节炎。皮下发生布鲁氏菌性结节性脓肿病变。

5.诊断

猪场有多头母猪同时或相继发生流产,流产胎儿、子宫黏膜和胎盘有本病的特征病理变化,关节炎、公猪睾丸炎可疑为本病。本病多呈隐性感染,因此从流行病学、临床症状、病理变化对本病只能做出初步诊断,确诊必须用细菌学、血清学检查,进行综合判定。

(1)细菌学检查　用流产胎儿胃内容物或母猪阴道分泌物等制成菲薄的涂片,用沙黄-孔雀绿染色法染色,布鲁氏菌被染成淡红色,小球状杆菌。其他细菌或细胞为绿色或蓝色。

(2)凝集反应　动物感染布鲁氏菌的第 4～5 天后,血液中即出现凝集素。随后凝集滴度逐渐增高,能持续 1～2 年或更久,以试管凝集反应检查时,猪在 1∶50 达"＋＋"或"＋＋"以上者,判为阳性反应,在 1∶25 达"＋＋"时为疑似反应。大群检疫时,为提高效率,可用玻板凝集反应,猪血清在 0.04 mL 处凝集,判为阳性反应;在 0.08 mL 处凝集时,则为疑似反应。

判为可疑的猪,3～4 周后应采血重检,如仍为可疑反应。可按以下情况来确定,即该群中既无本病的流行病情况发生,也无临床病例出现,血检也无阳性时,则可判为阴性反应。

(3)虎红平板凝集反应　是最简单实用的检测方法。虎红布鲁氏菌有色抗原呈酸性,且具有缓冲作用,并能抑制引起非特异性反应的 IgM 活性和增强特异性 IgG 的活性,使反应的敏感性提高,特异性优于常规试管凝集反应。检验时,取被检血清与虎红抗原各 0.03 mL,滴加于平板上混匀,放置 4～10 min 观察结果。出现凝集现象,即可判为阳性反应,否则判为阴性反应。

(4)鉴别诊断　布鲁氏菌病主要症状是流产,而伴发流产的疾病很多,应注意与钩端螺旋体病、伪狂犬病、猪细小病毒病、化脓放线菌感染、乙型脑炎等鉴别。

布鲁氏菌与耶氏菌 O_9、土拉伦氏菌、沙门氏菌、大肠杆菌、霍乱弧菌、巴氏杆菌等可产生血清学交叉反应。另外,猪血清具有低凝集布鲁氏菌的能力。这些情况将影响血清学方法的诊断。

6.防制

①定期检疫。猪在 5 月龄以上检疫为宜,疫区内接种过菌苗的应在免疫后 12～36 个月时检疫。疫区检疫每年至少进行 2 次。检出的病猪,应一律屠宰做无害化处理。

②培育健康猪群。仔猪在断乳后即隔离饲养。2 月龄及 4 月龄时检验 1 次,如全为阴性即可为健康仔猪。

③动物布鲁氏菌病尚无特效疗法,一般采用淘汰病猪来防止本病的流行和扩散。

④流产胎儿,胎衣,粪便等深埋或生物热发酵处理。病猪的肉应按肉品卫生检验法处理,应彻底消毒污染场地、用具等,防止此病传播。

⑤对疫区进行隔离,尽量减少病猪数量,限制流动。如检出病猪过多,可以隔离饲养,专人管理,并有兽医监督,防止人和其他动物感染。

⑥免疫防治。菌苗接种只能保护健康猪不受感染,并不能制止病猪排菌。最好的办法是采用淘汰病猪和菌苗接种相结合,断乳后任何日龄的猪均可应用猪二号弱毒菌苗(S2 菌苗),除怀孕母猪不能用注射法,其他猪可用口服、皮下注射、肌肉注射及气雾等多种方法接种,免疫期 1 年。不受布病威胁和已控制的地区,主张不接种菌苗或不继续接种菌苗。

七、猪钩端螺旋体病

猪钩端螺旋体病(leptospirosis)是由致病性钩端螺旋体引起的一种人畜共患传染病。猪感染钩端螺旋体后,大多数呈隐性感染,少数感染猪呈急性经过,出现发热、贫血、血红蛋白尿、黄疸等症状。母猪患病可发生流产、产死胎、木乃伊胎、弱仔。

1.病原体

本病的病原为螺旋体科、钩端螺旋体属的问号钩端螺旋体(简称钩体),革兰氏染色呈阴性。暗视野显微镜观察菌体两端弯曲成钩状,通常呈"C"形或"S"形弯曲,运动活泼并沿长轴旋转。在干燥涂片或固定培养中呈多形结构,难以辨认。

钩体对干燥、冰冻、加热(50℃经 10 min)、胆盐、消毒剂、腐败或酸性环境敏感,能在潮湿、温暖的中性或稍偏碱性的环境中生存。

2.流行病学

本病在南方多发病,夏、秋季节呈散发或地方性流行。可发生于各种年龄的猪,但以幼猪发病较多。病猪和鼠类是主要传染源,主要通过损伤的皮肤、黏膜和消化道感染。本病可以传染人。

3.发病机理

钩体具有较强的侵袭力,能通过皮肤的微小损伤、眼结膜、鼻或口腔黏膜、消化道侵入机体,然后迅速到达血液,在血液中繁殖,几天后出现钩体血症,波及脾脏、肝脏、肾脏和脑等全身器官与组织,损伤血管和肝、肾的实质细胞,引起一系列临床症状或尚未表现出症状而猝死。钩体血症出现几天后,机体便产生抗体,在补体与溶酶的参与下,杀死血液和组织内的钩体。抗体不能到达或抗体效价较低的机体部位为残留钩体的存活与定居提供了理想的环境。

4. 临床症状

本病潜伏期多为 2~20 d。

中、大猪感染钩端螺旋体常呈现急性黄疸型。表现体温升高、厌食、皮肤干燥,1~2 d 内可视黏膜和皮肤发黄,尿呈茶褐色或血尿,病死率高。断奶前后的仔猪感染钩端螺旋体后体温升高,眼结膜潮红、苍白、发黄,眼睑浮肿;皮肤发红、瘙痒、有的轻度发黄;有的头、颈部出现水肿,俗称"大头瘟",甚至全身水肿;尿呈黄色或茶色,甚至血尿。病程 10 多天至 1 个月以上。病死率 50%~90%。母猪患病可发生流产、产死胎、木乃伊胎、弱仔。

5. 病理变化

大多数病猪的皮下组织、浆膜、黏膜有不同程度的黄疸;膀胱内积有浓茶样胆色素尿,黏膜有出血;胸腔、心包有少量黄色、透明或稍混浊的液体;肝、肾肿大,肝呈棕黄色。死于急性期的仔猪,肾脏通常黄染和表面有大量出血点。水肿型病例头、颈及胃黏膜水肿。

6. 诊断

母猪怀孕后期流产,产下弱仔、死胎,仔猪黄疸、发热以及有较大仔猪与断奶仔猪死亡可提示本病。病猪剖检与组织学检查,尤其是肾脏的病变具有诊断意义。但确诊需做病原学检查和血清学诊断。

本病的黄疸型应注意与黄脂猪、阻塞性黄疸及黄曲霉毒素中毒相区别。

(1)黄脂猪 又称黄膘猪,其特点是只有脂肪组织黄染,而黄疸猪则除脂肪组织外,其他组织(可视黏膜、巩膜、血管内膜和组织液等)也呈黄染状,特别是关节滑液囊内的液体黄染明显,易于观察,故在诊断上颇有价值。钩端螺旋体病猪的肝脏和胆道常有病变;而黄脂猪的肝脏和胆道一般无异常变化。

(2)阻塞性黄疸 猪患蛔虫病时,由于胆道被蛔虫阻塞,使胆汁排出受阻,也常出现全身性黄疸变化,但在剖检时可检出胆道被虫体阻塞。

(3)黄曲霉毒素中毒 给猪饲喂污染产毒黄曲霉菌株的饲料,易引起中毒而发生"黄肝病"和黄疸。此种中毒常易与黄疸型钩端螺旋体病相混淆,但镜检时中毒的肝细胞常发生严重的变性和坏死,伴有广泛的结缔组织增生和胆小管增生,胆汁色素沉着;用镀银染色也检不出钩体。

7. 防制

本病必须采取灭鼠、搞好圈舍卫生、消毒(用漂白粉、火碱)等综合性措施,常发病地区用钩端螺旋体多价苗免疫接种,每年 1 次。

发现病猪要及时隔离治疗或淘汰,并对圈舍、污染物等严格消毒。对可疑猪群投服土霉素,每吨饲料加入土霉素 750~1 500 g,连喂 7 d。治疗病猪可用链霉素、青霉素,3~5 d 为 1 个疗程,补液、强心、加用维生素 C 及强心利尿剂等对提高治愈率具有重要作用。

八、猪衣原体病

猪衣原体病(swine chlamydiosis)是由衣原体引起猪的接触性传染病。主要引起猪的肺炎、肠炎、胸膜炎、心包炎、关节炎、睾丸炎、子宫感染和流产等。

1. 病原

衣原体是介于细菌和病毒之间的一类微生物,呈球状,革兰氏染色阴性。引起猪衣原体病的主要是鹦鹉热衣原体,对土霉素、红霉素及螺旋霉素敏感。对庆大霉素、卡那霉素、新霉素、链霉素和磺胺嘧啶钠均不敏感。

2.流行病学

不同品种、日龄的猪均可感染。但以妊娠母猪、幼龄仔猪最易感。病猪和隐性带菌猪是主要传染源。病原体通过交配、消化道传播,也可通过飞沫或污染的尘埃经呼吸道传播,本病常呈地方流行性。

3.临床症状

(1)母猪流产 自然感染的潜伏期为3~15 d,有的长达1年。鹦鹉热衣原体引起怀孕母猪早产、死胎、流产、胎衣不下、不孕症及产下弱仔。初产母猪发病率可高达40%～90%,流产多在临产前几周发生,无任何前期症状,体温正常,很少拒食或产后有不良病症。产出仔猪有部分或全部死亡。活仔体弱,出生重量小,拱奶无力,多数在生后数小时死亡,死亡率高达70%。

(2)睾丸炎 公猪衣原体感染多表现为尿道炎、睾丸炎、附睾炎。配种时,排出带血的分泌物,精液品质差,精子活力明显下降。母猪受胎率下降,即使受孕,流产死胎率明显升高。

(3)肺炎 多见于断奶前后的仔猪。患猪表现体温上升,精神不振,颤抖,干咳,呼吸迫促,听诊肺部有啰音,从鼻孔流出浆液性分泌物,影响生长发育。

(4)肠炎 临床表现腹泻、脱水、吮乳无力,死亡率高。

(5)多发性关节炎 多见于架子猪。病猪表现关节肿大,跛行,患病关节触诊敏感,有的体温升高。

(6)脑炎 患猪出现神经症状,表现兴奋、尖叫,盲目冲撞或转圈运动,倒地后四肢呈游泳状划动,不久死亡。

(7)结膜炎 多见于饲养密度大的仔猪和架子猪。临床表现畏光、流泪,视诊结膜充血严重,眼角分泌物增多,有的角膜混浊。

4.病理变化

剖检可见流产母猪的子宫内膜水肿充血,分布有大小不一的坏死灶(斑),流产胎儿水肿,头颈和四肢出血,肝充血、出血和肿大。患病种公猪睾丸变硬,有的腹股沟淋巴结肿大。输精管出血,阴茎水肿、出血或坏死。

对衣原体性肺炎猪剖检,可见肺肿大,肺表面布有许多出血点或出血斑,有的肺充血或淤血,质地变硬,在气管、支气管腔内有多量分泌物。

对衣原体性肠炎仔猪剖检,可见肠系膜淋巴结充血、水肿;肠黏膜充血出血;肠内容物稀薄;有的红染,肝、脾肿大。

对多发性关节炎病猪局部剖检,可见关节周围组织水肿、充血或出血,关节腔内渗出物增多。

5.诊断

根据该病的流行病学、临床症状和剖检变化等可做出初步诊断,确诊需进行实验室检查,如胶体金、ELISA等实验室检测方法。

6.防制

①引进种猪时必须严格进行检疫。猪群定期进行检测,随时淘汰阳性猪,建立健康猪群。

②可选用药敏试验筛选敏感药物,如四环素、青霉素、氟苯尼考、金霉素、泰乐菌素、土霉素

和红霉素等进行猪衣原体的预防和治疗。公、母猪配种前1~2周及产前2~3周在饲料中按0.02%~0.04%比例添加土霉素,可预防新生仔猪感染本病。

九、猪流行性感冒

猪流行性感冒(swine influenza,SI)是由猪流行性感冒病毒引起猪的一种急性、热性、高度接触性呼吸道传染病,简称猪流感。其特点是发病突然,很快感染全群,呈体温升高、咳嗽等呼吸道炎症。单纯猪流感死亡不高,但有猪肺疫等病并发感染时死亡率大幅升高。

1.病原

猪流感病毒属正黏病毒科、A型流感病毒属,病毒的基因片段由8个单股RNA组成。A型流感病毒中已确定的有15种血凝素(H)和9种神经氨酶(N)。引起猪发病的主要是H_1N_1、H_3N_2。本病的粒子呈多形性,直径为20~120 nm,含有单股RNA,核衣壳呈螺旋对称性,外有囊膜。囊膜上有呈辐射状密集排列的两种纤突,即血凝素(HA)和神经氨酸酶(NA)。前者可使病毒吸附于易感细胞的表面受体,诱导病毒囊膜与细胞膜相互融合;后者是水解细胞表面受体特异性糖蛋白末端的N-乙酰基神经氨酶,有利于病毒的出芽生长。

本病毒对热和日光的抵抗力不强,60℃经20 min可使之灭活;但对干燥和冰冻有较强的抵抗力。如在-70℃可保存数年。一般消毒药对猪流感病毒有较强的杀灭作用,对碘蒸汽和碘溶液特别敏感。

2.流行病学

病毒主要存在于病猪和带毒猪的呼吸道,包括鼻液、气管和支气管的分泌物、肺脏和胸腔淋巴结中,而血液、肝脏、脾脏、肾脏、肠系膜淋巴结和脑内则不易检出病毒。病猪和带毒猪是主要传染源,主要以空气飞沫传播,易感猪通过呼吸道感染,各种年龄、性别和品种的猪均易感。多发生在天气骤变的寒冷季节,饲养密度过高、空气质量差和营养不良也是该病重要诱因。

3.临床症状

本病的潜伏期一般为2~7 d,自然发病平均4 d。该病发病突然,一旦发生,传播迅速,往往3~5 d整个猪群发病,单纯猪流感病死率很低,主要表现高热,体温达39.5~42℃,食欲减退或不食,扎堆明显,精神沉郁。呼吸急促、咳嗽、打喷嚏、流鼻水甚至黏脓性鼻涕。无继发感染时,多数猪在1周左右康复;继发肺炎、胸膜炎时,病情加重甚至死亡。个别病猪转为慢性,并发大叶性肺炎,长期不愈。怀孕母猪流产,产死胎、弱胎。

4.病理变化

剖检时多数可见鼻、喉、气管及支气管黏膜充血、出血,表面有泡沫状黏液,并含有大量的纤维素渗出物。支气管和纵隔淋巴结肿大。肺表面膨胀不全,高低不平,病变部位呈紫红色或鲜牛肉状。病理组织学变化主要是支气管炎和局灶性支气管肺炎。

5.诊断

根据流行病学、临床症状和病理变化可做出初步诊断,确诊可进行病毒分离鉴定和血清学反应。

6.防制

猪流感必须采取综合防制措施,加强饲养管理,搞好环境卫生,保持空气清新。选用抗病毒、解热镇痛、消炎类药物治疗。

①板蓝根注射液或双黄连注射液,每千克体重用药 0.1~0.2 mL,肌肉注射。

②黄芪多糖注射液,每千克体重用药 0.05 mL,肌肉注射。

几种常见母猪繁殖障碍性疾病的胎衣变化见图 2-2-12 至图 2-2-14。

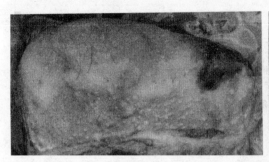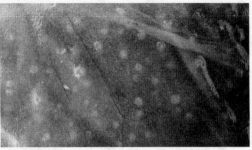

图 2-2-12 胎膜镶着菜籽粒至绿豆大小的"珍珠",是布鲁氏菌病的特征性变化

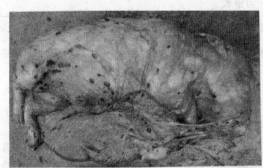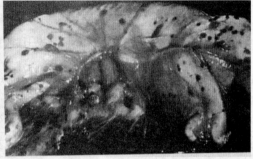

图 2-2-13 1~3 mm 大小的血泡是猪繁殖与呼吸综合征特征性变化

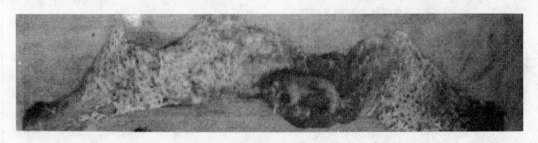

图 2-2-14 流产的胎儿新鲜,表面常见出血斑点;胎膜变得很薄,呈灰白色、网眼状坏死,是伪狂犬病的特征性病变

◈职业能力训练

(一)病例分析

某猪场存栏猪 558 头,其中母猪 45 头,育肥猪 175 头,仔猪 338 头。仔猪断奶 1 周后陆续开始发病,病猪眼结膜发炎,有脓性分泌物。精神沉郁,食欲减退甚至废绝。体温升高至 41℃左右。应用病毒灵、青霉素、链霉素、磺胺类药物不见好转。病猪腹部、耳根、四肢内侧发绀,部分区域有出血点及少量出血斑,随后全群开始陆续发病。近半个月时间,有 6 头母猪相继出现

流产、死胎和弱胎现象。仔猪和育肥猪先后死亡82头。请分析该猪场发病情况,并结合猪场具体情况提出合理化建议和防控措施。

(二)诊断思路

疾病诊断五步见图2-2-15。

图 2-2-15　疾病诊断五步法

(三)诊断过程

1.问诊

深入现场,通过问诊、现场观察,获取猪场信息后进行综合分析(表2-2-1)。

表 2-2-1　问诊表

问诊内容	获取信息	综合分析
疾病的流行情况	(1)猪场发病时间、发病日龄、发病猪的数量; (2)发病率、死亡率; (3)疾病的初期症状、后期症状; (4)疾病的治疗效果; (5)附近及其他猪场的发病情况	①不同日龄的猪均有发病现象; ②发病率高,死亡率高; ③具有传染性; ④6头母猪相继出现流产、死胎和弱胎现象; ⑤使用抗生素及抗病毒药物无效; ⑥21日龄用猪瘟疫苗首免,免疫后未进行抗体监测
过去的发病情况	本场、本地及邻近地区是否有类似疾病发生	
免疫接种及药物情况	(1)猪群免疫情况,免疫接种所用疫苗的厂家、种类、来源、运输及贮存方法; (2)免疫接种时间及剂量; (3)免疫前后有无使用抗生素及抗病毒药物; (4)免疫后是否进行免疫抗体监测	
饲养管理情况	(1)饲料种类,饲喂情况; (2)饲养密度是否适宜; (3)猪舍的通风换气情况; (4)猪舍的环境卫生情况; (5)是否由其他猪场引进动物、动物产品及饲料	
畜主观点	畜主所估计的致病原因、疾病种类等	

2.临床检查

临床检查内容:先对猪群进行全面观察,发现病猪后再重点检查,并对部分病猪进行整体和系统检查。结合检查结果,填写猪病现场检查表(表 2-2-2),然后进行综合分析,总结本案例的临床症状。对猪场具有特征性临床症状的病例做出初步诊断,对非典型病例提出可疑疾病种类,并进行后续分析鉴别,必要时对病猪的血、粪、尿进行常规实验室检查(表2-2-3)。

表 2-2-2 猪病现场检查表

品种： 　　　　体重： 　　　　检查日期： 　　　　检查小组：

猪的整体检查	正常	精神 营养 姿势与步态	备注：
	异常		
被毛及皮肤	正常	色泽　　　　　　　弹性	
		硬度	
	异常	观察猪皮肤颜色，有无出血点及出血斑、坏死、结痂和肿胀	
淋巴结	正常	灰白色	
	异常		
眼结膜	正常	粉红色	
	异常		
体温	体温	正常	体温：38.0～39.5℃	体温计
		异常		
系统检查	呼吸系统	正常	呼吸次数：18～30 次/min	听诊器
		异常	检查病猪呼吸数；是否有咳嗽、喷嚏、流鼻液及颜面部变形；是否呈腹式呼吸和犬坐姿势	
	血液循环系统	正常	心率：60～80 次/min	
		异常		
	消化系统	检查是否有腹泻、便秘和呕吐；粪便颜色、性状及是否有血液、肠黏膜或寄生虫等	
	神经系统	检查病猪是否有头颈歪斜或圆圈运动，是否有肢体麻痹、共济失调、强直性或阵发性痉挛等	
	生殖系统	检查公猪睾丸、阴茎是否发热肿胀；检查母猪的外阴是否有分泌物；母猪流产、死产或弱产情况，产出胎儿数量；产后泌乳情况及乳房是否肿胀等	
	运动系统	检查猪关节是否肿胀、发红，是否有肢蹄跛行等	
初步结论			

表 2-2-3 总结本案例临床症状

临床症状	症状特点	提示疾病
病猪眼结膜发炎，有脓性分泌物。食欲减退甚至废绝。猪扎堆，体温升高至41℃左右。个别猪在腹部、耳根、四肢内侧发绀，有出血点及少量出血斑。6头母猪相继出现流产、死胎、弱胎现象，用药不见效果，仔培及育肥猪死亡82头	①体温41℃左右、厌食、怕冷扎堆； ②腹部、耳根、四肢内侧发绀； ③眼有脓性分泌物； ④母猪相继出现流产、死胎、弱胎现象； ⑤用药不见效果，死亡率高	提示母猪繁殖障碍性疾病如：猪瘟、猪繁殖与呼吸综合征

3.病理剖检

首先对猪的体表做全面肉眼检查,对需要之处进行取材,然后开胸、开腹、开颅进行各器官系统的全面的肉眼检查。依据剖检结果,对具有特征性眼观病理变化的病例结合临床症状可以做出初步诊断,对没有特征性眼观病理变化的提出可疑疾病,还要进行下一步实验室诊断,必要时取器官、组织固定后做病理组织学检查(表 2-2-4)。

表 2-2-4　本案例病理剖检变化

剖检病理变化	剖检特征	提示疾病
皮肤上有多量出血点,全身浆膜、黏膜和心脏可见出血点和出血斑,腹股沟淋巴结、颌下淋巴结肿胀,切面周边出血(图 2-2-16,参见彩插)。会厌软骨有少量出血点(图 2-2-17,参见彩插),小肠浆膜面有出血点,肾脏表面有大量的出血点(图 2-2-18,参见彩插),膀胱黏膜有出血点(图 2-2-19,参见彩插),有的肠系膜淋巴结呈索状肿大	①会厌软骨有少量出血点;②淋巴结切面周边出血;③膀胱黏膜有出血点;④肾脏表面有大量的出血点	初步诊断:猪瘟

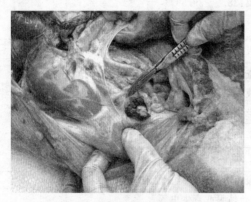
图 2-2-16　淋巴结切面周边出血

图 2-2-17　会厌软骨有出血点

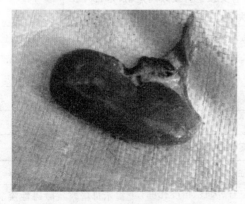
图 2-2-18　肾脏表面有出血点

图 2-2-19　膀胱黏膜有出血点

4.实验室诊断

采集猪血清,参照岗位三中的学习情境三的学习任务一,用免疫胶体金层析技术检测猪瘟抗原。

5.结论

猪瘟。

(四)教师总结评价

教师对学生疾病诊断过程进行指导、总结,提出猪瘟防控措施。

◈ **技能考核**

结合上述病例,教师对学生诊断猪繁殖障性疾病过程填写技能考核表(表2-2-5)。

表 2-2-5　技能考核表

序号	考核项目	考核内容	考核标准	参考分值
1	过程考核	操作态度	精力集中,积极主动,服从安排	10
2		协作意识	有合作精神,积极与小组成员配合,共同完成任务	10
3		实训准备	能认真查阅、收集资料,完成任务过程中积极主动	10
4		对母猪繁殖障碍性疾病初步诊断	能结合流行病学、临床症状及剖检变化对母猪繁殖障碍性疾病进行初步诊断	25
5		对猪繁殖障碍疾病进行类症鉴别	能结合流行病学、临床症状及剖检变化对猪繁殖障碍性疾病进行类症鉴别	25
6	结果考核	操作结果综合判断	诊断结论有依据,判断准确	10
7		工作记录和总结报告	有完成全部工作任务的工作记录,字迹整齐;总结报告结果正确,体会深刻,上交及时	10
			合计	100

◈ **自测训练**

一、看图题

看图 2-2-20 至图 2-2-23,指出治疗母猪繁殖障碍性疾病应使用哪些疫苗,为什么?

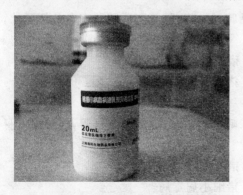

图 2-2-20　猪细小病毒病油乳剂灭活苗

图 2-2-21　猪支原体肺炎灭活疫苗(瑞倍适-旺)

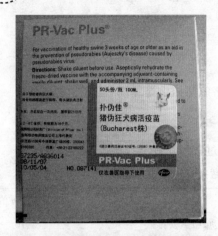
图 2-2-22　猪伪狂犬病活疫苗（扑伪佳）

图 2-2-23　猪繁殖与呼吸综合征活疫苗

二、选择题

1.两只散养架子猪，患病 20 多天。主要表现为消瘦，贫血，全身衰竭，食欲不振，便秘腹泻交替，耳端、尾尖及四肢上有紫斑或坏死痂等症状。体温时高时低，抗生素治疗效果不明显。两只猪所患疾病可能是　　　　　　　　　　　　　　　　　　　　　　　　　　　（　　）

A.猪瘟　　　　　　　　　　　　　　　B.猪副伤寒

C.猪丹毒　　　　　　　　　　　　　　D.猪肺疫

E.猪繁殖与呼吸综合征

2.猪肾脏土黄色、有小点出血，回肠末端、盲肠和结肠有纽扣状溃疡，肺充血出血、间质增宽，所患疾病可能是　　　　　　　　　　　　　　　　　　　　　　　　　　　　　（　　）

A.猪瘟　　　　　　　　　　　　　　　B.猪繁殖与呼吸综合征

C.猪圆环病毒病　　　　　　　　　　　D.猪伪狂犬病

E.猪瘟、猪繁殖与呼吸综合征混合感染

3.炎热季节，某规模化猪场母猪发热、流产、产死胎，发病率为 10％；公猪一侧睾丸肿大，具有传染性。可能的疾病是　　　　　　　　　　　　　　　　　　　　　　　　（　　）

A.猪瘟　　　　　　　　　　　　　　　B.猪乙型脑炎

C.猪伪狂犬病　　　　　　　　　　　　D.猪细小病毒病

E.猪繁殖与呼吸综合征

4.某规模化猪场猪表现脑脊髓炎症状，剖检见肺、肝、脾、肾等实质脏器有白色坏死灶，可能的疾病是　　　　　　　　　　　　　　　　　　　　　　　　　　　　　　　（　　）

A.猪瘟　　　　　　　　　　　　　　　B.猪繁殖与呼吸综合征

C.猪圆环病毒病　　　　　　　　　　　D.猪伪狂犬病

E.猪瘟、猪繁殖与呼吸综合征混合感染

5.某猪场，初产母猪发生繁殖障碍、产出死胎、畸形胎、木乃伊胎和弱仔等，但母猪本身几乎无明显症状。该病最有可能是　　　　　　　　　　　　　　　　　　　　　　　（　　）

A.猪瘟　　　　　　　　　　　　　　　B.猪乙型脑炎

C.猪伪狂犬病　　　　　　　　　　　　D.猪细小病毒病

E.猪繁殖与呼吸综合征

6. 发生伪狂犬病时,死亡率最高的猪群是 （ ）

A. 哺乳仔猪 B. 断奶仔猪

C. 育肥猪 D. 成年公猪

E. 母猪

三、分析题

病例 1:2012 年 4 月 15 日,某猪场 12 窝仔猪中有 67 头仔猪突然发病,15 d 内相继死亡 31 头。畜主曾用过庆大霉素注射液,长恩痢特注射液,长效救命针等治疗,效果均不理想。新生仔猪 1 周内很正常,7 d 后开始不吃奶,精神沉郁,体温达 40℃ 以上,部分猪只 24 h 内出现神经症状,全身发抖,流涎,共济失调。四肢呈游泳状划动,有的呈犬坐姿势,有的盲目转圈,有的侧卧不起,有的呕吐,拉黄色稀便。出现神经症状的仔猪死亡率可达 100%,日龄越小死亡越快。主诉曾有 2 头怀孕母猪发生过流产,其他母猪均正常。

剖检后气管内有泡沫状液体,肺局部水肿,脑膜充血,脑水肿。肝脏有黄白色坏死灶,肾肿大,有少量点状出血。脾肿大,有黄白色坏死,小肠黏膜呈现卡他性炎症,内有黄色稀便。初步诊断是什么病?

病例 2:某猪场有 3 头初产母猪,出现食欲废绝、发热等全身症状,吻突、耳、四肢、腹部皮肤发绀,曾注射长效救命针、圆环·蓝耳病毒杀等药物不见效果,死后剖检会厌软骨有出血点,肠系膜淋巴结、腹股沟淋巴结及其他淋巴结均见出血,空肠浆膜面出血,膀胱黏膜有出血点,肾表面有出血点,肾切面皮质部有出血点,其他脏器未见异常,初步诊断什么病?

四、简答题

1. 常见母猪繁殖障碍性疾病有哪些?

2. 猪瘟的临床症状与病理剖检变化有哪些?

3. 猪繁殖与呼吸综合征特征及预防措施有哪些?

4. 猪细小病毒病、布鲁氏菌病、猪流行性脑炎的特征与区别有哪些?

5. 猪衣原体病临床症状有哪些?

学习任务二 母猪常见的产科病

◎学习目标

1. 了解母猪发情障碍、假孕、母猪产前不食综合征、母猪无乳综合征、乳房炎、子宫内膜炎、阴道脱及子宫脱、流产、难产等产科病的病因。

2. 掌握母猪产科常见病的临床症状。

3. 结合病因和临床症状对母猪产科常见病进行初步诊断与防制。

◎相关知识

一、母猪发情障碍

母猪发情障碍是由于各种原因导致母猪不能受孕的综合症状,不是一种独立的疾病。

1. 病因

造成母猪发情障碍的原因比较复杂,主要有以下几点。

①母猪过肥或过瘦引起不发情,子宫发育不全、幼稚型子宫、内分泌紊乱、持久黄体、卵巢囊肿、卵巢机能静止等引起的不发情。

②猪子宫内膜炎使母猪子宫内环境受损,有圆环病毒史消瘦的后备母猪,慢性呼吸道疾病和慢性消化性疾病导致卵巢小、没有弹性、表面光滑或卵泡过小,猪繁殖障碍性疾病等都会引起母猪不能发情;季节因素,如每年的夏季气温高、湿度大,母猪持续性热应激后,影响卵巢机能,严重时诱发卵巢囊肿而引起母猪不能发情等。

2. 防制

(1)膘情　后备母猪或断奶待配母猪一般以七八成膘为宜,对于营养不足、过分瘦弱而不发情者,可适当增加精料和青绿饲料,使其恢复膘情即可发情。对于过肥造成不发情者,可适当减少碳水化合物饲料,减少日喂量,增加青绿饲料,尤其是维生素 A、维生素 E 的补充,维生素 A、维生素 E 对卵巢机能减退的疗效有时较激素更优。

(2)加强运动　种猪场应建造专门的运动场,垫上细沙,后备母猪待配期和断奶母猪每天早、晚都放入运动场,并放入试情公猪,刺激母猪发情。

(3)刺激发情　方法有:在种公猪舍内适当建几间母猪栏,将快发情的后备母猪移入这些栏中,使这些母猪听种公猪的声音、闻种公猪的气味,受异性刺激促进发情。或在不发情的母猪中,放入几头刚断奶的母猪,几天后这些断奶母猪发情,不断追逐爬跨不发情的母猪,刺激增强其性中枢活动而发情。

(4)对顽固不发情母猪的治疗

①先注射催情一剂灵 2 mL(或用氯前列烯醇 3 mL),24 h 再注射孕马血清 1 600 IU,一般 2~3 d 后就发情。

②用氯前列烯醇 0.1~0.2 mg 肌肉注射,或用 0.1 mg 子宫腔内给药,一般用药后 2~4 d 发情。

③用苯甲酸雌二醇或三合激素肌肉注射诱情,隔 24 h 后再注射 1 次。

④发情不明显母猪的治疗。在发情过程中有少数母猪发情表现不明显,或不出现静立反应,这些母猪只有根据外阴的红肿程度和颜色、黏液浓稠度适时输精。为了保证受胎,可在输精前 1 h 注射氯前列烯醇 0.2 mg,输精前 5 min 再注射催产素 2 mL。

⑤属于患病引起的不发情,必须先治病,如子宫内膜炎导致不发情,只有把子宫内膜炎治愈了,母猪才能正常发情和妊娠。如果是由于猪繁殖与呼吸综合征等传染病引起母猪不发情,那只有做好相应的疫苗免疫和防疫消毒工作,才能减少或防止不发情母猪的出现。

后备母猪经催情处理后 2 个情期仍不发情者就应淘汰为育肥猪;断奶母猪 2 个情期还不发情者也做淘汰处理;子宫内膜炎或阴道炎久治不愈者也应尽早淘汰。

二、假孕

猪已达性成熟,无论交配与否,而出现怀孕的征象,腹部膨大、乳房增长并可能泌乳,甚至表现分娩行为的现象称为假孕。

1．病因

早期胚胎死亡，妊娠黄体持续存在，发生假孕。给猪注射外源性的孕酮、黄体生成素（LH）或促性腺素释放激素（LRH）均可促使母猪出现假孕。玉米赤霉烯酮中毒后可能出现假孕。

据报道，假孕的出现与垂体催乳素的释放增加有密切关系，而且已知，催乳素又受丘脑下部催乳激素释放抑制因子（PIF）控制，而多巴胺是 PIF 之一，多巴胺不足是假孕发生的一个重要原因。

2．临床症状

配种后不再发情，腹围增大，甚至到预产期之前出现乳房发育，挤出少量乳汁，随后妊娠症状消失，再度发情。持久黄体一般不出现乳房发育等现象，要注意鉴别。

3．诊断

根据症状做出判断。

4．治疗

多数个体再次发情后，交配可受孕。如果不能发情的可注射前列腺素。

三、母猪产前不食综合征

母猪临产前短时间的食欲减退属正常现象，对母体及所产仔猪不会产生影响。但母猪在距预产期前较长时间就发生食欲大幅度下降，甚至出现绝食，则会对母仔产生不利影响，如果不及时采取措施就会发生严重的后果。多数母猪在产前 2～3 周开始发病，主要表现为饮食欲急剧下降、异食、体温不高、喜卧和粪干等症状。

1．病因

（1）激素分泌失调　母猪在妊娠中期（41～80 d），激素的调节作用开始变化，妊娠后期（即 90 d 至分娩）孕酮、雌激素等处于急剧变化阶段。此时，如果因某些原因（应激、疾病等）发生激素分泌失调，就会造成植物神经紊乱，继而导致消化系统功能障碍，引起妊娠母猪食欲锐减。

（2）饲料原因　母猪妊娠中期以后，随着胎儿的生长发育加快，机体内代谢率下降，脂肪分解作用加强，机体组织处于降解状态。因此，怀孕期母猪营养价值应采取前低后高的原则。发病的妊娠母猪多数违背这个原则，一种料喂到底。更有的不喂全价料，胡乱拼凑，出现营养严重失调，特别是矿物质、微量元素和维生素严重不平衡，由此引起消化紊乱，出现食欲减退或异食。有的饲料中含有超标的黄曲霉毒素或别的有害成分，严重损害肝功能而引起食欲下降。

（3）死胎　在产前不食的部分病例中，无论是自然分娩还是人工引产都发现了在妊娠的不同时期有死亡的胎儿。有的是个别死胎，有的是整窝全死；有的已形成木乃伊胎，有的死胎有不同程度的腐败。死胎的病因比较复杂，有的是母猪患了繁殖障碍性疾病；有的可能是营养代谢障碍或中毒引起。这些死亡的胎儿，特别是已腐败的死胎，会对母体造成很大的损害，从而引发食欲下降。

（4）母猪运动不足　妊娠后期，胎儿体积增大，压迫消化道和消化腺，妊娠期趴卧不运动的猪情况会愈加严重。所以，妊娠中、后期的母猪如果不进行适当的运动，会严重影响正常的消化功能而造成食欲减退。

2.临床症状

体温不高,后期体温下降。病初饮欲、食欲不振,排干粪,喜卧地,后期食量逐渐减少并出现异食,喜饮脏水,最后拒绝饮食,卧地不起。如不及时加强管理和治疗,最后可导致衰竭死亡。

3.防制

搞好传染病的防疫工作,特别要做好母猪繁殖障碍性疾病的预防,如猪瘟、猪细小病毒病、猪流行性乙型脑炎、猪伪狂犬病和猪繁殖与呼吸综合征等。

给妊娠母猪以全价的优质配合饲料,满足孕期母猪的各种营养需要。

给妊娠母猪创造一个干净舒适的环境,减少各种应激因素。

妊娠母猪要经常运动,对发病的要定时强制驱赶运动,以增加胃肠的活动强度。出现食欲降低后,特别对伴有排干粪的病例,可以加喂一些青绿饲料,如青菜、瓜类或将青草打成浆等;根据猪嗜甜的特点,在饲料和饮水中可加入一定量的葡萄糖;也可以喂一些带有香味的膨化饲料。

对病猪进行多方面的饲喂调节。病猪可内服或注射 B 族维生素,调理胃肠功能,促进食欲。重者必须及时进行补液,补充机体所需的能量、电解质和维生素等,如葡萄糖注射液、复方氯化钠注射液和维生素 C 等。深部灌肠可起到促进胃肠蠕动、排除肠内积粪和补液的作用。

对于接近临产的顽固性病例,可以进行人工引产,胎儿产出后,多数病猪能较快地恢复食欲。具体方法:地塞米松 30～40 mg 加入 5％葡萄糖或 0.9％生理盐水中,静脉输入 1～2 次,一般可达引产目的。如果病猪努责无力,在确认子宫颈口开张的情况下,再注射催产素 20～40 IU,胎儿即可产出。

四、母猪无乳综合征

母猪无乳综合征是根据产后无乳的症状来命名的。曾被称为乳房炎－子宫炎－无乳综合征,但是多数泌乳失败的母猪并没有乳房炎和子宫炎的症状。它是一种病因较为复杂的产科疾病。该病导致母猪产后少乳和无乳,造成仔猪饥饿、衰竭和抵抗力下降,给养猪生产造成较大的经济损失。

1.病因

排除先天性的乳腺发育缺陷因素,母猪产后无乳的病因主要有:应激因素,如更换圈舍、分娩、注射药物、运输、噪声等;激素缺乏,如雌性激素和促乳素缺乏、催产素缺乏等;营养和管理因素,饲料缺乏蛋白质、维生素和矿物质,如维生素 E 和微量元素硒缺乏;传染性因素,如口蹄疫、产后子宫感染、乳房炎等。

2.发病机理

产后泌乳障碍可能受下列机制的作用。

(1)应激 圈舍改变、湿度和温度剧烈变化、注射、运输等可导致母猪肾上腺机能紊乱,垂体分泌催产素受阻,血浆皮质醇含量升高。

(2)内分泌因素 雌激素结合生长激素和肾上腺皮质激素可促进乳腺管系统发育,孕酮和促乳素可促使腺泡系统发育。催产素在吮乳反射后可由垂体后叶释放,引起乳腺腺泡肌上皮的收缩,导致放乳。无乳母猪的上述激素水平和正常母猪存在差异。

(3)营养因素 消化系统紊乱和饲养方法的改变和泌乳障碍有关。在妊娠期间饲喂过于肥胖的母猪发病率较高。另外,任何在临近分娩和分娩后的饲养制度的改变都有利于该病的发生。另外,矿物质和维生素的缺乏可导致无乳。

(4)传染性因素 产后大肠杆菌导致的乳房炎可引起无乳,其他引起乳房炎的病原体的感染可导致泌乳减少。有研究表明,大肠杆菌的内毒素可能通过影响激素的调节导致泌乳障碍。

3.临床症状

临床上患产后无乳综合征的母猪在产后有奶,随后出现泌乳减少和完全停止。母猪可出现便秘,食欲下降,体温升高等症状。新生仔猪围绕母猪尖叫,母猪表情淡漠,不愿哺乳。随后仔猪出现孱弱、脱水甚至死亡。有些母猪有乳房炎症状或子宫恶露,也可能没有其他明显症状。仔猪饥饿可能导致饮用地面污水和尿液,引起腹泻。孱弱的幼仔可能被母猪压死。

4.诊断

根据仔猪的饥饿表现不难发现母猪无乳。但是,必须做进一步的检查,确定是否有子宫炎症和乳房炎症及损伤等。

5.防制

为防止新生仔猪饥饿,长期得不到哺乳的仔猪应寄养。可寻找正常母猪代养,在寄养之前要用代养母猪的粪尿或垫草或乳汁在仔猪身上涂抹,防止母猪拒绝哺乳。稍大的仔猪可人工喂养。发现母猪泌乳不足可肌肉注射催产素40 IU,每日3~4次,连用3~4 d,同时加强饲养管理。母猪便秘时,可在饲料中添加1‰硫酸镁,或用温肥皂水灌肠。有子宫炎和乳房炎时,可配合抗生素治疗。也可应用中药,如王不留行、川芎、益母草、当归、通草、党参等。每次哺乳前用温热的毛巾擦洗乳房有利于放乳。

由于导致泌乳失败的因素都和应激有关,所以,采取减低围产期应激水平的措施是有效的。第一,要控制母猪舍的噪声;第二,要控制母猪舍的湿度,使母猪保持安静;第三,要尽量保持产仔舍和母猪舍的差异,产前及早转圈。另外,在妊娠期间要控制母猪不要过肥,适当增加粗饲料,可在产前1周逐渐增加麸皮含量,最多可加到日粮的1/2。产房经常消毒,产后开始哺乳之前仔细地消毒乳房。顽固的无乳母猪可淘汰。

五、乳房炎

乳房炎是由各种病因引起乳房的炎症,其主要特点是乳汁发生理化性质及细菌学变化,乳腺组织发生病理学变化。临床上以乳腺出现肿大及疼痛,拒绝仔猪吃奶为特征。

1.病因

猪乳房炎病原常见的有产气杆菌、葡萄球菌、大肠杆菌、克雷伯氏杆菌、铜绿假单胞菌、无乳链球菌、停乳链球菌和乳房链球菌等。主要由仔猪尖锐的牙齿咬伤乳头皮肤而引起感染,发育不良的乳头更容易感染。猪舍环境不良,饲养管理条件差,也可诱发本病。经乳头管和血液感染的不多。

2.临床症状

(1)局限性乳房炎 部分乳区有较严重的病理变化,患病乳区急性肿胀,皮肤发红,触诊乳房发热、有硬块、疼痛敏感,常拒绝哺乳。乳汁减少,乳汁变黄白色或血清样,内有乳凝块。多数病例炎症可趋向缓和,但是也可恶化或蔓延到其他乳区,甚至形成数个化脓灶,破溃流脓。或者形成慢性炎症,泌乳停止,乳腺萎缩,坚硬,待炎症消失后形成瞎乳。全身症状不明显,体温正常或略高,精神、食欲异常。这类乳房炎如能及早有效地治疗,可以较快痊愈,预后一般良好。

(2)扩散性乳房炎　产后数日,所有乳区全部患病,急剧肿胀,泌乳几乎停止。此类乳房炎大多由猪的其他部位炎症扩散感染到乳房所致。母猪在全部乳区发生炎症后,体温升高到40℃以上,食欲减退乃至废绝,乳房肿胀、坚硬、温热,触诊敏感,可挤出少量变质发黄的乳汁或稀薄的乳汁,仔猪吮乳后可导致腹泻。

(3)慢性乳房炎　通常由于急性乳房炎没有及时处理或由于持续感染,而使乳腺组织渐进性发生炎症的结果。一般没有临床症状或临床症状不明显,全身情况也无明显异常,但泌乳下降。它可发展成临床型乳房炎,有反复发作的病史,也可导致乳腺组织纤维化,乳房萎缩。这类乳房炎治疗价值不大,宜及早淘汰。

有时根据病情经过将其诊断为最急性、亚急性、急性和慢性乳房炎,也可根据炎症性质将其分为卡他性、浆液性、化脓性、出血性乳房炎等。

3.诊断

主要是临床诊断,方法仍然是一直沿用的乳房视诊和触诊、乳汁的肉眼观察及必要的全身检查,最好进行 CMT、BMT 检测,在治疗前采奶样进行微生物鉴定和药敏试验。

4.防制

乳房炎的治疗主要是针对临床型乳房炎。

为防止仔猪咬伤乳头,应将其尖锐的犬牙剪去。同时搞好猪舍卫生,初次哺乳可对环境和乳房皮肤消毒。发生临床症状时,及早进行局部热敷和按摩,用鱼石脂加樟脑软膏每日涂抹1～2次。局部脓肿按照脓肿治疗,必要时摘除部分乳区。对扩散性乳房炎,抗生素仍是治疗乳房炎的首选药物,其次是磺胺类药。药物治疗途径仍采取局部乳房内给药和经肌肉或静脉全身给药。乳房内给药在每次挤完奶后进行。一般对亚急性病例,采取乳房内给药,但要坚持3 d;急性病例,采取乳房内和全身给药,至少3 d;最急性病例,必须全身和乳房内同时给药,并结合静脉输液。治疗乳房炎常用的抗生素有青霉素、链霉素、新生霉素、头孢菌素、红霉素、土霉素等。

六、子宫内膜炎

子宫内膜炎是子宫黏膜的黏液性或化脓性炎症,为不育的主要原因之一,但很少影响动物的全身健康状况。引起此病的病原体一般是在配种、输精或分娩时到达子宫,有时也可通过血液循环而导致感染。引起不育的子宫内膜炎大都为慢性。

1.病因

子宫内膜炎多继发于分娩异常,如流产、胎衣不下、早产、难产以及子宫的其他疾病如子宫炎、子宫积脓和产道损伤等。产后的早期多为混合感染,主要病原是葡萄球菌、链球菌、大肠杆菌、变形菌、假单胞菌、化脓性棒状杆菌和支原体等。引起生育力下降的细菌一般是非特异性的,链球菌、化脓性棒状杆菌、假单胞菌等既可引起子宫内膜炎,又可能与生育力的降低有直接关系。

2．发病机理

健康母猪的子宫可分离出细菌,但交配期间和分娩后子宫局部抵抗力增强,分离到细菌的机会减少。在妊娠期和黄体存在的情况下,人工接种细菌容易诱发子宫内膜炎,产后感染、子宫损伤、难产、胎衣碎片滞留、子宫内出血等都可造成感染。人工授精或本交也能引起抵抗力低下母猪的感染。

3．临床症状

慢性病例,临床症状不明显,但发情时可见到排出的黏液中有絮状脓液,黏液呈云雾状或乳白色,而且有大量的粒细胞。

轻度的子宫内膜炎,阴道检查可以发现子宫内排出异常分泌物,尤其是在发情时,排出的黏液中含有脓液则说明患有子宫内膜炎。患子宫内膜炎时,发情周期及发情期的长短一般均正常,偶尔由于子宫内膜发生病变而释放前列腺素,阻止正常黄体发育,因而可能使发情周期缩短。如果病猪发生早期胚胎死亡,则发情周期延长,子宫内膜炎病猪多数屡配不孕。

产后发生的子宫内膜炎多为急性,病猪可能出现全身症状,常弓背、努责,从阴门中排出黏液性或脓性分泌物,病重者分泌物呈污红色或棕色,且有臭味。卧下时排出量较多。体温升高,精神沉郁,食欲及产奶量明显降低。病猪常不愿哺乳。

4．诊断

产后子宫内膜炎,根据临床症状及阴门中排出的分泌物即可做出诊断。慢性子宫内膜炎可以根据临床症状、发情时分泌物的性状、阴道检查、直肠检查和实验室检查的结果进行诊断。

(1)发情分泌物性状的检查 正常发情时分泌物量较多,清亮透明,可拉成丝状。患子宫内膜炎病猪的分泌物量多,但较稀薄,不能拉成丝状,或者量少且黏稠,混浊,呈灰白色或灰黄色。

(2)阴道检查 子宫颈口不同程度肿胀和充血。在子宫颈口封闭不全时,可见有不同性状的炎性分泌物经子宫颈口排出。如子宫颈封闭,则无分泌物排出。

(3)实验室诊断

①子宫回流液检查。冲洗子宫,镜检回流液,可见脱落的子宫内膜上皮细胞、粒细胞或脓细胞。检查子宫回流液对隐性子宫内膜炎有决定性的诊断意义。为此,子宫冲洗物静置有沉淀,或偶尔见到有蛋白样或絮状浮游物,即可做出诊断。

②发情时阴道分泌物的化学检查。4％氢氧化钠2 mL,加等量分泌物,煮沸冷却后无色者为正常,呈微黄色或柠檬黄色的为阳性。

③阴道分泌物生物学检查。在加温的载玻片上,分别加2滴精液,1滴加被检分泌物,另外1滴作为对照,镜检精子的活动情况,精子很快死亡或被凝集者为阳性。

④细菌学检查。无菌操作采取子宫分泌物,分离培养细菌,鉴定病原微生物。

5．治疗

子宫内膜炎治疗的原则是抗菌消炎,促进炎性产物的排出和子宫机能的恢复。现将各种治疗方法介绍于下,可根据具体病例选用。

(1)子宫冲洗疗法 产后急性子宫内膜炎或慢性子宫内膜炎,可以用大量(1 000～3 000 mL)1％的盐水冲洗子宫。在子宫内有较多分泌物时,盐水浓度可提高到5％。

(2)子宫内给药 由于子宫内膜炎的病原非常复杂,且多为混合感染,宜选用抗菌范围广的药物,如庆大霉素、卡那霉素、红霉素、金霉素、呋喃类药物、氟哌酸等。子宫颈口尚未完全关闭时,可直接将抗菌药物 1～2 g 投入子宫,或用少量生理盐水溶解,做成溶液或混悬液用导管注入子宫,每日 2 次。亦可肌肉注射抗生素。

(3)激素疗法　在患慢性子宫内膜炎时,使用氯前列烯醇钠(PGF$_{2a}$)及其类似物,可促进炎症产物的排出和子宫功能的恢复。在子宫内有积液时,还可用雌激素、催产素等,如:注射雌二醇 2～4 mg,4～6 h 后注射催产素 10～20 IU,可促进炎症产物排出,配合应用抗生素治疗可收到较好的疗效。

(4)中药疗法　中药治疗子宫内膜炎,全国各地的处方颇多,可酌情选用。如当归 15 g、川芎 10 g、益母草 25 g、地丁 15 g、红花 10 g、桃仁 10 g、银花 15 g、连翘 15 g、茯苓 10 g、车前子 10 g、蒲公英 15 g、黄柏 15 g、皂刺 15 g、炮穿山甲 10 g,煎汤灌服。子宫内膜炎往往会与无乳综合征合并发生,在治疗时应强调对症治疗。方剂 1:当归、王不留行、漏芦、通草各 30 g,煎汤分 2 次内服,用于通乳;方剂 2:当归 30 g、益母草 100 g、红糖 250 g,煎汤分 4 次内服,用于清宫排恶露。

七、阴道脱出及子宫脱出

阴道脱出是指阴道壁的一部分或全部脱出于阴门之外。子宫角前端翻入子宫腔或阴道内,称为子宫内翻;子宫全部翻出于阴门之外,称为子宫脱出。本病多发生于怀孕末期和产后。

1.病因及发病机理

(1)阴道脱出　首要原因是固定阴道的组织及阴道壁本身松弛。其固定组织主要是子宫阔韧带、盆腔后躯腹膜下的结缔组织及阴门的肌肉组织;其次为腹内压过高,这 2 个条件同时具备则阴道脱出的可能性更大。另外,年老体衰、营养不良、运动不足、胎儿过大和胎水过多等常伴发阴道脱出。

(2)子宫脱出　病因不完全清楚,但现在已经知道主要和产后强烈努责、外力牵引以及子宫弛缓有关。临床上也常发现,许多子宫脱出病例都同时伴有低钙血症,而低钙则是造成子宫弛缓的主要因素。当然,能造成子宫弛缓的因素还有很多,如母猪衰老、经产,营养不良(单纯喂以麸皮,钙盐缺乏等),运动不足,胎儿过大、过多等。

2.临床症状

阴道脱出因阴道脱出的程度不同分为部分阴道脱出和全部阴道脱出。部分阴道脱出有时能自行缩回,全部阴道脱出者则难以缩回。全部阴道脱出时由于努责强烈,病猪疼痛不安。脱出之初,呈球状脱出于阴门之外,黏膜呈粉红色、湿润、柔软。久不缩回者,脱出的阴道壁黏膜呈紫红色,随后因黏膜下层水肿而呈苍白色,阴道壁变硬,有时黏膜外粘有粪便、垫草、泥土而污秽不洁,黏膜有伤口时常有血渍。脱出的阴道压迫尿道外口时,因排尿受阻则努责更强烈。

部分阴道壁脱出时,病初仅在病猪卧下时才可见夹在阴门之间的粉红色瘤状物或露出于阴门之外,起立后,脱出的部分又自行缩回。如病因不除,经常脱出,则能使脱出的阴道壁逐渐变大,以致起立后脱出的瘤状阴道壁不能自行缩回,黏膜因而红肿干燥。个别母猪每次怀孕末期都发生,称为习惯性阴道脱出。猪脱出的子宫角很像肠管,但较粗大,且黏膜表面状似平绒,出血很多,颜色紫红,因其有横皱襞容易和肠管的浆膜区别开来。子宫脱出后症状严重时,病猪卧地不起,反应极为迟钝,很快出现虚脱症状。

3.诊断

根据症状即可确诊。

4.治疗

（1）阴道脱出　阴道部分脱出的病猪起立后能自行缩回。阴道完全脱出时必须迅速整复、固定,防止复发。方法如下:保定于前低后高的地方,或提起后肢,以减轻腹压和盆腔压力。努责强烈时可用2％普鲁卡因进行后海穴或尾椎硬膜外麻醉。用0.1％的高锰酸钾或新洁尔灭将脱出的阴道充分洗净,去除坏死组织,伤口大时进行缝合,水肿严重时,用3％明矾水进行冷敷,亦可针刺后,挤压排液,并涂以3％过氧化氢液,以使水肿减轻;整复时可用消毒纱布将脱出的阴道托起,向阴门内推送,全部推入阴门后,再用拳头将阴道推回原位,最后阴道腔内撒入10 g云南白药或消炎粉。为抑制或减轻努责,整复后可热敷阴门20～30 min。为防止阴道重复脱出,可将阴门做2～3针内翻缝合或荷包袋口缝合后,肌肉注射240万IU青霉素、200万IU链霉素,每日2次,连用2 d。同时灌服补中益气散,方剂:黄芪60 g、党参40 g、柴胡30 g、升麻30 g、白术30 g、当归40 g、陈皮20 g、甘草10 g,每日1剂,分早晚煎服,用2～3剂后拆线。

（2）子宫脱出　猪脱出的子宫角很长,或猪的体型大,可在脱出的一个子宫角尖端的凹陷内灌入淡消毒液,并将手伸入其中,先把此角尖端塞回阴道中后,剩余部分就能很快被送回去;再用同法处理另一子宫角。如果脱出时间已久,子宫颈收缩,子宫壁变硬,或猪体型小,手无法伸入子宫角中,整复时可先在近阴门处隔着子宫壁将脱出较短的一个角的尖端向阴门内推压,使其通过阴门。这样操作往往并不困难,但整复脱出较长的另一个角时,因为前一个角堵在阴门上,向阴门推进就很困难。这时更要耐心仔细操作,只要把猪的后躯吊起,角的尖端通过阴门后,其余部分就容易被送回去。

一般认为,猪对子宫脱出及脱出后整复操作的耐受力较差。因此,有人想出了借助水的压力使子宫复位的"漂浮"整复法,其操作方法是,将患猪在斜面上头朝下侧卧保定,将长度为1.9 m、直径为2 cm的软胶皮管的一端轻轻地插入脱出的子宫凹陷内,并尽可能向前移动,然后将清洁的温水或生理盐水缓慢地灌入子宫。灌入子宫内的水达到一定重量时能将子宫坠入腹腔。此时将胶管再向前伸,再灌些热水。这种方法不仅可使整个子宫退回腹腔,而且不需要行手术整复即可使子宫完全复位。术后缝合阴门。当然,有时猪的子宫脱出任何办法都无法整复,只有实施剖腹术,通过腹腔整复,或淘汰之。

八、流产

流产即妊娠中断。是由于胎儿或母体的生理过程发生紊乱,或它们之间的正常关系受到破坏而发生的。流产可以发生在怀孕的各个阶段,但以怀孕早期较为多见。流产造成的经济损失是严重的,它不仅使胎儿夭折,而且危害母体的健康,引起泌乳减少,并常因此造成生殖器官疾病而发生繁殖障碍。因此,必须特别重视对流产的防治。

1.病因及病理变化

流产的原因很多,大致可归纳为3类,即普通性流产、传染性流产和寄生虫性流产。每一类流产又可分为自发性流产和症状性流产。前者是胎儿及胎盘发生反常或直接受到影响而发生的流产;后者是怀孕动物某些疾病的一种症状,或者是饲养管理不当导致的结果。

（1）自发性流产

①胎膜及胎盘异常。胎膜发生异常，母子间的物质交换不能进行，最后导致胎儿死亡；或者母体子宫黏膜发生变性，不能形成正常的母体胎盘，从而导致流产；如果胎膜血液循环发生障碍，往往导致胎膜变性、水肿、胎水过多，严重时则发生流产。

②胚胎过多。猪所怀胚胎过多时，发育慢的胚胎，其胎膜不能和子宫内膜形成足够的联系，血液供应受到限制时即不能发育下去。

③胚胎发育停滞。胚胎发育停滞是怀孕早期流产的一个重要原因。如果内分泌及各种细胞因子失调，或者精子、卵子有缺陷，则胚胎的附植及发育就会受到影响，甚至流产。

（2）症状性流产

①生殖器官疾病。如局限性慢性子宫内膜炎、子宫颈炎、阴道炎、先天性子宫发育不全、子宫粘连等。

②生殖激素失调。如果孕酮分泌不足或雌激素过多，则可能引起流产的发生。

③非传染性全身疾病。能引起体温升高，呼吸困难，高度贫血的疾病，如严重的肺、心、肾病都可能引起流产。

④饲养性原因。营养严重不足，矿物质缺乏，饲料品质差，维生素 E、维生素 A 及硒等不足，饲喂霉变、腐败的饲料等均可能引起流产。

⑤损伤及管理不当。由于管理不当，使子宫或胎儿受到直接或间接的损伤或孕猪遭受剧烈的逆境危害，则可引起子宫反射性收缩而流产。

⑥医疗错误。临床上给孕猪全身麻醉、大量放血、服用大量泻剂、驱虫药、利尿药、注射某些能引起子宫收缩的胆碱类、麦角类、肾上腺皮质激素类药物，误用大量的雌激素、前列腺素及忌服的乌头、附子、红花、麝香等中药，均有可能引起流产。

（3）传染性和寄生虫性流产　是由动物的传染病和寄生虫病而引发的流产。常见的有布鲁氏菌病、猪繁殖与呼吸综合征、猪伪狂犬病、猪细小病毒病、弓形虫等，由此引发的流产只是这些疾病的一种症状。

2.临床症状

归纳起来流产主要表现 4 类症状，即隐性流产、早产、小产和延期流产。

（1）隐性流产　往往发生于胚胎附植的前后。变性死亡且很小的胚胎被母体吸收或在母体再次发情时随尿液排出，未被发现，子宫内不残留任何痕迹，临床上也见不到任何症状，故称隐性流产。表现为屡配不孕、返情推迟，妊娠率降低，产仔数减少。

（2）早产　排出不足月的活胎儿。这类流产的预兆及过程与正常分娩相似，流产下的胎儿也是活的，但未足月，生活力低下，如不采取特殊措施，很难成活。

（3）小产　排出死亡未经变化的胎儿。这类流产最为常见。胎儿死后，它对母体已成为异物，引起子宫收缩反应（胎儿干尸化例外），数天之内将死胎及胎膜排出。

（4）延期流产　胎儿死亡后，如果子宫阵缩微弱，子宫颈不开或开放不大，死胎长期滞留于子宫内，称为延期流产。依子宫颈是否开放，其结果有以下 2 种。

①胎儿干尸化。胎儿死亡后，子宫颈紧闭（黄体持续存在，仍大量分泌孕酮），胎儿未被排出，其胎水及软组织中的水分被母体吸收，变为棕黑色，好像干尸一样，称为胎儿干尸化，亦称"木乃伊胎"。在猪较为多见。部分胎儿干尸化因不影响其他胎儿发育，则无需处理。

②胎儿浸溶。怀孕中断后,死亡胎儿的软组织腐败分解,变为液体流出,而骨骼留在子宫内时,称为胎儿浸溶。猪发生胎儿浸溶时,体温升高,不食,喜卧,心跳、呼吸加快,阴门中流出棕黄色黏性液体。

胎儿浸溶如发生在怀孕前期,此时胎儿小,骨骼之间的联系组织松软,容易分解,故大部分可以排出,仅留下少数骨片,最后子宫中排出的液体也渐变清亮。如不了解病史,不进行细致检查,则可能误诊。

3.诊断

隐性流产的猪,配种时的发情周期往往是正常的,但在配种后间隔30 d左右又出现发情,即再次发情时间推迟。孕猪早产时,常有乳房突然膨大,阴唇稍有肿胀,阴门有黏液排出等现象。小产在临床上常无预兆,死亡胎儿多延期到足月形成木乃伊胎或死胎。阴道检查发现子宫颈口开张,黏液稀薄。木乃伊胎在猪容易诊断,经常夹杂在正常胎儿之间娩出。

4.治疗

①隐性流产。对隐性流产猪的处理重点在于预防。在繁殖期要改善饲养管理条件,满足对维生素、微量元素及蛋白质的需求,保证优良的环境条件,使早期胚胎得以正常发育。对屡配不孕的猪,在配种后第3天开始,隔日注射孕酮100 mg,至20 d左右,可大大提高受胎率。

②早产。对早产病例的处理要注意两点:胎儿排出缓慢时,需人工加以协助;早产儿应特殊护理,如保温、人工协助哺乳等,以尽力挽救早产儿。

九、难产

分娩时,胎儿不能顺利产出称为难产。

1.病因

母猪难产的原因很多,临床上以饲喂过多,母猪过于肥胖,使胎儿过大,或母猪产出一部分胎儿后,由于娩出力减弱而不能继续产出较为常见;其次是母猪过早配种,骨盆腔未发育完善,造成产道狭窄,影响仔猪产出;因胎儿姿势异常,不能顺利产出者较为少见。

2.症状

母猪开始分娩,不断用力努责,但不能顺利产出胎儿,同时表现烦躁不安,时起时卧,痛苦呻吟。有的母猪虽能顺利产出一部分胎儿,以后由于娩出力减弱而不能继续产出。

3.防治

当发生难产时,应立即检查产道、胎儿及母猪全身状态,弄清难产的原因及性质,以便及时进行正确的助产。

娩出力微弱的母猪,表现努责次数少且力量弱,以致长时间不能产出仔猪,有的母猪在产出一部分胎儿后,因过度疲惫,不能很快产出余下的胎儿,或无力产出其余胎儿。检查子宫颈已经开张,胎儿及产道均无异常时,可皮下注射缩宫素注射液20～30 IU。或将母猪后躯抬高,降低腹压,向产道注入油类润滑剂,将手伸入产道抓住胎儿头部或两前肢慢慢拉出。

胎儿过大或骨盆狭窄引起的难产,母猪阵缩及努责正常,但产不出胎儿。检查时可发现胎儿偏大或骨盆狭窄。为了强行拉出胎儿,应向产道灌注温肥皂水或油类润滑剂,将手伸入产道抓住胎头或上颌及前肢,倒生时握住两后肢,慢慢拉出胎儿。若仅能摸到胎头,伸入的手又不能固定胎头,可用有小钩的 8 号铁丝钩住下颌,缓慢拉出。若无拉出的可能,则应实行剖腹产手术。

上述方法无效时应及早进行剖腹产手术。手术方法如下。

(1)保定与麻醉　右侧卧保定,局部麻醉。

(2)手术部位　左侧腹壁从髋结节向腹部引一垂线,再从已向后牵引的后肢膝关节处向前引一平行线,离此两线交点的前上方约 5 cm 处为切口上方的开端,沿此处略向前下切开皮肤,切口长度为 20 cm。

(3)术式　术部剪毛消毒后,依次切开皮肤、皮下组织及腹壁肌层,再小心切开腹膜,切开腹膜后,在切口下垫上消毒塑料布,然后仔细检查腹腔,确定胎儿的数量及其在子宫中的位置。子宫切口应做在阔韧带附着面的对面,以尽量避开血管。由于猪子宫角的游离性较大,子宫上的切口可做在靠近子宫体的部位,以便从该切口取出双角的胎儿。取出胎儿时,先取后端的,每取出一个,应在子宫外面挤压,使前面的胎儿后移,这样便于取出。如果取完胎儿后胎衣已游离于子宫中,则可将其取出,否则应保留在子宫中。

取完胎儿后用温的生理盐水冲洗子宫,并将其送回腹腔,将切口留在外面,用肠线缝合。子宫缝合要求第一层全层螺旋形缝合,第二层做浆膜和肌层的内翻缝合,缝完后再次用生理盐水冲洗。

在缝合子宫切口之前,必须仔细检查双侧子宫角及子宫体,以免尚有胎儿未能取出。

4.预防

防止后备母猪发育未成熟时过早配种。控制母猪的饲喂量,防止母猪特别是初产母猪过于肥胖,使胎儿过大。而对体质较弱的母猪则应增加饲喂量。

◆ 职业能力训练

(一)病例分析

养殖户刘某反映自家初产母猪下午 5 点开始分娩,直到第 2 天早晨仅产下 1 头小猪,打过 2 次催产素,未见有仔猪排出,请求给予治疗。

(二)诊断过程

1.问诊

深入现场,通过问诊获取猪场发病信息,并进行综合分析(表 2-2-6)。

表 2-2-6　问诊表

问诊内容	获取信息	综合分析
疾病的发生情况	①猪的发病时间、发病日龄; ②发病猪的数量; ③发病率、死亡率; ④疾病的初期症状、后期症状; ⑤疾病的治疗效果	个体发病 初产母猪难产 使用催产素未见效果

2.临床检查

认真全面检查母猪发病症状(表 2-2-7)。

表 2-2-7 临床检查表

临床症状	症状特点	诊断
猪体重约 80 kg,营养良好,精神沉郁,呼吸较快,频频努责,阴户水肿,有少量淡红色液体流出,体温 38.7℃。该猪 17:00 开始分娩,直到第 2 天早晨仅产下 1 头小猪,产道检查时手无法伸入,其余未见异常	产道狭窄造成难产	难产

3.诊断结论

母猪难产。

(三)防治

实施剖腹产手术。

1.材料准备

器材:保定用绳、保定台、手术刀、创巾、创巾钳、剪子、拉钩、刀柄、组织钳、止血钳、持针器、镊子、纱布块、绷带、缝合针、导尿管、新毛巾等。

药品:高锰酸钾、75%医用酒精、碘酊、2%普鲁卡因、盐酸氯丙嗪、宫缩素、肾上腺素、止血敏、青霉素、链霉素等。

2.术前准备

(1)检查母猪 测量母猪体温、脉搏数、呼吸数,均在正常值范围内,方可进行剖腹产手术。

(2)器械消毒 创巾、创巾钳、剪子、拉钩、刀柄、组织钳、止血钳、持针器、镊子、纱布块、缝合针、各种型号丝线等,消毒后备用。

(3)母猪补液 术前认真全面检查母猪身体状况,综合分析,充分预料手术中可能出现的问题,提前采取防范措施。为增强母猪的综合抵抗力,术前根据母猪体况进行补液。

3.手术过程

(1)保定及术部切口定位 母猪在干净的猪舍内采用右侧横卧保定,固定头及四肢。左侧腹壁从髋结节向腹部引一垂线,再从已向后牵引的后肢膝关节处向前引一平行线,离此两线交点的前上方约 5 cm 处为切口上方的开端,沿此处略向前下方切开皮肤,切口长度为 20 cm。

(2)消毒与麻醉 术部进行清洗、剃毛,涂擦 5%碘酊消毒。用 0.5%～1%盐酸普鲁卡因 20～30 mL 沿切口皮下和肌肉做浸润麻醉。术前每千克体重皮下注射盐酸氯丙嗪 0.1 mg 做基础麻醉。

(3)手术方法

①切开皮肤,用刀柄钝性分离皮下脂肪、肌肉及肌膜,用两把止血钳夹住腹膜向上提,在两钳之间皱襞剪开腹膜。

②取出一侧子宫孕角,在子宫角和手术切口之间垫上大块消毒纱布,以免肠管脱出和切开子宫后宫内的液体流入腹腔。

③沿着子宫大弯在子宫体近侧做长的纵形切口,注意避开大的血管,先取出靠近切口的胎儿,其他胎儿依次用手指按压使之向前移动到切口处取出。在掏出每个胎儿时,须先将胎膜撕破,胎儿取出后不剥离胎衣,以免母体胎盘毛细血管破裂出血。

④胎儿交给助手处理。

⑤确认子宫内无遗留胎儿后,用生理盐水冲洗子宫表面,用消毒纱布充分吸干子宫外壁的液体,子宫内撒青霉素粉和链霉素粉,用4号丝线连续缝合子宫浆膜肌层,再行结节内翻缝合浆膜肌层,涂以消炎软膏,将子宫送回腹腔。

⑥子宫送回腹腔后尽量使其回到原位,同时往腹腔加温热的生理盐水500 mL以填充损失的腹腔液。然后用4号丝线连续缝合腹膜、肌肉,并涂青霉素粉和链霉素粉。用7号丝线结节缝合皮肤,最后做4针减张缝合,涂以5%碘酊,用绷带紧紧包扎并系腹部绷带。

⑦术后肌肉注射500万IU破伤风抗毒素,并输液抗感染。

4. 术后护理

①术后将母猪移到产房高床上用保温灯保温,仔猪定时人工辅助哺乳,吮乳后放入保温室。

②术后每天用5%葡萄糖生理盐水1 500 mL、青霉素800万IU、链霉素400万IU、地塞米松60 mg、10%安钠咖30 mL、维生素40 mL静脉滴注,连用5 d;同时每天肌肉注射缩宫素30万IU,连续3 d,以促进胎衣排出。

③第4天后每天肌肉注射青霉素400万IU、链霉素200万IU,2次/d,连用3 d。

④术后24 h内禁喂饲料,以后给少量饲料,并逐渐增加,5 d后恢复正常饮食,术后10 d伤口拆线。

5. 注意事项

①手术过程要随时观察母猪精神状态,如发生异常情况,立即补液和强心。

②母猪手术要加强护理,应饲喂易消化的全价流食,保持圈内温暖、卫生、清洁干燥,以防伤口感染。经常观察手术部位的变化,发现异常情况要及时消毒处理。

◆技能考核

结合上述病例,教师对学生诊断母猪产科病过程填写技能考核表(表2-2-8)

表2-2-8 技能考核表

序号	考核项目	考核内容	考核标准	参考分值
1	过程考核	操作态度	精力集中,积极主动,服从安排	10
2		协作意识	有合作精神,积极与小组成员配合,共同完成任务	10
3		实训准备	能认真查阅、收集资料,完成任务过程中积极主动	10
4		对猪产科病的病因分析	能结合临床经验,对猪常见产科病进行分析	20
5		对猪产科病诊断及防治	能结合流行病学、临床症状及剖检变化对猪产科病进行初步诊断,并采取合理的防治措施	30
6	结果考核	操作结果综合判断	能准确地对产科疾病进行诊断和治疗	10
7		工作记录和总结报告	有完成全部工作任务的工作记录,字迹整齐;总结报告结果正确,体会深刻,上交及时	10
合计				100

◈自测训练

一、看图题

指出下列器官的病理变化(图 2-2-24 至图 2-2-26,图 2-2-26 参见彩插)。

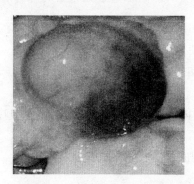

图 2-2-24 器官 A

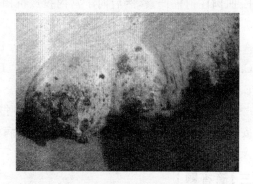

图 2-2-25 器官 B

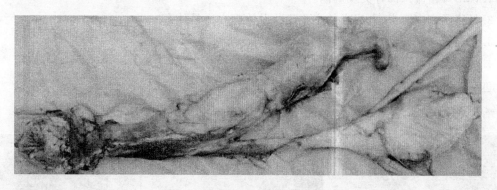

图 2-2-26 器官 C

二、选择题

1. 母猪产后发病,精神沉郁,眼结膜潮红、呼吸增快,体温 39.5℃,食欲不振、腹痛呻吟,起卧不安,回头观腹,弓腰,频频做排粪动作。治疗该病的药物是 ( )

A. 阿托品 B. 活性炭 C. 青霉素 D. 硫酸钠 E. 鞣酸

2. 有 1 头母猪,最后 1 头仔猪产出已 8 h,发现其仍努责。触诊未发现子宫中有胎儿。体温稍微升高,食欲下降,但喜喝水。该猪最可能出现的疾病是 ( )

A. 部分胎衣不下 B. 尚有仔猪未分娩

C. 胃肠机能紊乱 D. 内分泌失调

E. 产后低血钙症

3. 有 1 头母猪,最后 1 头仔猪产出已 8 h,发现其仍努责。触诊未发现子宫中有胎儿。体温稍微升高,食欲下降,但喜喝水。进一步诊断该病,首先应采用 ( )

A. 直肠检查 B. 产道检查

C. X 光检查 D. 听诊肠音

E. 检测血清钙浓度

4. 有 1 头母猪,最后 1 头仔猪产出已 8 h,发现其仍努责。触诊未发现子宫中有胎儿。体

温稍微升高,食欲下降,但喜喝水。治疗该病最有效的方法为 （　　）

A.肌肉注射抗菌药   B.肌肉注射孕酮

C.口服阿托品类药物   D.静脉注射葡萄糖酸钙注射液

E.肌肉注射催产素,然后向子宫内投放抗菌药

5.临床上对流产的处理方案是 （　　）

A.将流产母畜及时隔离   B.及时使用药物保胎

C.及时使用药物引产   D.及时实施剖腹产术

E.先确定能否继续怀孕,再确定治疗原则

6.母猪产后发病,精神沉郁,眼结膜潮红、呼吸增快,体温 39.5℃,食欲不振、腹痛呻吟,起卧不安,回头观腹,弓腰,频频做排粪动作。该病可能是 （　　）

A.肠炎   B.胃炎   C.便秘   D.肠扭转   E.肠套叠

三、简答题

1.说出母猪流产的种类及病因。

2.母猪子宫内膜炎、乳房炎的主要症状及治疗方法是什么?

3.阴道脱出、子宫脱出的区别是什么?

4.母猪发情障碍的病因有哪些?

四、案例分析

看图(图 2-2-27 至图 2-2-29)诊断母猪患什么病? 如何进行治疗?

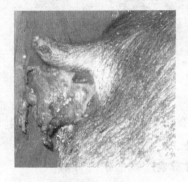 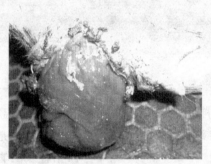 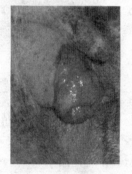

图 2-2-27　病猪 A   图 2-2-28　病猪 B   图 2-2-29　病猪 C

学习情境三　种公猪繁殖障碍性疾病的诊断与防制

◆学习目标

1.查阅相关资料,分析种公猪性欲缺乏的发病原因。

2.结合病因、临床症状对种公猪性欲缺乏及时进行诊断。

3.对种公猪性欲缺乏提出合理的防治措施。

4.对种公猪患有布鲁氏菌病、猪流行性乙型脑炎、衣原体病等能够及时进行诊断和防治。

◈**相关知识**

种公猪性欲缺乏多表现为见到发情母猪不爬跨,性欲迟钝、厌配、拒配、阳痿不举或交配时间短、射精不足。主要的原因有传染性因素、营养性因素、饲养管理因素、中毒性因素、肢蹄性疾病等。对种公猪患有布鲁氏菌病、猪流行性乙型脑炎、衣原体病等能够及时进行诊断和防治(本情境不重复介绍,参见岗位二中的学习情境二的学习任务一)。现就种公猪常见的性欲缺乏的原因分析如下。

一、病因

1.先天性生殖器官发育不全或畸形

如睾丸或附睾不发育、急性或慢性疾病等引起生殖器官发育不良。

2.饲养管理因素

如种公猪配种过度或长期无配种任务、运动不足;种公猪年老体衰或未达到体成熟或性成熟;交配或采精时阴茎受到严重损伤或受惊吓刺激;公母混养;没有合理调教;卫生不洁,疾病净化不好;用药不合理;后备公猪的选育和留种不慎等。

3.营养性因素

种公猪长期营养不良,尤其是能量长期过高或过低会影响公猪的初情期日龄、性欲、精液量、精子密度、正常精子数;蛋白质过高或过低会影响射精量和精液品质。氨基酸的摄入量会影响精液品质;维生素(尤其是维生素 E 或维生素 A)或矿物质等缺乏或不足,导致公猪过肥或过瘦以致腿软。缺硒精子生成受阻,缺锌性器官发育不良,缺铜会不发情或发情减退,铜中毒可导致不育。

4.疾病性因素

公猪感染病毒性疾病(如猪繁殖与呼吸综合征、日本乙型脑炎等)或细菌性疾病(如布鲁氏菌病)、寄生虫病等都可造成公猪无性欲或缺乏性欲。此外,生殖器官炎症、后躯或脊椎关节炎、肢蹄疾病等均可引起交配困难或交配失败。

5.环境性因素

天气过冷、过热可导致公猪不射精或阴茎不能勃起。

6.睾丸炎及阴囊炎

(1)病因 睾丸被撞伤、挫伤、压迫、咬伤或睾丸周围附近器官组织发生炎症而发病。此外,布鲁氏菌病、日本乙型脑炎、放线菌病等传染病及夏季高温均会引起睾丸炎的发生。阴囊炎是由于打击或撞击致血肿、水肿而引起的,大多数为一侧性发生。

(2)症状 急性睾丸炎初期睾丸及附睾肿胀、增温、疼痛。运动时患肢外展,当两侧同时患病时,两后肢叉开,运动不灵活。腰部僵硬,出现明显的机能障碍。随着病情的发展,鞘膜腔内蓄积浆液性-纤维素性渗出物,阴囊皮肤发亮。化脓时则局部和全身症状加剧,体温升高,精神沉郁,食欲减退。触诊睾丸体积增大、变硬,热痛反应剧烈,而后逐渐呈现化脓,有的向外周破溃,甚至形成瘘管。若转为慢性炎症则睾丸实质变硬,疼痛有所减轻,引起总鞘膜与睾丸粘连,后肢运动则呈现不同程度的机能障碍,进一步恶化则发展为坏疽,有的引起腹膜炎而死于脓毒败血症。

7.性欲减退

(1)病因 饲养管理不当,交配或采精过频,运动不足,饲料中微量元素配比不合理,维生素A、维生素E缺乏,种公猪衰老,种公猪过肥、过瘦,天气过热,睾丸间质细胞分泌的雄性激素减少等。

(2)症状 公猪性欲减退,母猪产仔少且弱,畸形、死胎增多。

8.早泄、阳痿不举

(1)原因 老龄;肾阳不足,肾阳虚衰;肾不纳气,肾虚水泛。

(2)症状 种公猪见到发情母猪则举阳滑精或阳痿不举,性欲迟钝,无力爬跨。

9.中毒性因素

(1)原因 饲喂含霉菌毒素的饲料等。

(2)症状 公猪包皮增大、睾丸变小、性欲降低。

10.肢蹄病

(1)原因 公猪患有关节炎、腱鞘炎、蹄病,细菌性肢蹄病,病毒性肢蹄病,营养性肢蹄病等。

(2)症状 公猪运动障碍,性欲减退,精液带毒。

二、防制

1.预防

①对先天性生殖器官发育不全、畸形或有其他损伤的,应视具体情况选留或淘汰。

②保持环境安静,减少外界干扰,对种公猪进行正确调教和配种。

③饲料营养全价。饲喂专用种公猪料,保证饲料中的能量、蛋白质、矿物质、维生素、微量元素的供应。也可视配种强度每天给种公猪喂2枚煮熟的鸡蛋,但不要生喂,因生鸡蛋中含抗生物素物质,会降低生物素的效价。加喂青绿多汁饲料,或补充成品多种维生素、钙、磷。

④做好疾病防制工作,及时接种疫苗及驱治体内外寄生虫,加强圈舍及环境消毒。

⑤每6~8个月定期给公猪修蹄1次,减少蹄病。

⑥环境温度要适宜,最好在16~20℃。

2.治疗

查清病因,有针对性地进行以下治疗。

①对性欲缺乏的种猪可1次皮下或肌肉注射甲基睾丸酮30~50 mg;或丙酸睾丸素内服,日量0.3 g/次,隔日1次,连用2~3次。

②注射脑垂体前叶促性腺激素或维生素E。

③中药验方治疗:淫阳藿90 g,补骨脂30 g,熟附子10 g,钟乳石30 g,五味子15 g,菟丝子30 g,煎汁加黄酒200 mL,灌服。

④对睾丸炎及阴囊炎的治疗。

a.抗生素或磺胺药控制治疗。

b.局部用明矾或醋酸清洗,涂鱼石脂、樟脑软膏。

c.阴囊精索根部用0.5%盐酸普鲁卡因40 mL封闭。

⑤包皮过厚、过紧或粘连时,要及时进行外科手术治疗。

◆**职业能力训练**

（一）公猪有性欲，但不能交配怎么办

其原因多见阴茎、包皮异常，炎症、肢蹄疾患等。

①阴茎、包皮发炎而致疼痛，不能交配时，用青霉素 400 万 IU、链霉素 100 万 IU，安乃近 10 mL，混合肌肉注射，每日 2 次，连用 3 d。或用鱼石脂软膏、红霉素软膏涂抹。

②若出现包皮过厚、过紧或发生粘连时，要及时进行外科手术治疗，切除包皮，分割粘连。

③因关节、肌肉疼痛应查明病因，对症治疗。因风湿引起，可用水杨酸钠 10 mL，连用 1 周。或人用祖师麻注射液 10 mL 肌肉注射。因外伤引起挫伤、扭伤，可用中药治疗：自然铜、泽兰、当归各 50 g，防风、没药、乳香、红花各 25 g，血竭 20 g，为末，温酒调服。若球关节扭伤，针刺寸子穴，蹄踵部扭伤，针刺涌泉、寸子穴、蹄门穴，再用温酒擦。

（二）精子异常而不受精怎么办

包括：少精、弱精、死精、畸形精等现象。种公猪一次性精液量为 200～500 mL，约有 8 亿个精子，经显微镜检查，精子数少于 1 亿个，则为少精。

多见于乙型脑炎、猪丹毒、猪肺疫、中暑等热性疾病后遗症。若发热时间长，可致睾丸肿大，灭活精子。对发热疾病应对症治疗，用抗生素配合氨基比林、柴胡等解热药治疗。也可用冷水、冰块等冷敷阴囊。对少精症试用下列方法，任选一方煎水内服。

①菟丝子 45 g、枸杞子 50 g、覆盆子 40 g、五味子 45 g、车前子 50 g、女贞子 50 g、桑葚子 40 g。

②合欢 45 g、麦冬 50 g、白芍 50 g、菖蒲 45 g、茯苓 40 g、淫羊藿 30 g、枸杞 40 g、知母 45 g、灯心草 30 g。

（三）公猪性欲减退或丧失怎么办

由于饲养管理不当，交配或采精过频，运动不足，饲料中微量元素配比不合理，维生素 A、维生素 E 缺乏，种公猪衰老、过肥、过瘦，天气过热，睾丸间质细胞分泌的雄性激素减少等，导致公猪不愿接近或爬跨发情母猪。针对这种情况可通过以下方法来解决。

（1）维持种公猪雄性激素分泌　种猪雄性激素分泌减少，可选用绒毛膜促性腺激素 80 mg，或孕马血清 100 mg，或丙酸睾丸酮 80 mg，肌肉注射。

（2）科学饲养　维持公猪生命活动和产生精液的物质基础主要以高蛋白为主，日粮中粗蛋白含量不低于 14%～18%。维生素、矿物质要全面，尤其是维生素 A、维生素 D、维生素 E。不能使用育肥猪饲料，因育肥猪饲料可能含有镇静、催眠药物，种公猪长期饲用，易导致兴奋中枢麻痹而反应迟钝。

（3）营造舒适环境　青年种公猪要单圈饲养，避免相互爬跨、早泄、阳痿等现象。要远离母猪栏舍，避免外激素刺激而致性麻痹。栏舍要宽敞明亮，通风、干燥、卫生。夏季高温季节要注意防暑降温。

（4）科学调教　种公猪应在 7～8 月龄开始调教，10 月龄正式配种使用，过早配种可缩短种公猪利用年限。调教时要用比公猪体型小的发情母猪，若母猪体型过大，造成初次配种失败,会影响公猪性欲。调教时,饲养员要细心、有耐心,切忌鞭打等刺激性强的动作。

◆ **自测训练**

一、选择题

1.某猪场 2 岁种公猪,精神沉郁,步态强拘,弓背,腰部触诊敏感,常做排尿姿势。尿检可见红细胞、白细胞、盐类结晶、肾上皮细胞,该病可能的诊断是 ( )

A.肾结石　　　　　　　　B.尿道结石　　　　　　　　C.膀胱结石

D.输尿管结石　　　　　　E.慢性肾衰竭

2.某养猪户反映:他们饲养的公猪,配种后多数会存在这样一个现象,母猪一年产两窝时,一窝产仔多,另一窝产仔相对较少。请问是什么原因 ( )

A.公猪患病　　　　　　　B.公猪配种过度　　　　　　C.公猪缺乏运动

D.公猪品种不好　　　　　E.夏季天热时影响配种公猪精液质量

二、简答题

1.影响种公猪繁殖性能的饲养管理因素有哪些?

2.影响种公猪繁殖性能的环境因素有哪些?

3.目前常发生的种公猪繁殖障碍性疾病有哪些?

学习情境四　哺乳仔猪常见疾病的诊断与防制

◆ **学习目标**

1.了解仔猪梭菌性肠炎、仔猪红痢、仔猪白痢、仔猪黄痢、猪轮状病毒感染、猪流行性腹泻、猪传染性胃肠炎、口蹄疫、猪水疱病、仔猪缺铁性贫血、仔猪球虫病的病原形态。

2.掌握以上哺乳仔猪常见病流行病学、临床症状和病理变化。

3.结合流行病学、临床症状和病理变化能够对哺乳仔猪常见病进行初步诊断和治疗。

4.能够对猪瘟、猪伪狂犬病、猪繁殖与呼吸综合征进行初步诊断和治疗。

◆ **案例分析**

某猪场有 3 头母猪,于 2 月份分娩,产下 31 头仔猪,出生后第 2 天,仔猪陆续出现精神不振、拒食现象,主要症状是排出红褐色的血便,含有灰色的坏死组织碎片和气泡,类似"米粥状",粪便腥臭,后肢沾满血便,逐渐消瘦和脱水,已死亡 8 头。请问仔猪患什么病?采取什么措施才能控制该病?

◆ **相关知识**

哺乳仔猪是指从出生到断奶阶段的仔猪。哺乳期长短不同,一般为 21～35 d。哺乳仔猪是生长发育最快的时期,也是抵抗力最弱的时期。哺乳仔猪阶段常发的疾病主要有仔猪梭菌性肠炎、仔猪黄痢、仔猪白痢、轮状病毒感染、猪流行性腹泻、猪传染性胃肠炎、口蹄疫、猪水疱病、仔猪缺铁性贫血、猪球虫病、猪瘟、猪伪狂犬病和猪繁殖与呼吸综合征等疾病。对哺乳仔猪患有猪瘟、猪伪狂犬病、猪繁殖与呼吸综合征等疾病不再重复介绍，参见岗位二中的学习情境二的学习任务一。

一、仔猪梭菌性肠炎

仔猪梭菌性肠炎(clostridial enteritis of piglets)又称仔猪传染性坏死性肠炎，俗称"仔猪红痢"，是由 C 型产气荚膜梭菌引起的 1 周龄以内仔猪的肠毒血症。其特征是出血性腹泻，小肠后段有弥漫性出血或坏死，病程短，病死率极高。

1. 病原

本病的病原为 C 型产气荚膜梭菌，亦称 C 型魏氏梭菌，为革兰氏阳性菌，有荚膜、不运动的厌氧菌，芽孢呈卵圆形，位于菌体中央或近端。一般消毒药均易杀死本菌的繁殖体，但形成芽孢后对外界的抵抗力增强。

2. 流行病学

本病主要侵害 1～3 日龄的仔猪，1 周龄以上的仔猪很少发病。在同一猪群中，各窝仔猪发病率不同，发病率 40%～50%，最高可达 100%，病死率一般在 20%～70%。

3. 临床症状

猪梭菌性肠炎几乎都是产后 3 d 内的仔猪感染发病，病程短促，有些在出生 3 d 内全窝死亡。最急性的临床症状不明显，出现拒食、精神不振等症状后迅速死亡。病仔猪主要症状是排出红褐色的血便，含有灰色的坏死组织碎片和气泡，类似"米粥状"，粪便腥臭，后肢沾满血便，迅速消瘦和脱水。

4. 病理变化

主要表现在小肠，尤其是空肠。空肠呈暗红色，肠黏膜广泛性充血和出血，有黄色或灰色坏死。肠壁为深红色，与正常肠段界限分明。肠内容物呈暗红色，有坏死组织碎片。肠内充满气体，肠系膜淋巴结充血。

5. 诊断

根据多发生于 3 日龄内的仔猪，呈现血痢，病程短促，很快死亡，感染率高，一般药物和抗生素治疗无明显效果，剖检见出血性肠炎等病理变化，不难做出诊断。必要时可进行细菌学检查，包括肠内容物涂片镜检、肠内容物毒素检查、细菌分离等。

6. 防制

①搞好猪舍和周围环境(尤其是产房)的卫生工作，定期消毒。产前母猪的乳头要清洗和消毒，保持饲料和饮水的清洁卫生，可以减少本病的发生和传播。

②有条件时，母猪分娩前 1 个月和半个月，各肌肉注射 C 型魏氏梭菌氢氧化铝苗或仔猪红痢干粉菌苗，以便使仔猪通过哺乳获得被动免疫。另外，仔猪出生后，如果立即注射抗猪红痢血清(每千克体重肌肉注射 3 mL)，可获得更好的保护作用(但注射要早，否则结果不理想)。

③由于本病发病迅速，病程短，发病后用药物治疗疗效不佳。对于一些病程较长，抵抗力较强的仔猪，或同窝未出现明显症状的仔猪应立即口服磺胺类药物或抗生素，每日 2～3 次，有一定的治疗作用。发生脱水者，可腹腔注射 5% 的葡萄糖溶液或生理盐水，借以补充水分和

能量。

二、仔猪黄痢、仔猪白痢

仔猪黄痢(yellow scour of newborn piglets)、仔猪白痢(white scour of piglets)是由致病性大肠杆菌引起的猪传染病。大肠杆菌是人和动物肠道的常驻菌,大多数无致病性,其中只有某些血清型为病原菌,如 K_{88}、K_{99}、987P 等致病性较强。致病性大肠杆菌特别是引起仔猪消化道疾病的大肠杆菌,多能产生毒素,引起仔猪发病。

1.病原

本病的病原为致病性大肠杆菌,为大肠杆菌属、肠杆菌科,革兰氏阴性,中等大小的杆菌,有鞭毛,无芽孢,能运动,但也有无鞭毛不运动的变异株,少数菌株有荚膜。

本菌为需氧或兼性厌氧菌,pH 为 7.2～7.4 的营养琼脂上生长 24 h 后,形成圆形、边缘整齐、隆起、光滑、湿润、半透明、近似灰白色的菌落,直径 2～3 mm。

在肉汤中培养 18～24 h,呈均匀混浊(S 型菌落),管底有黏性沉淀,液面有菌环。麦康凯琼脂上 18～24 h 后形成红色菌落。

2.流行病学

(1)仔猪黄痢　常发生于出生后 1 周以内仔猪,以 1～3 日龄最常见,随日龄增加而减弱,9 日龄以上很少发生,同窝仔猪发病率 90％以上,死亡率很高,甚至全窝死亡。

(2)仔猪白痢　发生于 10～30 日龄仔猪,以 2～3 周龄较多见,1 月龄以上的猪较少发生,其发病率约 50％,而病死率低。不同窝仔猪发病率不同,症状也轻重不一。

3.临床症状

(1)仔猪黄痢　一窝小猪出生时体况正常,12 h 后突然有 1～2 头仔猪全身衰弱死亡,1～3 d 内其他猪相继腹泻,粪便呈黄色糨糊状,捕捉时,在挣扎和鸣叫中,从肛门冒出稀粪,并迅速消瘦,脱水,昏迷而死亡。

(2)仔猪白痢　10～30 日龄哺乳仔猪易发生。仔猪突然发生腹泻,开始排糨糊样粪便,继而变成水样,随后出现乳白、灰白或黄白色下痢、气味腥臭。体温和食欲无明显变化。病猪逐渐消瘦,弓背,皮毛粗糙不洁,发育迟缓,病程一般 3～9 d,绝大部分猪可康复。

4.病理变化

(1)仔猪黄痢　最急性剖检常无明显病变。有的表现为败血症,一般可见尸体严重脱水。肠道臌胀,有多量黄色液状内容物和气体。肠黏膜呈急性卡他性炎症变化,以十二指肠最严重,空肠、回肠病变较轻。肠系膜淋巴结充血、肿大,切面多汁。

(2)仔猪白痢　尸体苍白,消瘦。剖检见肠内容物为糊状或油膏状,呈乳白色或灰白色,肠黏膜有卡他性炎症,有多量黏液性分泌物。肠壁菲薄,灰白色,透明,肠黏膜易剥离,肠系膜淋巴结轻度肿胀。

5.诊断

(1)临床诊断

①仔猪黄痢。根据新生仔猪突然发病,排黄色稀粪,同窝仔猪几乎均患病,死亡率高,而母猪健康,无异常,即可初步诊断为本病。

②仔猪白痢。根据 2～3 周龄哺乳仔猪成窝发病,体温不变,排白色糊样稀粪,剖检仅见有胃肠卡他性炎症等特点,即可做出初步诊断。

(2)细菌学检查　主要是进行大肠杆菌的分离鉴定。

①标本采集。生前以无菌棉签肛拭子采取粪标本,死后采取心血、肝脏、脾脏、肠系膜淋巴结和肠内容物。

②镜检。革兰氏阴性杆状细菌,单个或成对,许多菌株有荚膜或微荚膜,有鞭毛。

③分离培养。选用麦康凯培养基,培养 24 h 形成红色菌落。

6.防制

①加强母猪的饲养管理,合理调配饲料,增强妊娠母猪的体质和哺乳期均衡泌乳。尽量减少各种应激因素。

②健全产房和妊娠母猪产前、产后的兽医卫生消毒制度。认真解决猪舍排污问题,搞好猪舍环境卫生。

③补充适量的维生素、矿物质和微量元素硒,借以提高仔猪的免疫力。

④给妊娠母猪注射菌苗,仔猪通过哺乳获得被动免疫。目前应用的疫苗有:大肠杆菌 K_{88} ac-LTB 双价基因工程苗、K_{88}、K_{99} 二价苗和 K_{88}、K_{99}、987P 三价苗。母猪产前 40 d 和 15 d 各注射 1 次。

⑤治疗时选用链霉素溶于水后,每次口服 5 万～10 万 IU,2 次/d,连续 3 d 以上。喹诺酮类药物,如恩诺沙星、环丙沙星、诺氟沙星等也有良好的治疗效果。对严重的仔猪黄痢病,可用仔猪腹泻康、氧氟沙星注射液,肌肉注射,并喂服葡萄糖液(添加少量精盐),或应用庆大霉素 8 万 U 稀释于 5％的糖盐水中,20 mL 腹腔注射,2 次/d,连用 2 d。近年来,使用活菌制剂,如促菌生、乳康生和调痢生(8501)等,也有良好的效果,但治疗时应全窝给药。有条件时,最好通过药敏试验选择敏感药物治疗,并辅以对症治疗。

三、猪轮状病毒感染

猪轮状病毒感染(porcine rotavirus infection)是一种急性肠道传染病,主要发生于仔猪,而中猪和大猪则以隐性感染为特点。

1.病原

本病的病原为轮状病毒,略呈圆形,为二十面体对称粒子,没有囊膜,直径为 65～75 nm,电镜观察,病毒的中央为核酸构成的致密六角形芯髓。轮状病毒粒子由 3 层衣壳构成:内衣壳、中间层衣壳和外衣壳。中间层衣壳由 32 个呈放射状排列的圆柱形壳粒组成,由里向外呈辐射状排列,使该病毒形成车轮状外观,由此得名"轮状病毒"。轮状病毒可分为 A、B、C、D、E、F6 个群,其中 C 群和 E 群主要感染猪。

2.流行病学

犊牛、仔猪、羔羊、犬、幼兔、幼鹿、鸡、鸭、鸽均可自然发病,其中以犊牛、仔猪多见。病毒存在于粪便内,可从一种动物传给另一种动物,只要病毒在一种动物中存在,就可造成本病在自然界长期传播,发病率在 50％～80％。发病季节 12 月份至次年 4 月份。多感染 1～5 日龄仔猪或断奶仔猪,卫生条件不良,大肠杆菌和冠状病毒等合并感染,会加重病情,增加病死率。

3. 临床症状

乳猪吃奶后发生呕吐,继而腹泻,粪便呈黄色、灰色或黑色,为水样或糊状。症状的轻重决定于发病猪的日龄、免疫状态和环境条件。1 周龄的乳猪若有母源抗体保护,一般不易感染发病;10~21 日龄乳猪感染后的症状较轻,腹泻数日即可康复,病死率很低;3~8 周龄或断乳 2 d 的仔猪,病死率一般为 10%~20%,严重时可达 50%;若缺乏母源抗体的保护,乳猪感染发病后,死亡率可高达 100%。

4. 病理变化

多见小肠臌气,肠内容物呈棕黄色水样液及黄色凝乳样黏液,肠壁菲薄,呈半透明状;有时见小肠发生弥漫性出血,肠内容物呈淡红色。

5. 诊断

依据流行病学、临床症状和病理特征,如多发生在寒冷季节,病猪多为幼龄仔猪,主要症状为腹泻,剖检以小肠的急性卡他性炎症为特征等,即可做出初步诊断。

6. 防制

目前无特效的治疗药物,只能辅以对症治疗。通常的方法是:发现病猪后立即停止喂乳,给病猪自由饮用口服补液盐,借以补充电解质,维持体内的酸碱平衡。同时,服用收敛止泻剂,防止过度的腹泻引起脱水;使用抗菌药物以防止继发细菌性感染。

预防本病目前尚无有效的疫苗,主要依靠加强饲养管理,提高母猪和乳猪的抵抗力;保持环境清洁,定期消毒,通风保暖等综合性措施。

引起腹泻的原因很多,在自然病例中,既有轮状病毒、冠状病毒等病毒的感染,又有大肠杆菌、沙门氏菌等细菌感染,从而使诊断工作复杂化。因此,本病必须通过实验室检查才能确诊。

四、猪流行性腹泻

猪流行性腹泻(porcine epidemic diarrhea,PED)是由猪流行性腹泻病毒引起猪的一种急性肠道传染病。临床上以排水样便、呕吐和脱水为主要特征。

1. 病原

本病的病原为猪流行性腹泻病毒(PEDV),属冠状病毒科、冠状病毒属。病毒粒子呈多形性,趋向圆形,外有囊膜,囊膜上有呈放射状排列的纤突,核酸类型为 RNA。病毒对外界环境和消毒剂抵抗力不强,一般消毒药都能将其杀死。

2. 流行病学

各种年龄的猪都可感染发病,其中哺乳仔猪、育成猪、育肥猪发病率高,尤以哺乳仔猪受害最为严重,而母猪发病率则为 15%~90%。

病猪是本病的主要传染源,病毒存在于肠绒毛上皮和肠系膜淋巴结中,随粪便排出体外,污染环境、饲料、饮水和用具,主要经消化道感染。

本病呈地方性流行,以 12 月份至次年 2 月份发生最多,于 4~6 周内传遍整个猪场。

3. 临床症状

本病的潜伏期一般为 5~8 d,人工感染潜伏期为 8~24 h。

哺乳仔猪表现呕吐、腹泻和脱水。呕吐多发生于哺乳和吃食之后,呕吐物为白色凝乳块。

腹泻开始时排黄色黏稠粪便,腹泻严重时,排出的粪便几乎全部为水分。病猪严重脱水,精神沉郁,厌食及衰弱等。1周以内的哺乳仔猪常于腹泻后 2～4 d 内因脱水死亡,病死率约 50%,仔猪出生后即感染,其病死率更高。

育成猪、育肥猪和种猪症状较轻,出现精神沉郁,食欲不佳,水样腹泻,持续 4～7 d 逐渐恢复正常,有的仅表现呕吐和食欲不振。

4.病理变化

仔猪尸体消瘦脱水,胃内有多量灰白色凝乳块,小肠病变具有特征性,肠管臌气扩张,充满黄色液体,肠壁变薄,肠系膜血管充血,肠绒毛萎缩变短,肠系膜淋巴结水肿。

5.诊断

本病的症状、流行病学和病理变化与猪传染性胃肠炎极为相似,只是死亡率比猪传染性胃肠炎稍低,在猪群的传播速度也比较慢。确诊则依靠血清学方法。

6.防制

本病应用抗生素治疗无效,通常采用补液疗法,补充水和电解质,防止酸中毒。饮用口服补液盐(氯化钠 3.5 g、氯化钾 1.5 g、碳酸氢钠 2.5 g、葡萄糖 20 g、常温水 1 000 mL),可取得很好的效果。同时应用抗生素,防止继发感染。

预防本病的方法:不从疫区购买或调入猪,防止本病传入;对疫区和受威胁区要定期预防注射;收购和调运生猪时应加强检疫;加强饲养管理和建立严格的消毒制度。

免疫接种:在本病流行的猪场,母猪在分娩前第 5 周和第 2 周接种猪流行性腹泻氢氧化铝甲醛灭活苗(保护率达 85%)或弱毒苗,或接种猪流行性腹泻和猪传染性胃肠炎二联灭活苗,可预防本病。乳猪也可通过初乳获得保护。

五、猪传染性胃肠炎

猪传染性胃肠炎(transmissible gastroenteritis,TGE)是由猪传染性胃肠炎病毒引起急性腹泻的消化道传染病。临床上以呕吐、剧烈腹泻、严重脱水为特征。

1.病原

本病的病原为猪传染性胃肠炎病毒(TGEV),属冠状病毒科,冠状病毒属。呈球形、椭圆形或多边形。主要存在于病猪的十二指肠、空肠及回肠的黏膜、肠内容物及肠系膜淋巴结中。

2.流行病学

本病多见于新疫区,各种年龄的猪都可感染。10 日龄以内的仔猪发病率和病死率很高,而断奶仔猪、育肥猪和成年猪的症状较轻。大多能自然康复,以 12 月份至次年 4 月份发病最多。

病猪和带毒猪是主要传染源。从粪便、乳汁、鼻分泌物、呕吐物及呼气中排出病毒,污染饲料、饮水、空气、土壤和用具等,经消化道和呼吸道侵入易感猪。50%康复猪带毒和排毒达2～8周,最长达 104 d 还能从肠内容物中或组织匀浆及肺匀浆中检出病毒。

3.临床症状

本病的潜伏期仅为 12～18 h,随后相继发病。

哺乳仔猪突然发生呕吐,吐出白色凝乳块,继而发生水样腹泻,粪便黄色、绿色或白色,常含有凝乳块,气味恶臭。病猪极度口渴,迅速脱水、消瘦,被毛粗乱无光泽,恶寒怕冷,常聚集在一起相互挤压而保温。7日龄以内的仔猪于发病后2～7 d死亡。日龄越小,病程越短,病死率越高。随着日龄增加,死亡率降低,易成僵猪。

架子猪、育肥猪的症状较轻,食欲减退,水样腹泻。哺乳母猪泌乳减少或停止,1周后腹泻停止而康复,极少发生死亡。

4.病理变化

本病的病变主要在胃和小肠。胃内充满凝乳块,胃底黏膜弥漫性充血,呈卡他性炎症,有小出血点。小肠充血、臌气,肠壁变薄,呈半透明状,此为特征性肉眼病变。小肠绒毛变短。

5.诊断

10日龄以内的仔猪病死率很高,成年猪经5～7 d后自然康复,很少死亡。病仔猪表现呕吐、腹泻和脱水。小肠扩张,肠壁变薄,呈半透明状。必要时可进行病毒分离鉴定,荧光抗体检查病毒抗原和血清学诊断。近年来也常运用RT-PCR技术确诊。

诊断本病时,应注意与猪流行性腹泻、猪轮状病毒感染、仔猪白痢、猪黄痢、仔猪红痢、猪副伤寒、猪痢疾等疾病予以鉴别。

(1)猪流行性腹泻 由冠状病毒所致,常发生于1周龄的乳猪,病猪腹泻严重,常排出水样稀便,腹泻3～4 d后,病猪常因脱水而死亡。死亡率高,可达50%～100%;剖检最明显的变化是小肠呈急性卡他性肠炎。应用荧光抗体或免疫电镜,可检测出猪流行性腹泻病毒的抗原和病毒。治疗疗效不明显。

(2)猪轮状病毒感染 寒冷季节多发,发病率高,病死率低。症状与病理变化均较轻。应用电镜检查或荧光抗体检测,可检出猪轮状病毒。加强护理,能提高疗效。

(3)仔猪白痢 10～30日龄乳猪常发。呈地方性流行,季节性不明显,发病率中等,病死率不高。病猪无呕吐,排白色糊状稀便,病程为急性或亚急性。剖检的特征为小肠呈卡他性炎症,空肠绒毛无萎缩或有局限性萎缩病变,能分离出大肠杆菌,用抗生素治疗有较好的疗效。

(4)仔猪黄痢 1周龄以内的乳猪和产仔季节多发,发病率和病死率均高,但架子猪和成年猪不发病。病猪少有呕吐,排黄色稀粪,病程为最急性或急性。剖检见小肠呈急性卡他性炎症,十二指肠最严重,空肠、回肠次之,结肠较轻。能分离出大肠杆菌。抗生素治疗有效。

(5)仔猪红痢 3日龄以内乳猪常发,1周龄以上者很少发病。偶有呕吐,排出红色黏粪。剖检见小肠出血、坏死,肠内容物呈红色,坏死肠段浆膜下有小气泡等病变。从肠内容物中能分离出魏氏梭菌。一般来不及治疗。

(6)猪副伤寒 多发于断奶后的仔猪,1个月以下的乳猪很少发病。无明显季节性,呈地方流行或散发。急性型,初便秘,后下痢,排出恶臭稀便,耳、腹及四肢皮肤呈深红色,后期呈青紫色。慢性者,便秘与下痢反复交替,粪便呈灰白色、淡黄色或暗绿色。皮肤有湿疹。剖检时在盲肠、结肠见有凹陷不规则的溃疡和伪膜,肝、淋巴结、肺中有坏死灶等病变。能分离出沙门氏菌,综合治疗有一定疗效。

(7)猪痢疾 2～3月龄仔猪多发,30日龄以内的乳猪少见。本病季节性不明显,缓慢传播,流行期长,发病率和病死率较高。临床上的主要特征是排出混有血液的粪便或水样血便。

剖检时,主要病变在大肠,呈现卡他性出血性大肠炎,病程稍长可见到纤维素性坏死肠炎变化。从肠内容物中能分离出猪痢疾蛇形螺旋体,早期治疗有效。

6. 防制

本病无特异性药物进行治疗,但采取对症治疗,可以减轻脱水、电解质平衡紊乱和酸中毒;同时加强饲养管理,保持猪舍的温度(最好 25℃ 左右)和干燥,则可减少死亡,促进病猪早日恢复。

预防本病,首先要注意管理。平时注意不从疫区或病猪场引进猪只,以免传入本病。若要引进猪只时,要注意检疫、隔离并防止人员、动物、用具的传播。

免疫接种:在疫区对怀孕母猪产前 45 d 及 15 d,用猪传染性胃肠炎弱毒疫苗进行肌肉注射和鼻内各接种 1 mL,仔猪通过初乳可获得保护。未受到母源抗体保护的仔猪,在出生后进行口服接种,4~5 d 可产生免疫力。

六、口蹄疫

口蹄疫(foot and mouth disease,FMD)是由口蹄疫病毒引起偶蹄动物的一种急性、热性、高度接触性传染病。临床上以口腔黏膜、蹄部和乳房皮肤发生水疱和溃烂为特征。

1. 病原

本病的病原为口蹄疫病毒,属小核糖核酸病毒科、口蹄疫病毒属,呈球形或六角形,二十面体立体对称,无囊膜,核酸为单股 RNA(图 2-4-1)。

口蹄疫病毒具有多型性、易变性的特点。1977年世界口蹄疫中心公布有 O 型、A 型、C 型、Asia-1型(亚洲型)、SAT1(南非 1 型)、SAT2(南非 2 型)、SAT3(南非 3 型)等 7 个血清主型,80 多个亚型。其中以 A 型、O 型分布最广,危害最大。不同血清型的病毒感染动物所表现的临床症状基本一致,但无交叉免疫性,所以,当预防接种时,使用的疫苗应与当地流行的病毒血清型一致,只有这样才能达到预防的目的。

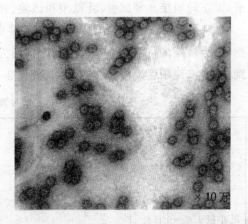

图 2-4-1 口蹄疫病毒负染电镜照片

病毒对外界环境的抵抗力很强,被病毒污染的饲料、土壤和毛皮传染性可保持数周至数月。但对日光、热、酸、碱敏感,2% 氢氧化钠溶液、0.5%~1% 过氧乙酸等常用消毒剂在 15~25℃ 下经 0.5~2 h 可杀灭病毒。酒精、石炭酸、来苏儿和季铵盐类等消毒药对口蹄疫病毒无杀灭作用。

2. 流行病学

本病可经消化道、呼吸道,破损的皮肤、黏膜、眼结膜、交配和人工授精等直接或间接接触传染。一年四季均可发生,但受高温和日光直接影响,以天气寒冷多变的季节多见。

口蹄疫病毒的传染性很强,传播迅速,流行猛烈,发病率高,死亡率低。传播方式有蔓延式和跳跃式 2 种,一旦发生,往往呈流行性。口蹄疫的暴发,还具有周期性的特点,每隔一两年或三五年流行一次。本病较易从一种动物传染给另一种动物,但也常见在牛羊中严重流行而很少感染猪,或在猪中严重流行而牛羊很少发病。

口蹄疫病毒能侵害多种动物(33种),但以偶蹄动物最敏感。牛极易感,猪次之,再次为羊和骆驼。幼畜较成年畜易感,病死率也较高。人也能被感染发病。

3.临床症状

在蹄冠、蹄叉、蹄踵等处发生水疱,破溃后出血和形成烂斑,如无继发感染,1周左右痊愈。如有继发感染,波及深部组织,可致蹄匣脱落,病猪卧地不起。水疱也可发生于鼻盘和唇部皮肤,以及母猪乳头和口腔黏膜。哺乳仔猪通常呈急性胃肠炎和心肌炎而突然死亡。

4.病理变化

除口腔和蹄部的水疱和烂斑外,心外膜有弥漫性或点状出血,心外膜和心肌切面有灰白色或淡黄色斑点或条纹,称"虎斑心"。心肌松软似煮过一样。左心室充满血凝块。猪有时见有出血性肠炎。

5.诊断

根据本病的流行病学、临床症状和病理变化多可做出诊断。如需了解流行口蹄疫病毒类型,可采取水疱皮或水疱液,置50%甘油生理盐水中送有关单位做毒型鉴定。也可送病猪血清,做正向间接血凝试验、乳鼠中和试验、补体结合试验和酶联免疫吸附试验等确诊。

本病与猪传染性水疱病鉴别时,可将病料接种1～2日龄和7～9日龄小鼠,如二者均死亡,则为口蹄疫,仅1～2日龄小鼠死亡则为水疱病。将病料划种于牛和绵羊舌面,阳性者为口蹄疫,不出现阳性反应者为猪水疱病(表2-4-1)。

表 2-4-1 四种猪水疱性疾病的生物学鉴别

动物 \ 病名		口蹄疫	猪水疱病	猪水疱疹	水疱性口炎
猪		+	+	+	+
乳小鼠	1～2日龄	+	+	−	+
	7～9日龄	+	−	+	+
	成年	±	−	+	+
豚鼠		+	−	±	+
乳仓鼠		+	+	+	+
猪肾细胞		+	+	+	+
牛肾细胞		+	−	−	+

7.防制

平时加强检疫,禁止从疫区引进动物、动物产品、饲料、生物制品等;购入动物必须隔离观察,确认健康方可混群;常发地区定期应用相应血清型的口蹄疫疫苗做好预防接种,防止本病发生。

目前用于预防猪口蹄疫的疫苗是灭活苗。参考免疫程序,如:公母猪每年3次普免,仔猪50～70日龄首免,100日龄二免。个别妊娠母猪使用后易出现流产,使用时要特别注意说明书要求。

由于本病是一种恶性传染病,所以发生口蹄疫时,应立即上报疫情,及时采取病料送检,确定病毒类型,划定疫点、疫区和受威胁区,封锁疫区,捕杀患病动物及同群动物,尸体焚烧或化制;对污染的环境和用具进行彻底消毒;对疫区内假定健康动物和受威胁区的易感动物进行紧急接种。在最后一头病畜痊愈、死亡或急宰后 14 d 无新病例出现,经过全面彻底消毒后,才能解除封锁。

七、猪水疱病

猪水疱病(swine vesicular disease,SVD),是由肠道病毒引起猪的一种急性传染病,流行性强,发病率高,以蹄部、鼻端、口部和腹部、乳头周围皮肤和口腔黏膜发生水疱为特征。在临诊上与口蹄疫极为相似,但牛、羊等家畜不发病;与水疱性口炎也相似,但马却不发生。

1.病原

本病的病原为猪水疱病病毒(SVDV),属小核糖核酸病毒科、肠道病毒属,病毒粒子呈球形,由裸露的二十面体对称的衣壳和含有单股 RNA 的核芯组成。病毒粒子在细胞质内呈格晶排列,无囊膜,对乙醚不敏感,不能凝集家兔、豚鼠、牛、绵羊、鸡和鸽等动物及人的红细胞。

病毒对环境和消毒剂有较强的抵抗力。在低温中可长期保存,在污染的猪舍内存活 8 周以上,病猪粪便在 12～17℃堆积 138 d,病猪肉腌制后 3 个月仍可检出病毒。3％NaOH 溶液在 33℃、24 h 才能杀死水疱皮中病毒,1％过氧乙酸 60 min 杀死病毒。

2.流行病学

在自然流行中,仅猪发病,各种年龄的猪均可感染。病猪、潜伏期病猪和病愈带毒猪是本病的主要传染源,通过粪、尿、水疱液和乳汁排毒。健康猪与病猪互相接触、生猪交易、运输和饲喂含病毒而未经消毒的泔水和屠宰下脚料等,经消化道黏膜感染,也可通过损伤的皮肤感染,经过气管黏膜感染发病率高,而经鼻道需大剂量病毒才能发病。

一年四季均可发病,在猪群集中地区,调运频繁的单位,如肉联厂、大型养猪场,传播快,发病率高,但病死率很低。

3.临床症状

本病的潜伏期自然感染一般为 2～5 d,有的可延至 7～8 d 或更长。

病猪体温升高到 40～41℃,水疱常出现于蹄冠、蹄踵、趾间或蹄底等处皮肤。也可见于病猪的鼻盘、口唇、舌面和母猪的乳头上。小疱明显凸出,黄豆至蚕豆大,里面充满水疱液,继而水疱融合,很快发生破裂,形成溃疡,露出鲜红的溃疡面。病变常环绕蹄冠皮肤的蹄壳,导致蹄壳裂开,严重时蹄壳可脱落。病猪蹄部疼痛,跛行明显,甚至卧地不起。部分病猪因继发细菌感染而形成化脓性溃疡。一般病猪经 1～2 周自愈。

温和型:少数猪只蹄部发生 1～2 个水疱,症状轻微,不易被察觉。

隐性型:不表现任何症状,血清学检查才能证明有滴度较高的中和抗体,并产生坚强的免疫力。

4.病理变化

除生前变化外,内脏器官一般无肉眼病变。但组织学检查脑组织,常可见到轻度或中毒的弥漫性非化脓性脑脊髓炎变化,有以淋巴细胞浸润为主的血管套和神经胶质细胞增生灶,出血不明显。还可见到扁桃体隐窝、心内膜、心肌变性和坏死,并有炎性细胞浸润。

5.诊断

病料经 pH 为 3～5 缓冲液处理后,分别接种于 1～2 日龄乳小鼠和 7～9 日龄小鼠,做进一步生物学诊断鉴别。如两种小鼠均死亡者为口蹄疫,而 1～2 日龄乳小鼠死亡,7～9 日龄小鼠不死,则可诊断为猪水疱病。

6.防制

控制猪水疱病的重要措施是防止传染源引入,严禁从疫区引进猪只,对引进的猪只逐头检疫,对运输工具等进行严格消毒。对经常发生的地区,应用豚鼠化弱毒疫苗或细胞培养弱毒疫苗进行预防接种。用水疱皮和仓鼠传代毒制成的灭活苗也有良好的免疫效果。猪感染水疱病病毒 7 d 左右,血清中出现中和抗体,28 d 达到高峰,治疗时,早期可使用高免血清、病愈动物血清或全血进行治疗。患处一般采取对症治疗,如用 2% 硼酸水、0.1% 高锰酸钾水冲洗,涂布碘甘油等。对有全身症状者,可应用抗生素防止继发感染,并注意维护全身体况和加强护理。

八、仔猪缺铁性贫血

仔猪缺铁性贫血(iron-deficiency anemia),又称营养性贫血,是指机体铁缺乏引起仔猪贫血和生长受阻的一种营养代谢病。特征为皮肤、黏膜苍白及血红蛋白含量降低和红细胞减少。

1.病因

本病的主要病因在于仔猪体内铁贮存量低而需要量大,但外源供应量又少,使仔猪体内严重缺铁,影响血红蛋白的合成,发生贫血。此外,本病有一定的季节性,在秋、冬和早春比较常见,多发于 2～4 周龄的哺乳猪。

2.临床症状

病猪表现精神沉郁、食欲减退、离群伏卧、营养不良、被毛粗乱,可视黏膜呈淡蔷薇色,轻度黄染。重症病例黏膜苍白,光照耳壳灰白色,几乎见不到明显的血管。消化功能发生障碍,出现周期性腹泻及便秘。有的仔猪外观肥胖,生长发育快,在奔跑中突然死亡。

3.病理变化

病猪剖检可见肝脏发生脂肪变性、肿大,呈淡灰色,偶见出血点。

4.防制措施

增加哺乳仔猪外源性铁剂的供给,常用的铁制剂有右旋糖酐铁、葡萄糖铁钴注射液、山梨醇铁等。实践证明,葡萄糖铁钴注射液、牲血素(右旋糖酐铁)1～2 mL,肌肉深部注射,通常 1 次即愈,必要时隔 7 d 再半量注射 1 次。治疗时,以去除病因,补充铁剂,加强母猪饲养和管理为原则。

九、猪球虫病

猪球虫病(coccidiosis in swine)是由猪的艾美耳球虫和等孢球虫寄生于猪肠上皮细胞内

引起的一种原虫病。该病分布广泛,温暖潮湿季节易发生本病。主要危害仔猪,成年猪多为带虫者,特征是食欲减退、下痢和消瘦。

1. 病原

本病的病原主要有等孢球虫、粗糙艾美耳球虫、蠕孢艾美耳球虫、蒂氏艾美耳球虫、豚艾美耳球虫等,其中以猪等孢球虫的致病力最强,主要寄生在小肠。

球虫卵囊随猪粪便排出,在适宜的温度(20℃)和湿度等外界环境中,经 7～8 d 完成孢子生殖过程,形成具有感染性的孢子化卵囊。其污染猪的饲料和饮水,被猪经口吃入后,卵囊壁被消化液溶解,子孢子逸出,侵入肠上皮细胞内进行裂体生殖,形成许多裂殖体和裂殖子。裂体生殖进行到一定时期后,部分裂殖子侵入新的上皮细胞内,形成雌、雄配子体,其再分别发育成雌、雄配子,雌、雄配子结合形成合子,合子分泌物形成被膜,即成为卵囊。

2. 临床症状

病猪主要表现为食欲减退,下痢与便秘交替出现(粪内不带血液),逐渐消瘦,发育迟滞,有时死亡。一般患猪均能自行耐过,逐渐康复,但成为带虫者,可持续排出球虫卵囊而成为本病的传染源。下痢特别严重的病猪,粪便呈黄白色液状或糊状,偶尔可见血便,最终可能因严重脱水而死亡。

3. 病理变化

小肠有出血性炎,淋巴滤泡肿大突出,有白色和灰色的小病灶,常有 4～15 mm 的溃疡灶,其表面有凝乳样薄膜。肠内容物呈褐色,恶臭,有纤维素性薄膜和黏膜碎片。肠系膜淋巴结肿大。

4. 诊断

应结合临诊症状、流行病学、剖检病变和病原检查进行综合诊断。

5. 防制

常用防治球虫病的药物有以下几种。

①氨丙啉:每千克体重 25～40 mg,拌料或饮水喂服,连用 3～5 d。

②磺胺二甲嘧啶(SM2):每千克体重 0.1 g,内服,连用 3～5 d。如配合使用酞酰磺胺噻唑(PST)每千克体重 0.1 g 内服,效果更好。

③林可霉素:每天每头猪 1 g,混入饮水中饮用。并结合应用止泻、强心和补液等对症疗法。

◈职业能力训练

(一)病例分析

1 头母猪产仔 11 头,第 2 天 2 头仔猪发病,晚上死亡 1 头,第 3 天全窝仔猪均发病,死亡 3 头,第 4 天死亡 5 头,第 5 天全部死亡。几天后第 2 头母猪又产下 12 头仔猪,产后第 2 天又有 3 头仔猪发病死亡。灌服庆大霉素、恩诺沙星等药物,部分仔猪腹泻有些好转。病猪精神沉郁,排黄色稀粪,粪便中混有凝乳状小块,粪便带有腥臭味。

(二)诊断过程

1.问诊

深入现场,通过问诊、现场观察,获取猪场信息,并进行综合分析(表 2-4-2)。

表 2-4-2　问诊表

问诊内容	获取信息	综合分析
疾病的流行情况	①猪场发病时间、发病日龄、发病猪的数量; ②发病率、死亡率; ③疾病的初期症状、后期症状; ④疾病的治疗效果; ⑤附近及其他猪场的发病情况	①初生仔猪发病,发病率高,死亡率高; ②病程短; ③具有传染性; ④仔猪腹泻,使用部分抗生素有效; ⑤母猪无症状,产前未接种疫苗
过去的发病情况	本场、本地及邻近地区是否有类似疾病发生	
免疫接种及药物情况	①猪群免疫情况,免疫接种所用疫苗的厂家、种类、来源、运输及贮存方法; ②免疫接种时间及剂量; ③免疫前后有无使用抗生素及抗病毒药物; ④免疫后是否进行免疫抗体监测	

2.临床症状(表 2-4-3)

表 2-4-3　临床症状

临床症状	症状特点	提示疾病
病猪腹泻,粪便大多呈黄色水样,内含凝乳块,下痢严重的小母猪阴户呈红色,后肢被粪液污染,捕捉仔猪时,粪水从肛门流出,病猪精神沉郁,脱水,两眼凹陷,昏迷而死	排黄色水样稀粪	仔猪黄痢 猪传染性胃肠炎 猪流行性腹泻 猪轮状病毒感染

3.病理剖检(表 2-4-4)

表 2-4-4　病理剖检

剖检病理变化	剖检特征	提示疾病
病死猪被毛粗乱,消瘦,皮肤黏膜和肌肉苍白,颈部及腹下皮肤水肿。小肠黏膜呈急性卡他性炎症,十二指肠最明显,空肠、回肠次之。肠黏膜肿胀、充血,肠壁变薄,肠管松弛	小肠卡他性炎症	仔猪黄痢 猪传染性胃肠炎 猪流行性腹泻 猪轮状病毒感染

4.实验室诊断

(1)采集病料　①采集血液,分离血清。②采集小肠内容物,肝、脾、肾等内脏组织,用于涂片镜检。

(2)分离血清　将分离的血清用猪传染性胃肠炎、猪流行性腹泻、猪轮状病毒感染等抗原胶体金试剂卡检测,未发现种病毒抗原。

（3）镜检 以病料涂片,革兰氏染色后镜检,可见两端钝圆、中等大小、无芽孢的革兰氏阴性菌(图 2-4-2)。

（4）分离培养 取病料分别接种琼脂平板培养后,挑取菌落涂布于麦康凯琼脂上培养,可见培养基上形成直径 1～3 mm、边缘整齐、表面光滑的红色菌落。挑取麦康凯平板上的红色菌落接种三糖铁琼脂斜面进行生化试验鉴定和纯培养。在三糖铁琼脂斜面上生长,产酸,使斜面部分变黄,穿刺培养,于管底产酸产气,使底层变黄且混浊,不产生硫化氢。

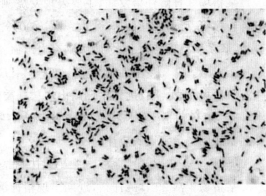

图 2-4-2 大肠杆菌病原形态

以上各项检测结果均符合大肠杆菌的特征,确诊为仔猪黄痢。

5.结论

仔猪黄痢。

(三)防制

参考仔猪黄痢、仔猪白痢,有条件的话,最好做药敏试验给予合理用药。

◆ 技能考核

结合上述病例,教师对学生进行哺乳仔猪腹泻疾病诊断过程填写技能考核表(表 2-4-5)。

表 2-4-5 技能考核表

序号	考核项目	考核内容	考核标准	参考分值
1	过程考核	操作态度	精力集中,积极主动,服从安排	10
2		协作意识	有合作精神,积极与小组成员配合,共同完成任务	10
3		实训准备	能认真查阅、收集资料,完成任务过程中积极主动	10
4		对哺乳仔猪疾病进行诊断	能结合流行病学、临床症状及剖检变化对哺乳仔猪疾病进行初步诊断	25
5		对哺乳仔猪腹泻类疾病进行鉴别	能结合流行病学、临床症状及剖检变化对哺乳仔猪腹泻类疾病进行鉴别	25
6	结果考核	操作结果综合判断	准确	10
7		工作记录和总结报告	有完成全部工作任务的工作记录,字迹整齐;总结报告结果正确,体会深刻,上交及时	10
合计				100

◈ **自测训练**

一、选择题

1.某猪场 3 日龄仔猪发病,主要表现发烧、呕吐、腹泻,排黄色水样稀粪,内含凝乳块,部分猪有神经症状、死前口吐白沫,死亡率高达 90%。剖检可见小肠黏膜充血、出血,胃出血、内有凝乳块,肠系膜淋巴结充血水肿,大脑充血出血。该猪场最可能发生的疾病是　　　（　　）

　　A.猪痢疾　　B.仔猪白痢　　C.仔猪红痢　　D.仔猪黄痢　　E.猪伪狂犬病

2.某猪场,部分 4 日龄仔猪逐渐出现精神委顿,食欲废绝,站立不稳,吮乳无力,皮肤冷湿,体温 36℃,可视黏膜淡红,脱水。剖检见胃内容物少,肝脏小而硬。同场其他猪舍同龄仔猪无类似症状病例。治疗该病应注射　　　（　　）

　　A.青霉素　　B.葡萄糖　　C.甘露醇　　D.维生素 E　　E.硫酸亚铁

3.某猪场 4 窝 20 日龄仔猪,近期出现精神沉郁、被毛粗乱、营养不良等症状。检查发现体温正常,可视黏膜苍白,血液稀薄色淡,红细胞和血红蛋白减少。最可能的诊断是　　（　　）

　　A.仔猪低血糖　　B.猪瘟　　C.感冒　　D.缺铁性贫血　　E.消化不良

4.仔猪缺铁性贫血最常发生在　　　（　　）

　　A.2～3 周龄　　B.5～6 周龄　　C.8～10 周龄　　D.1～3 日龄　　E.3～5 日龄

5.某猪场 3 日龄仔猪发病,主要表现发烧、呕吐、腹泻,排黄色水样稀粪,内含凝乳块,部分猪有神经症状、死前口吐白沫,死亡率高达 90%。剖检可见小肠黏膜充血、出血,胃出血、内有凝乳块,肠系膜淋巴结充血水肿,大脑充血出血。用于检测的最佳病料是　　（　　）

　　A.血液　　B.肛门拭子　　C.胃内容物　　D.大脑　　E.小肠前段内容物

6.某猪场,全群猪发病,母猪和育肥猪不能站立,在鼻盘部出现大小不一的水疱,初生仔猪发生死亡。最适于病原分离的样品是　　　（　　）

　　A.血液　　B.鼻液　　C.尿液　　D.水疱液　　E.乳汁或精液

二、分析题

病例 1:2012 年 3 月 11 日,某猪场连续有 6 头母猪共分娩产下 63 头仔猪,产后第 2 天即看见有 2 窝仔猪圈排有黄色粪便,其中 4 头肛门沾有黄色稀粪的患病仔猪吮乳较差,口服庆大、氟哌酸等药物后,仍有 1 头仔猪出现严重脱水、消瘦,死亡。剖检可见肠内容呈黄色,内有气体。肠系膜淋巴结出血。初步诊断什么病?

病例 2:某种猪场饲养哺乳仔猪 218 头,10 日龄后仔猪开始排黄色或灰色稀便,先后使用痢菌净、土霉素、诺氟沙星、环丙沙星、氟苯尼考等拌料、饮水或注射,均不见效。后改用抗病毒药物利巴韦林等也不见效果,以后全群陆续发病。断奶后,仔猪病情更加严重,死亡率达 6%～15%。剖检可见空肠和回肠充满灰色稀薄的水样粪便,肠腔膨胀、透明,黏膜出现纤维性坏死,但肠黏膜不出血,肠黏膜上常有异物覆盖。空肠、回肠绒毛萎缩、融合、滤泡增生和坏死性肠炎。

取病死仔猪心血,肝、脾等做涂片和触片后,经革兰氏染色后镜检,未发现细菌;无菌采取心血、肝、脾分别接种于普通琼脂、鲜血琼脂和麦康凯琼脂平板上,37℃培养 24 h 后,均未有细菌生长。

取病变部位肠内容物或新鲜粪便 10～20 g,加入 50 mL 饱和食盐水中,搅拌后静置 10 min,取上清液滴在载玻片上,在 400 倍显微镜下观察,视野里有许多圆形、花生米大小的卵囊,请问猪患什么病?

学习情境五　培育仔猪常见疾病的诊断与防制

◈学习目标

1. 熟悉培育仔猪常见疾病的种类。

2. 掌握培育仔猪发病的多种病原形态及这些疾病的流行病学、临床症状和病理变化,如猪圆环病毒感染、猪水肿病、猪链球菌病、猪副伤寒、猪渗出性皮炎、猪痘、猪支原体肺炎、猪传染性胸膜肺炎、副猪嗜血杆菌病、猪肺疫和猪附红细胞体病等。

3. 结合流行病学、临床症状及病理剖检变化,对以上培育仔猪常见疾病进行初步诊断和治疗。

◈案例分析

2012 年 9 月 26 日,北京某猪场,三栋保育舍存栏断奶仔猪 908 头左右,50～60 日龄开始发病。经统计,发病 256 头,死亡 47 头。剩余存活的猪,生长缓慢或停滞,治疗成本增加。

病猪表现精神沉郁,食欲减退,咳嗽,扎堆,体温升高到 40～41.5℃,毛长,瘦弱,严重者呼吸困难,呈明显腹式呼吸,耳鼻四肢末端皮肤呈蓝紫色,鼻孔流出泡沫样血色分泌物。

30 头猪剖检可见共同变化主要在肺和胸膜。胸膜、心包膜、膈肌等不同程度的纤维素粘连,很难分离。肺表面有一层黄色胶冻样物,肺间质增宽,内有黄色胶冻样物。初步诊断猪患什么病?

◈相关知识

规模化猪场,哺乳仔猪断奶后调入培育猪舍,在网上饲养 6 周左右下网,体重达 35 kg 左右的猪划分为培育仔猪。培育仔猪常见疾病有猪圆环病毒感染、猪水肿病、猪副伤寒、猪链球菌病、猪渗出性皮炎、猪痘、猪支原体肺炎、猪传染性胸膜肺炎、猪传染性萎缩性鼻炎、副猪嗜血杆菌病、猪肺疫和猪附红细胞体病等。

一、猪圆环病毒感染

猪圆环病毒感染(porcine circovirus infection,PCI)是由猪圆环病毒引起猪的一种新的传染病。主要感染 5～13 周龄的猪,其特征为体质下降、消瘦、腹泻和呼吸困难。

20 世纪 90 年代,人们在病猪及一些无明显临床症状猪体内检测到了一种猪小环状样病毒,该病毒与已知的由 PK-15 细胞培养污染而分离的圆环病毒不同(Tischer 等),具有致病性。有人建议将原来的圆环病毒命名为 PCV1,将新出现的与临床疾病相关的圆环病毒命名为 PCV2。1991 年在加拿大发现猪断奶后多系统衰弱综合征(PMWS),是由猪 2 型圆环病毒(PCV2)引起的。PCV1 无致病性,PCV2 可引起多种病症。

1.病原

本病的病原为猪圆环病毒(PCV),属于圆环病毒科、圆环病毒属。病毒粒子为二十面体对称结构,其直径大小为 17 nm,是已发现的动物病毒中最小的一种,含有单股负链环状DNA,无囊膜,不具凝血活性。PCV 对环境的抵抗力很强,可抵抗 pH 为 3.0 的环境,经氯仿作用或 56℃作用 30 min 不失活。

2.流行病学

PCV2 分布很广,猪群中血清阳性率高达 20%～80%。病毒可随粪便、鼻腔分泌物排出体外,通过消化道、呼吸道感染,也可经胎盘感染仔猪。本病多发在晚秋、冬季和早春。应激因素特别是寒冷、潮湿、不良的卫生条件、劣质饲料和其他疾病袭击等,均对疾病的严重程度和病死率有很大的影响。

本病主要感染断奶后的仔猪,一般集中发生于断奶后 2～3 周。哺乳仔猪很少发病。仔猪出生后母源抗体中的 PCV2 抗体在 8～9 周龄消失,但在 13～15 周龄又重新出现,表明这些小猪又重新感染了 PCV2。

PCV2 在猪群中存在的长期性,给本病的控制带来了极大的困难,特别是猪细小病毒病、猪繁殖与呼吸综合征、猪伪狂犬病、猪肺炎支原体、副猪嗜血杆菌、链球菌等混合感染促进了本病的发生和流行。混群、应激、高密度饲养及免疫刺激等因素可诱发仔猪发病。

3.PCV2 相关疾病

(1) 断奶仔猪多系统衰弱综合征(PMWS)

①临床症状。患猪表现为肌肉衰弱无力、下痢、呼吸困难,黄疸、贫血、生长发育不良,腹股沟淋巴结肿胀明显,发病率为 5%～30%,死亡率为 5%～40%,康复猪成为僵猪。

②病理变化。主要表现为淋巴结明显肿大,切面硬度增加,可见均匀的白色;肺炎,肺脏肿胀、坚硬或似橡皮;肝萎缩;脾、胸腺萎缩;肾肿大,被膜下有坏死灶;结肠水肿,黏膜充血或淤血,胃溃疡;不同程度的肌肉萎缩。

病理组织学检测见淋巴细胞减少、淋巴样组织中有单核细胞浸润。另见有间质性肺炎、不同程度的肝炎和间质性肾炎。此外,在有胃肠道病变的病例,胃食管部、小肠、结肠苍白、水肿及出现非出血性溃疡。组织学病变表现为绒毛萎缩、淋巴组织细胞浸润、腺上皮细胞脱落或再生。胰脏肉眼病变不明显,但在腺泡和管状上皮中也出现多灶性萎缩和再生,这常与淋巴组织细胞浸润有关。

(2)皮炎和肾病综合征(PDNS) 此病通常发生在 8～18 周龄的猪。有时与 PMWS 同时发生,发病率为 0.15%～2%,有时候达到 7%。皮肤出现红紫色病变斑块,在会阴部和四肢最明显,这些斑块有时会相互融合,在极少情况下皮肤病变会消失。病猪表现皮下水肿,食欲丧失,有时体温上升。通常病猪在 3 d 内死亡,有时可以维持 2～3 周。

病理组织学变化为出血性坏死性皮炎和动脉炎以及渗出性肾小球性肾炎和间质性肾炎,

并因而出现胸水和心包积液。

（3）繁殖障碍　　研究表明，PCV2 感染可以造成繁殖障碍，导致母猪返情率增加、产木乃伊胎、流产以及死产和产弱仔等。

（4）仔猪的先天性震颤　　症状的严重程度差异很大，从轻微震颤到不由自主跳跃，每窝感染猪的数量不等。出生后会吃乳的，一般经 3 周可以康复。不能吃乳的转归死亡。震颤在受到刺激时加重，在卧下和睡觉时震颤减轻或消失。

4.诊断

结合流行病学特点、临床症状和病理剖检，可对该病做出初步诊断，确诊主要靠实验室诊断。实验室诊断方法可分为抗体检测法和抗原检测法。

检测抗体的方法有间接免疫荧光、免疫组织化学法、胶体金检测、酶联免疫吸附试验和单克隆抗体法等。

检测抗原的方法主要有病毒分离鉴定、组织原位杂交和 PCR 方法等。

5.防制

对猪圆环病毒感染的综合防制主要应从以下几个方面着手。

①根据猪场情况，注射合格的猪圆环病毒疫苗。

②减少断奶仔猪应激，避免仔猪过早断奶和断奶后更换饲料，避免断奶后并窝并群，避免过早或多次注射疫苗，避免高密度饲养。

③强化猪场生物安全，即减少后备母猪的购进数量，加强猪舍环境消毒，实行全进全出制度。

④实施严格的防疫制度，对分娩舍应清理粪池和粪沟，彻底冲洗消毒；清洗母猪，并进行驱虫治疗；仔猪入栏时降低饲养密度；确保良好的通风和理想的温度；不混群，对于生长育成猪舍应小群饲喂，有实体隔墙；不同月龄的猪群分开饲养等。

⑤药物控制，在易感期内饲料中添加抗菌药物，如强力霉素、阿莫西林、泰乐菌素、磺胺类药物，对控制继发感染细菌病有良好的作用。

二、猪水肿病

猪水肿病（edema disease of swine）是由致病性大肠杆菌引起的断奶仔猪的一种急性、散发性肠毒血症，其特征为仔猪头部、胃壁水肿，共济失调和四肢麻痹。

1.病原

本病的病原为溶血性大肠杆菌。

2.流行病学

本病主要发生于断奶仔猪，且以体格健壮、生长快的仔猪最常见。本病春秋季常见，一般只限于个别猪群，不广泛传播。本病发病率不高，但病死率高，常出现内毒素中毒的休克症状而迅速死亡。

3.临床症状

断奶猪突然发病，表现精神沉郁，食欲下降甚至废绝，心跳加快，呼吸浅表，病猪四肢无力，共济失调。静卧时,肌肉震颤,不时抽搐,四肢划动如游泳状,触摸敏感,发出呻吟或鸣叫,后期转为麻痹死亡。整个病期体温不升高,同时在部分猪表现出特殊症状,眼睑和脸部水肿,有时波及颈部、腹部皮下,而有些猪体表没有水肿变化。该病病程为 1～2 d,个别可达 7 d 以上,病死率约为 90%。

4.病理变化

患猪眼睑水肿,头颈部皮下水肿,面部皮下和眼睑皮下有淡黄色胶冻样病变;肠系膜淋巴结水肿、出血;肠壁水肿、肿胀变厚且透亮,切面呈胶冻样;结肠系膜呈透明的胶冻样水肿,有时整个肠道严重出血;胃大弯和贲门部、胃底黏膜下有厚层透明(有时带血)的胶冻样水肿物浸润,胃底黏膜常有弥漫性出血,胃内充满凝乳块;全身淋巴结充血、水肿。脑膜充血、脑水肿。

5.诊断

根据本病多发生于断奶后肥胖健壮的仔猪,病猪眼睑水肿,叫声嘶哑,共济失调,渐进性麻痹,胃贲门、胃大弯及结肠系膜胶样水肿,淋巴结肿胀等特点,即可做出初步诊断。必要时从小肠内容物分离大肠杆菌,鉴定其血清型。

猪水肿病的神经症状与白肌病、猪伪狂犬病、李斯特菌病、巴氏杆菌病和链球菌病有些相似,其区别点如下。

①白肌病(Se-维生素 E 缺乏症):主要发生于仔猪,体质健壮者多发,突然发病,共济失调,但皮肤发白,骨骼肌呈鱼肉样或煮肉样,心内、外膜明显出血,呈桑葚样,故名桑葚心。心脏切面呈灰黄相间的虎斑样花纹。

②伪狂犬病:主要发生于未断奶的仔猪,有神经症状出现,表现有稽留热,胃及肠系膜没有水肿病变。

③李斯特菌病:也有共济失调,后肢不完全麻痹等症状,各年龄猪均可感染。病猪有体温升高现象,没有水肿现象,对外界刺激异常敏感,病死猪脑组织可分离到李斯特菌。

④急性巴氏杆菌病:在病猪的颈部也有水肿出现,但无神经症状,无结肠系膜水肿,体温升高,从病猪心血及肺组织可分离到巴氏杆菌。

⑤脑膜炎型链球菌病:呈脑炎症状,卧地不起,四肢呈游泳状,但没有眼睑与结肠系膜的水肿病变,有的病猪表现为败血性链球菌病及链球菌性关节炎等病型。

6.治疗

①肌肉注射强力水肿消注射液,每千克体重 0.5 mL。

②卡那霉素(25 万 IU/mL)2 mL,2.5%碳酸氢钠 30 mL、25%葡萄糖 40 mL,混合一次静脉注射,每日 2 次。

③配合利尿剂和盐类缓泻剂进行治疗,可收到一定效果。

7.防制

加强断奶前后的饲养管理,断奶时不要突然改变饲养条件和饲料,防止饲料单一和饲料中蛋白质含量过高。

发现病猪时,应立即调整饲料(喂量不超体重的 5%),降低能量和蛋白质饲料,适当添加维生素、矿物质和微量元素,特别应注意补硒。在饲料中添加阿莫西林、恩诺沙星、土霉素、新霉素等,也可添加磺胺类药物进行预防。断奶或应激时注射长效抗菌药对预防本病有很好效果。

三、猪副伤寒

猪副伤寒(swine paraty phoid)又称猪沙门氏菌病,是由沙门氏菌属不同菌株引起仔猪的一种传染病。急性型表现为败血症。亚急性型和慢性型以顽固性腹泻和回肠、大肠发生弥漫性坏死性肠炎为特征。

1.病原

本病的病原为沙门氏菌,是革兰氏染色阴性、两端钝圆的卵圆形小杆菌。除引起鸡伤寒的鸡沙门氏菌外,其余都有鞭毛。引起猪沙门氏菌病的血清型相当复杂,主要有猪霍乱沙门氏菌和猪伤寒沙门氏菌。本菌对化学消毒剂的抵抗力不强,常用的消毒药均能将其杀死。

2.流行病学

本病常发生于 6 月龄以下的猪。1~4 月龄的猪发病最多,一般呈散发性。病猪和带菌猪是主要的传染源,通过被污染的水源、饲料经消化道传播给易感猪。本病一年四季均可发生。但在多雨、潮湿的季节发病较多。

3.临床症状

(1)急性型 多见于断奶前后的仔猪,体温高达 41~42℃,精神不振,呼吸困难,腹泻,耳和四肢末端皮肤发绀。病死率较高。

(2)亚急性型和慢性型 病猪逐渐消瘦,眼有脓性分泌物。长期腹泻,排出灰白色或黄绿色、带恶臭的水样粪便,其中混有大量坏死组织碎片或纤维素性分泌物。皮肤有痂状湿疹。病程持续可达数周,或死亡或成为僵猪。

4.病理变化

(1)急性型 病猪耳、胸下、腹下皮肤有蓝紫斑点。全身浆膜与黏膜以及各内脏有不同程度的点状出血。全身淋巴结肿大、出血,尤其是肠系膜淋巴结索状肿大。脾脏肿大,呈蓝紫色,硬度似橡皮,被膜上可见散在出血点。肝肿大、充血、出血,有时肝实质可见针尖至小米粒大黄灰色坏死点。肾皮质可见出血斑点。心包和心内、外膜有点状出血。肺常见淤血和水肿,小叶间质增宽,气管内有白色泡沫。卡他性胃炎及肠黏膜充血和出血。

(2)亚急性型和慢性型 主要表现为盲肠、结肠坏死性炎症,肠壁增厚,表面覆一层糠麸样的伪膜,有的形成圆形或椭圆形溃疡,严重者肠系膜淋巴结、肝门淋巴结、腹股沟淋巴结等明显肿大、出血、呈现髓样增生,有时形成灰黄色或干酪样坏死灶。肝脏呈不同程度的淤血和变性,有许多针尖大至粟粒大的黄白色坏死点。胆囊充盈、肿胀,个别见有胆囊黏膜坏死。脾脏肿大,被膜有散在的小点状出血和坏死。肺间质水肿、增宽,呈支气管肺炎变化。肾有灰白色坏死灶。慢性型的猪,有的关节肿胀,关节内有淡黄色积液。

5.诊断

亚急性型和慢性型病例,根据临床症状、病理变化等特征病变可做出初步诊断。急性型极易与败血型猪瘟混淆,应通过细菌培养鉴别。沙门氏菌在伊红美蓝培养基上为无色菌落,在三糖铁培养基上为上红、下黄、底部黑色的条带。确诊需进行血清型鉴定。

6.防制

①加强饲养管理,消除发病诱因,保持饲料和饮水的清洁卫生等。在本病常发地区和猪场,对仔猪应坚持菌苗接种。目前国内猪副伤寒弱毒冻干苗,用于1月龄以上哺乳或断奶仔猪,口服或注射接种,能有效地预防猪副伤寒的发生和流行。但使用该菌苗时应注意,抗生素对本菌苗的免疫力有影响,在用苗的前3 d和用苗后7 d应停止使用抗菌药物。

②本病常发猪场,应在饲料或饮水中定期添加敏感抗生素(如环丙沙星)进行预防。

③发现本病时应立即进行隔离消毒。治疗应与改善饲养管理同时进行,用药剂量要足,维持时间要长。常用抗生素药物有强力霉素、盐酸土霉素、新霉素或氟哌酸等。剂量为土霉素每日每千克体重50～100 mg,新霉素每日每千克体重5～15 mg,分2～3次口服,连用3～5 d后,剂量减半,继续用药4～7 d。还可选择磺胺类药物进行治疗。使用前最好进行药敏试验,选择敏感药物。

四、猪链球菌病

猪链球菌病(swine streptococosis)是由链球菌引起的不同临床类型传染病的总称。其特征是急性病例表现为出血性败血症和脑炎、化脓性淋巴结炎;慢性病例表现为关节炎、心内膜炎及组织化脓性炎。

1.病原

本病的病原为链球菌,是球形菌,直径0.5～1.0 μm,呈单个、成双和短链排列,链的长短不一,短者仅由48个菌体组成,长者数十个甚至上百个,在液体培养物中可见长链排列。本菌革兰氏阳性,有的可形成荚膜,不形成芽孢。多数无鞭毛,只有D群某些链球菌有鞭毛。

本菌为需氧或兼性厌氧,少数为专性厌氧菌。致病性链球菌对培养条件要求较严格。在培养基中加入血清、血液才能良好生长,最适pH为7.4～7.6。血清琼脂平板中37℃培养24 h后,形成灰白色、圆形、透明、闪光、中央隆起、表面光滑的露珠状小菌落。在明胶内穿刺,沿穿刺线形成一串细小珠状生长物。

链球菌按其对鲜血琼脂中红细胞的作用,可分为3种。

溶血性链球菌:又称β群,致病性的链球菌多属此群。溶血性链球菌产生可溶性溶血素,溶解红细胞,析出血红蛋白,在菌落周围有宽2～4 mm透明的溶血环,用低倍镜观察溶血环内已无完整的红细胞。

草绿色链球菌:又称α群。致病力一般较弱,引起局部化脓性炎症。在菌落周围有草绿色溶血环,宽1～2 mm,低倍镜下可见红细胞大部分未被溶解,呈不完全溶血。

不溶血链球菌:又称γ群。寄生于动物黏膜,一般认为无致病力或致病力不强。在菌落周围无溶血环。

据兰氏血清学分类法,将链球菌分成A、B、C、D、E、F、G、H、K、L、M、N、O、P、Q、R、S、T、U、V 20个血清群。A群主要对人类致病,如猩红热、扁桃体炎及各种炎症和败血症。引起猪链球菌病的主要是C群、D群和E群。

2. 流行病学

各种年龄的猪都有易感性,断奶前后仔猪以及 30～50 kg 阶段猪多发,败血症型、脑膜炎型多见于仔猪,而淋巴结炎型多见于中猪。

病猪、临床康复猪和健康猪均可带菌而成为传染源。经呼吸道和消化道传染,病猪与健康猪接触,或由病猪排泄物(尿、粪、唾液等)污染饲料、饮水、用具等引起猪只大批发病。伤口是重要传播途径,新生仔猪可通过脐带感染,阉割时消毒不严,常造成本病发生。

本病流行无明显季节性,但在空气湿度较大的季节多发。一般呈地方流行性,本病传入之后,往往在猪群中陆续出现。

3. 临床症状

(1)败血症型 在流行初期常有最急性病例,往往病猪前 1 天晚上未见任何症状,次晨已死亡;或者停食一两顿,体温 41.5～42℃ 以上,精神委顿,腹下有紫红斑,易出现死亡。急性型病例,常见病猪精神沉郁,体温 41℃ 左右,呈稽留热,减食或不食,眼结膜潮红,流泪,有浆液性鼻液,呼吸浅而快。少数病猪在病的后期,于耳、四肢下端、腹下有紫红色或出血性红斑。有的病猪跛行,病程 2～4 d。

(2)脑膜炎型 多见于仔猪,病初体温升高,不食,便秘,有浆液性或黏液性鼻液。继而出现神经症状,运动失调,转圈,空嚼,磨牙或突然倒地,口吐白沫,四肢呈游泳状划动,甚至昏迷不醒。

(3)化脓性淋巴结炎型 多见于下颌淋巴结,其次是咽部淋巴结和颈部淋巴结。受害淋巴结肿胀,坚硬,有热痛,可影响采食、咀嚼、吞咽和呼吸,有的咳嗽,流鼻液。待化脓成熟,肿胀中央变软,便形成绿色、黏稠、无臭味的浓汁。该病型不引起死亡。

(4)关节炎型 由前两型转来,或者从发病起即呈关节炎症状,表现一肢或几肢关节肿胀,疼痛,跛行,甚至不能站立,病程 2～3 周。

此外,链球菌还可引起猪的脓肿、子宫炎、乳房炎、咽喉炎、心内膜炎及皮炎等。

4. 病理变化

(1)急性败血型 以出血性败血症病变和浆膜炎为主,血液凝固不良,皮肤呈弥漫性潮红和紫斑。全身淋巴结不同程度的肿大、充血和出血。胸腹腔液体增多,含纤维素性渗出物。心包积液,淡黄色,有时可见纤维素性心包炎。心内膜有出血斑点,心肌呈煮肉样。脾明显肿大,呈暗红色或蓝紫色,少数病例可见脾边缘有黑红色出血性梗死灶。肺充血肿胀,喉头、气管充血,内含大量泡沫。肝肿大,胆囊水肿、囊壁增厚。胃、肾和脑膜有不同程度的充血,偶有出血。

(2)脑膜脑炎型 脑膜充血、出血,脑脊髓液混浊、增量,有多量的嗜中性粒细胞,脑实质有化脓性脑炎变化。其他病变类似败血性链球菌病。

(3)关节炎型 关节囊内有黄色胶冻样液体或黄白色黏稠的脓性物。

心内膜炎病例,心瓣膜增厚,表面粗糙,常在二尖瓣或三尖瓣有菜花样赘生物。

5. 诊断

淋巴结炎型,症状单一而较特殊,容易做出初步诊断。其他各型症状和病变复杂,无明显特征,容易与其他疾病混淆,需进行实验室检查才能确诊。实验室检查采取病料涂片、染色镜检;将病料接种于血液琼脂培养基进行病菌的分离培养;并进行生化鉴定及动物接种。

败血症型链球菌病易与急性猪丹毒、猪瘟相混淆,脑膜脑炎型易与李氏杆菌病相混淆,应注意区别。

(1)急性猪丹毒 死于链球菌病的猪,其脾脏显著肿大,并常伴发纤维素性脾被膜炎,多因严重出血而呈黑红色;而猪丹毒的脾脏虽然也肿大,但常因充血而呈樱桃红色,罕有发生纤维素性脾被膜炎和严重的出血者。采取脾、肾、血液涂片,染色镜检,可见到革兰氏阳性,呈紫色小杆菌。

(2)猪瘟 猪瘟病猪的皮肤上有密集的小出血点或出血斑块,有化脓性结膜炎,脾脏不肿大,常于脾脏的边缘见到出血性梗死灶,病猪多无关节炎病,病程较长,各种治疗无效;而猪链球菌病的皮肤呈紫红色并有淤血斑和少量出血点,脾脏明显肿大,呈紫红色,边缘少见有出血性梗死灶,病猪常伴发不同程度的关节炎(尤以四肢多见),用抗生素治疗有效。

(3)李氏杆菌病 两病在临床上都出现明显的神经症状,但李氏杆菌病性脑炎的炎性细胞是以单核细胞为主,病变部位主要在脑干,特别是脑桥、延髓和脊髓变软,有小的化脓灶。镜检见脑软膜、脑干后部,特别是脑桥、延髓和脊髓的血管充血,血管周围有以单核细胞为主的细胞浸润,或发生弥漫性细胞浸润和细微的化脓灶。而链球菌病是以中性粒细胞浸润为主,多形成化脓性脑膜炎,病变多位于大脑的浅层。

6.防制

(1)治疗 将病猪隔离,按不同病型进行相应治疗。患淋巴结炎时,待脓肿成熟变软后,及时切开,排除脓汁,用3%双氧水或0.1%高锰酸钾冲洗后,涂以碘酊,或用利凡诺儿纱布条引流。

对败血症型及脑膜炎型,早期大剂量使用抗菌药物有一定疗效。如青霉素、庆大霉素、氟喹诺酮类、磺胺类药、氟苯尼考、四环素、头孢噻肟、头孢曲松钠等。重症病猪最好静脉给药,配合应用皮质激素注射疗效较好。

据报道,乙基环丙沙星对猪链球菌也有很好的治疗作用。每千克体重用2.5～10.0 mg,每12 h注射1次,连用3 d,能迅速改善病情,且疗效常优于青霉素。

(2)预防

①防止创伤的发生和创口的感染:清除猪舍中的尖锐物,新生仔猪应无菌结扎脐带,并用碘酒消毒。

② 免疫预防:目前常用的疫苗有猪链球菌灭活苗和猪链球菌弱毒疫苗(如ST171)。参考免疫程序:母猪产前14～21 d,3～5 mL/头,断奶后仔培猪3～5 mL/头。另外,使用本场分离菌株制备的链球菌灭活苗也能起到很好的预防保护效果。

五、猪渗出性皮炎

猪渗出性皮炎(exudative epidermitis of pigs)又称"油性皮脂漏"、"猪接触传染性脓疮病"及"油皮病"等,是由猪葡萄球菌引起的哺乳仔猪或早期断乳仔猪的一种急性致死性浅表脓性皮炎。

1.病原

本病的病原是猪葡萄球菌,为革兰氏阳性球菌,在绵羊血琼脂上形成白色、不溶血的菌落。本菌分为有毒力型和无毒力型。有毒力型的菌株,主要是产生表皮脱落毒素,引起仔猪致病。本菌对结晶紫、青霉素、卡那霉素、红霉素、金霉素等高度敏感,对氯霉素、磺胺类不敏感。猪葡萄球菌抵抗力强,在外界环境中存活时间长。

2.流行病学

本病在哺乳仔猪中零星发生。在初产青年母猪的仔猪和断奶仔猪当中会造成很大的损失,呈散发,发病率和死亡率均低,偶然流行达 90%。本病主要是由皮肤擦伤引起的。

3.临床症状

(1)急性型 多发生于乳猪和仔培猪。于眼周、耳、吻突、唇扩延到四肢、胸腹下部和肛门周围的无毛或少毛部位,出现红斑和结痂,或角化层的灶状糜烂,继而出现淡黄色小水疱,并在被毛基部蓄积黄褐色渗出液。靠近毛囊口处发生环绕有充血带的小丘疹,病变通常在 24～48 h 变为全身化。当水疱破裂后,其内的渗出液与皮屑、皮脂及污垢等混合。此时,病猪全身体表被覆特征性、厚层黄褐色油脂样恶臭渗出物(图 2-5-1,参见彩插);当这些物质干燥后,则形成微棕色鳞片状结痂,其下面的皮肤显示鲜明的红斑。有些患猪还呈现溃疡性口炎;四肢发生严重的渗出性表皮炎时,常可累及蹄部,此时蹄底部发现溃疡(2-5-2,参见彩插)。

图 2-5-1 皮肤表面有一层棕色油腻并有臭味的痂

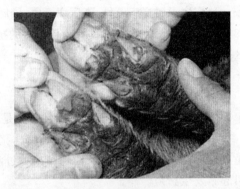

图 2-5-2 蹄底溃疡形成

(2)亚急性型 病变常局限于鼻、吻突、耳、四肢及背部。受损皮肤显著增厚,形成灰褐色形状不整的红斑和结痂;当病变全身化时,有明显鳞屑脱落。

另外,本病也发生于育成猪或母猪(多见于乳房部),通常在耳郭及背部见有污秽不洁的渗出性黑褐色结痂;病情较重、病变发展时,则形成红斑和溃疡;当继发感染后,常形成脓皮病而使病情加重。

4.病理变化

(1)早期 皮肤变红,有清亮的渗出物,腹部皮肤轻刮即可剥离。

(2)晚期 猪皮肤表面有层厚的、棕色、油腻并有臭味的痂。

(3)恢复期 皮肤结痂,死亡猪脱水、消瘦、外周淋巴结水肿。

5.诊断

依据临床症状和病理变化即可做出诊断。确诊需对患处、感染组织进行细菌分离鉴定。

易与猪渗出性皮炎混淆的疾病有螨虫(搔痒,脱毛,显微镜下可找到螨虫)、癣(扩散性的表层病变,可分离到真菌)、玫瑰糠疹(病变在形成堤状边缘和痂垢之下向周围扩展,而中央痊愈,形成一种地图状不像玫瑰样环状扩散,不致死,病变部含有脂质)、缺锌症(断奶猪有对称的干燥病变)等,应注意鉴别诊断。

6.防制

①改善卫生状况,减少擦伤。

②可选用青霉素、氨苄青霉素、阿莫西林、壮观霉素、林可霉素、头孢拉定等进行注射治疗，连用 5 d；或根据药敏试验结果选用高敏药物进行治疗；于病变处皮肤涂擦抗生素，如红霉素、金霉素或结晶紫溶液等也有很好的效果。

③患猪出现严重脱水时，需口服补液盐补液。

六、猪痘

猪痘(swine pox)是养猪业发达地区常见的病毒性传染病。多发生于夏季，常在冬季开始后停息。主要感染幼龄猪，特别是乳猪。在猪的腹下部和前后肢内侧出现痘变，偶见于背侧和腹侧。

1.病原

猪痘是由形态结构相似的 2 种病毒引起的。一种是痘苗病毒，大多是由痘苗接种的人群传播给猪的；另一种是真正的猪痘病毒。这 2 种病毒的抗原性不同，但引起的病变相似。

猪痘病毒属痘病毒科、猪痘病毒属，该属只有猪痘病毒。病毒粒子呈砖形，大小约 300 nm×250 nm×200 nm。该病毒具有比较独特的抗原性。应用康复猪做交叉保护试验，可与痘苗病毒区别。

2.流行病学

猪是猪痘病毒的唯一自然感染宿主。幼猪最为敏感，发病率可达30％～50％以上，但死亡率很低，一般不超过 1％～3％，而且大多是因发生并发症而死亡。

猪虱是猪群间本病传播的主要媒介，猪痘病毒在猪虱体内可存活达 1 年之久。其他吸血昆虫也可能具有散播本病的作用。接种过痘苗病毒的人也可将该病毒经吸血昆虫传染给猪，引起猪发生猪痘。

3.临床症状

本病的潜伏期为5～7 d。病初猪体温略有升高，随后在下腹部或腿内侧出现小的红斑，红斑迅速增大变成丘疹、水疱和脓疱，脓疱中心凹陷呈脐状，并最后干涸成痂皮。整个病程为10～14 d。取病变部位做切片检查，可见上皮增生，感染细胞浆内含有嗜碱性和嗜酸性包涵体。细胞核可能发生典型的空泡化。有时病变不呈典型经过，可于红斑或丘疹上直接覆盖痂皮。

4.诊断

依据临床症状和流行情况，一般可以确诊。进一步确诊时可用痘疹制作涂片，经 HE 染色后在镜下于变性坏死的上皮或巨噬细胞的胞浆中检出嗜酸性包涵体即可确诊。必要时可进行病毒的分离与鉴定。

5.防制

本病目前尚无疫苗，但康复猪可获得坚强的免疫力。发现病猪要及时隔离治疗，仔猪可用康复猪血清或痊愈猪血治疗。皮肤局部可涂布抗菌药物，防止继发感染。对病猪污染的环境及用具要彻底消毒，垫草焚毁，对猪群要加强饲养管理，搞好卫生，彻底消灭猪血虱、蚊子和蝇等。新购入的猪应隔离观察1～2周，防止带入传染源。

七、猪支原体肺炎

猪支原体肺炎(swine mycoplasmal pneumonia)又称猪地方性流行性肺炎(swine enzootic pneumonia)，俗称猪气喘病，是猪的一种高度接触性、慢性呼吸道传染病。本病分布于世界各地，发病率高，死亡率低，临床主要症状为咳嗽和气喘，病猪生长缓慢。

1.病原

本病的病原为猪肺炎支原体，具有多形性，其中常见的有球状、球杆状和杆状等。菌落小，通常凸起，表面为颗粒状，较老的菌落产生稍为凹陷的中心，呈油煎蛋状。

该病原对外界抵抗力低。1％的苛性钠、20％的草木灰等常用消毒药均可在数分钟内将其灭活。病原菌寄居于猪的呼吸道。

2.流行病学

本病仅见于猪。不同年龄、性别和品种的猪均能感染，以哺乳仔猪最易发病，其次是妊娠后期和哺乳期的母猪，成年猪呈隐性感染。本病无明显的季节性，但在寒冷、多雨、潮湿或气候骤变时较为多见。新疫区多呈暴发性流行，病势剧烈，传染迅速，发病率和死亡率都比较高，且多为急性经过，而老疫区多为慢性经过。如有猪繁殖与呼吸综合征病毒及巴氏杆菌、链球菌、支气管败血波氏杆菌等继发感染，将造成严重的损失。饲养管理和卫生条件是影响本病发生和发展的主要因素，尤以饲料质量、猪舍（拥挤、阴暗潮湿、寒冷、通风不良）和环境突变等影响较大，能诱发本病。

3.临床症状

本病的主要临床症状为咳嗽和气喘。根据病程经过，可分为急性型、慢性型和隐性型3种类型。

（1）急性型 比较少见。当病原菌首次传入易感猪群时，很可能会严重暴发急性型。所有年龄的猪均易感，发病率可达100％。伴有特征性发热或不发热的急性呼吸困难。持续时间约为3个月，然后转为较常见的慢性型。

（2）慢性型 很常见。小猪多在3～10周龄时出现第一批病状，潜伏期10～16 d。反复明显干咳和频咳是本型的特征，在早晨饲喂和剧烈运动后咳嗽特别严重，严重病例表现呼吸高度困难。病猪一般食欲正常，但生长发育不良。在外表康复之后，当猪达到16周龄时可能复发或"第二次暴发"。一些患慢性型疾病的猪由于巴氏杆菌或其他微生物的继发侵入可能发生急性肺炎。

（3）隐性型 较常见。病猪没有明显症状，有时发生轻咳，全身状况良好，生长发育几乎正常。

4.病理变化

特征病变是肺脏尖叶、心叶和膈叶下缘呈对称性肉变或胰样变（图 2-5-3），与正常肺组织界限明显，支气管和纵隔淋巴结明显肿大。在急性病例可见肺严重水肿和充血以及支气管内有带泡沫的渗出物。当继发感染时，常见胸膜炎和心包炎。

图 2-5-3 肺脏尖叶、心叶和膈叶下缘呈对称性肉变

5.诊断

根据肺呈对称性肉样或胰样病变，临床上以慢性干咳、生长发育迟缓、死亡率低、反复发作等可做出诊断。X线检查有重要的诊断价值，实验室检测抗体常用 ELISA 方法或微粒凝集试

验,检测抗原可用 PCR 检测。在鉴别诊断上,应与猪流行性感冒、猪肺疫区别。猪流行性感冒突然暴发,传播迅速,体温升高,病程较短,流行期短。猪支原体肺炎体温不升高,病程较长,传播较缓慢。与猪肺疫鉴别,可根据细菌分离培养来区分。

6. 防制

①无病猪场坚持自繁自养,对新引进的猪只应隔离观察。对有本病的猪场,可利用康复母猪培育无本病的后代,建立健康猪群。加强饲养卫生管理,避免各种应激反应的发生。

②药物治疗的关键是早期用药。常用支原净、盐酸土霉素、泰乐菌素、硫酸卡那霉素、洁霉素、土霉素碱等药物,大剂量连续用药 5～7 d,均有较好的治疗效果。

③对病猪治疗用猪支原体肺炎灭活疫苗肌肉注射,乳猪:7～10 日龄时接种 2 mL,2～3 周后加强接种 1 次。育肥猪:入栏时接种 2 mL,2～3 周后加强接种 1 次。种猪:易感猪或免疫状况不明的猪应接种 2 次,间隔 2～3 周。首次接种应在 6 月龄时进行,以后每半年加强接种1 次。

八、猪传染性胸膜肺炎

猪传染性胸膜肺炎(porcine infectious pleuropneumonia,PIP)是由胸膜肺炎放线杆菌引起的猪呼吸系统的一种严重的接触性传染病。本病以急性出血性胸膜肺炎和慢性纤维素性坏死性胸膜肺炎为特征。目前本病分布在全世界所有养猪国家,给工厂化养猪业造成巨大的经济损失,在国际上被公认为是危害现代养猪业的重要传染病之一。

1. 病原

本病的病原为胸膜肺炎放线杆菌(actinoba-cillus pleuropneumonia,APP),为革兰氏阴性小球杆菌,并具有多型性,菌体表面有荚膜。在巧克力琼脂培养基上培养 24～48 h,形成不透明的淡灰色菌落,直径 1～2 mm。根据培养时对NAD(烟酰胺腺嘌呤二核苷酸)的依赖性可将APP 分为生物 I 型和生物 II 型,其中生物 I 型为 NAD 依赖菌株,对猪具有致病性。根据荚膜抗原与细菌脂多糖的不同又将生物 I 型分为 12个血清型,其中血清 5 型又分 5A 和 5B 两个亚型。不同血清型之间的毒力有差异,其中 1 型最强。我国主要以血清 7 型为主,2、3、5、8 型也存在。本菌抵抗力不强,易被一般消毒药杀灭,但对洁霉素、壮观霉素有一定的抵抗力。

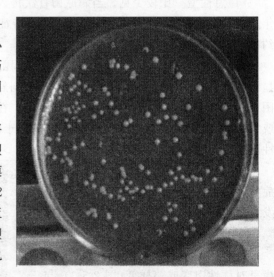

图 2-5-4 在巧克力培养基上的胸膜肺炎放线杆菌菌落

2. 流行病学

本病各种年龄的猪均易感。病猪和带菌猪是本病的传染源。病菌主要从鼻腔排出后形成飞沫,经呼吸道传播,拥挤和通风不良可加速传播。种公猪在本病的传播中也起主要作用。

本病具有明显的季节性,一般多发生于春季和秋季。饲养环境突然改变、密集饲养、通风不良、气候突变及长途运输等诱因可引起本病发生,因此又称"运输病"。

3.临床症状

本病根据病程经过可分为最急性型、急性型、亚急性型和慢性型。

(1)最急性型 病猪突然发病,体温41.5℃以上,精神沉郁,食欲不振。有明显的呼吸症状,从口鼻流出泡沫样淡血色的分泌物,可于24～36 h死亡,个别猪死前见不到症状,病死率高达80%～100%。

(2)急性型 病猪体温41.5℃以上,拒食,呼吸困难,有的张嘴呼吸,咳嗽,由于饲养管理及气候条件的影响,病程长短不定,可能转为亚急性型或慢性型。

(3)亚急性型和慢性型 病猪很少发热或体温正常,有不同程度的一过性或间歇性咳嗽,生长迟缓。慢性感染猪群中,如果和其他呼吸道疾病混合感染,可使症状加重。

首次暴发本病,可见到流产,个别猪可发生关节炎、心内膜炎。死后剖检见肺脏和胸腔有特征性的纤维素性、坏死性、出血性胸膜肺炎病变,可做出初步诊断。确诊需进行细菌学检查。

4.病理变化

本病主要病变为肺炎和胸膜炎,80%病例胸膜表面有广泛性纤维素性沉积,胸腔液增多,呈红褐色,内含较多的纤维素性渗出物及凝块,肺广泛性充血、出血、水肿和肝变。气管和支气管腔内有大量的血色液体和纤维素凝块。有的猪腹腔和关节腔有纤维素沉着。

(1)最急性型 气管、支气管腔内充满血色泡沫状液体,胸腔和心包腔充满浆液性或血色渗出物,气管黏膜水肿、出血、变厚;肺炎多为两侧性,肺充血、出血、水肿,后期肺炎病灶变硬呈肝样变。

(2)急性型 纤维素性出血性及纤维素性坏死性支气管肺炎变化。病变区有纤维素渗出、坏死和不规则的出血,肺间质增宽。纤维素性胸膜肺炎蔓延整个肺脏使肺和胸膜粘连。肺有小豆大至鸡蛋大的界限明显的坏死和脓肿。常伴发心包炎,肝脾肿大,色变暗,有的腹腔出现大量纤维素性渗出物。

(3)亚急性和慢性型 可见肝样变的肺炎区,表面有结缔组织化的粘连附着物,肺炎病灶呈硬化或坏死性病灶并与胸膜粘连。

病理组织学变化:最急性病例肺炎区肺泡充满炎性水肿液或纤维蛋白和红细胞;在急性病例肺泡和支气管腔内充满纤维蛋白和嗜中性粒细胞或纤维蛋白被成纤维细胞所机化。

5.诊断

本病发生突然与传播迅速,伴发高热和严重呼吸困难,早期会发现个别猪死前从口鼻流出带血性的泡沫样分泌物,死亡率高。死后剖检见肺脏和胸膜有特征性的纤维素性胸膜肺炎、纤维素性胸膜炎,以此可做出诊断。确诊需要进行细菌检查、血清学和分子生物学诊断。

在鉴别诊断时,应注意与猪肺疫、猪支原体肺炎等相区别。

(1)猪肺疫 本病与猪肺疫的症状和肺部病变都相似,较难区别,但急性猪肺疫常见咽肿胀,皮肤、皮下组织、浆膜和黏膜以及淋巴结有出血点,而猪接触传染性胸膜肺炎的病灶局限于肺和胸腔。猪肺疫的病原体为两极着染的巴氏杆菌,而猪接触传染性胸膜肺炎的病原体为球杆状或多形态的胸膜肺炎放线杆菌。

(2)猪支原体肺炎 本病与猪支原体肺炎的症状有些相似,但猪支原体肺炎的体温不高,病程长,肺变对称,呈胰样或肉样变,病灶周围无结缔组织包裹,而有增生性支气管炎变化。

6.防制

①搞好猪舍的日常环境卫生,加强饲养管理,减少各种应激因素。

②对无本病的猪场,在引进猪前应进行隔离检疫,防止引进阳性猪。坚持抗体检测,淘汰阳性猪,建立净化猪群。

③用从当地分离的菌株制备灭活苗,对母猪进行免疫接种能有效控制胸膜肺炎的发生。

④饲料中添加支原净、强力霉素、氟甲砜霉素或北里霉素,连续用药 5~7 d,有较好的疗效。有条件的最好做药敏试验,选择敏感药物进行治疗。抗生素治疗尽管在临床上取得一定成功,但并不能在猪群中消灭感染。

九、猪传染性萎缩性鼻炎

猪传染性萎缩性鼻炎(swine infectious atrophic rhinitis,AR)是由支气管败血波氏杆菌和产毒素多杀性巴氏杆菌引起的猪慢性呼吸道传染病。以鼻炎、鼻中隔扭曲、鼻甲骨萎缩、生长迟滞等为主要特征。患猪生长性能、饲料利用率、机体抗病力均下降,给集约化养猪造成巨大的经济损失。

1. 病原

本病的病原为支气管败血波氏杆菌和产毒素多杀性巴氏杆菌。单独感染支气管败血波氏杆菌可引起较温和的非进行性鼻甲骨萎缩,一般无明显鼻甲骨病变;感染支气管败血波氏杆菌和非产毒素多杀性巴氏杆菌,有不同程度的鼻甲骨萎缩;感染支气管败血波氏杆菌后再感染产毒素多杀性巴氏杆菌时,则常引起严重的鼻甲骨萎缩。此外,营养缺乏、拥挤、过冷、过热、通风不良、空气污浊、长期饲喂粉料,甚至遗传因素等均可促进本病发生。其他如绿脓杆菌、放线菌、猪细胞巨化病毒、疱疹病毒也参与致病时,使病变加重。

支气管败血波氏杆菌为革兰氏阴性的小球杆菌,两极浓染,常呈散在或成对排列,偶见有短链,有周身鞭毛,有的有荚膜。本菌为需氧菌,培养基中加入血液可助其生长,呈 β 溶血。在葡萄糖中性红琼脂平板上,菌落中等大小,呈透明烟灰色。

本菌对外界抵抗力不强,一般消毒剂如 1%~2%苛性钠溶液、5%石灰乳溶液、1%漂白粉溶液等,均可将其杀死。

2. 流行病学

各种年龄的猪均可感染,发病率随年龄增长而下降。1 月龄内感染,常在数周后发生鼻炎,并引起鼻甲骨萎缩。断奶后感染,一般不表现症状,只产生轻微病变,有的只有组织学变化,成为隐性带菌猪。

病猪和带菌猪为本病的传染源。其他动物如犬、猫、家畜(禽)、兔、鼠、狐及人均可带菌,甚至引起鼻炎、支气管炎等,因此也可成为传染源。本病主要是通过飞沫或与带菌母猪接触经呼吸道感染,再通过水平传播扩大感染。

本病在猪群传播缓慢,多为散发或地方性流行。

3. 临床症状

本病开始出现症状时,多见于断奶以后的仔猪。表现鼻炎症状,流浆液性或黏液脓性鼻液,不断擦鼻,打喷嚏,喷嚏之后,流出少量清液或黏液脓性鼻液。有些病猪由于强力喷嚏,损伤鼻黏膜浅表血管,而发生不同程度鼻衄。由于鼻黏膜肿胀及分泌物过多,常造成鼻塞,病猪表现吸气性呼吸困难,并发出鼾声。在发生鼻炎的同时,由于鼻泪管阻塞,眼角流泪,在眼眶下皮肤出现半月形的湿润区,沾上尘土后变成黄色、灰色或黑色斑块,称为泪斑。一些猪只若病情不再继续发展,上述症状数周后消失。若病情继续发展,则出现鼻甲骨萎缩变化,两侧鼻甲

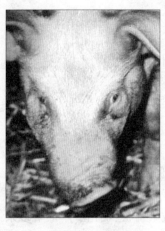

图 2-5-5　歪鼻子

骨同时萎缩,外观鼻短缩,向上翘起,形成短鼻猪;上下颌咬合不全,由于皮肤和皮下组织发育不受影响,使鼻盘后部皮肤形成较深的皱褶;额窦不能正常发育,使两眼间距变窄和头部轮廓变形;一侧鼻甲骨萎缩严重,使鼻弯向同侧,形成歪鼻子猪(图 2-5-5);生长发育停滞,多数成为僵猪,严重影响育肥。

有的病例由于病原菌侵入肺脏,引起肺炎,则发生咳嗽,呼吸更加困难;个别病猪还因病原体蔓延到脑,而出现脑炎症状。

4. 病理变化

剖检病变仅局限于鼻腔及附近组织。鼻黏膜发炎、充血,有时带浆液性或黏液脓性渗出物。特征病变是鼻甲骨萎缩,尤其是鼻甲骨下卷曲最为常见。严重者鼻甲骨完全萎缩,鼻中隔部分或完全弯曲,鼻腔可能呈现一个鼻腔空洞(图 2-5-6 至图 2-5-9)。

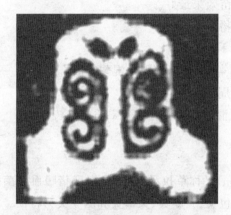

图 2-5-6　正常鼻甲骨

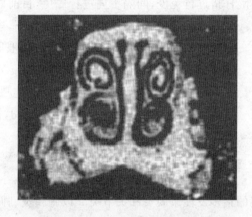

图 2-5-7　左下鼻甲骨萎缩

图 2-5-8　右侧鼻甲骨萎缩

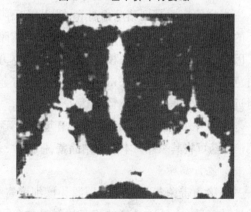

图 2-5-9　鼻腔呈空洞状,且鼻中隔也发生弯曲

5. 诊断

本病根据临床症状和病理变化可做出初步诊断。病理解剖学诊断方法是沿上颌第 1、第 2 臼齿间横断上颌骨,观察鼻甲骨。正常的鼻甲骨有 2 个弯曲,上卷曲为 2 个完全的弯曲,而下卷曲仅有一个或 1/4 弯转,鼻中隔正直。当鼻甲骨萎缩时,弯曲变小而直,甚至消失。可传播

本病。饲养管理不严可促使本病发生。

微生物学诊断用鼻拭子采样,分离培养和鉴定病原。

血清学诊断可用已知抗原检查感染2周后猪血清中的凝集抗体。

6.防制

(1)预防

①禁止引进病猪。确需引进时,必须隔离观察1个月以上,检查确实未被本菌感染后方可合群。

②加强饲养管理,降低密度,定期消毒,猪舍保持清洁、干燥和保暖,加强通风,减少空气中病原体、尘埃和有害气体,以减少本病的发生。

③母猪产前2个月及1个月接种败血波氏杆菌灭活油剂苗或败血波氏杆菌-产毒素多杀性巴氏杆菌灭活油剂二联苗,以提高母源抗体滴度,保护仔猪几周内不受感染。也可给1~3周龄仔猪进行免疫,间隔1周进行二免,目前以二联苗效果最好。

(2)治疗　对病猪在严格隔离的条件下,进行药物治疗。

①磺胺二甲嘧啶100 g/d,饲料中混匀喂服。

②磺胺二甲嘧啶100 g/d、金霉素100 g/d、青霉素50 g/d,饲料中混匀喂服。

③土霉素400 g/d,饲料中混匀喂服,连喂4~5周或更长。

④泰乐菌素100 g/d、磺胺嘧啶100 g/d,饲料中混匀喂服。育肥猪宰前应停药。

十、副猪嗜血杆菌病

副猪嗜血杆菌病(haemophilus parasuis infection)又称革拉泽氏病,是由副猪嗜血杆菌引起的猪多发性浆膜炎和关节炎。以胸膜炎、肺炎、心包炎、腹膜炎、关节炎和脑膜炎为特征。

1.病原

本病的病原是副猪嗜血杆菌,为革兰氏阴性、具多种不同形态的细菌,从单个的球杆菌到长的、细长的,以至丝状的菌体,通常可见荚膜,但体外培养时易受影响。该菌生长时严格需要V因子(烟酰胺腺嘌呤二核苷酸),其在巧克力培养基上培养24~48 h生长较差,为光滑型、灰白色透明、直径大约0.5 mm的菌落。如与金黄色葡萄球菌共同培养时,在葡萄球菌条状菌苔附近呈卫星生长,菌落直径可达1~2 mm。

本菌对外界抵抗力不强。干燥环境中易死亡,60℃经5~20 min被杀死,4℃存活7~10 d。常用消毒药可将其杀死。本菌对结晶紫、杆菌肽、大环内酯类、土霉素、磺胺类及卡那霉素敏感。

2.流行病学

病猪和带菌猪是主要传染源。该细菌寄生在鼻腔、扁桃体、气管等上呼吸道内,是一种条件性致病菌,主要通过猪的相互接触经空气、消化道等途径感染。本菌只感染猪,以5~8周龄的培育仔猪多见,尤其是断奶后10 d左右的猪。发病率一般为10%~15%,病死率可达到50%。

本病的发生与环境应激有关,如气温变化、空气质量、饲料或饮水供应不足、运输等。不同的畜群混养,或在猪群中引入新种猪时,副猪嗜血杆菌病是个严重的问题。合并感染也是该病发生的一个重要原因,尤其是在患有免疫抑制性疾病的猪群,如在猪繁殖与呼吸综合征、猪圆环病毒病的猪群中很容易发生和流行,呈现继发或混合感染,并使病情加重。

3.临床症状

本病根据病程经过可分为最急性型、急性型、亚急性型和慢性型。

(1)最急性型 病猪突然发病,体温41.5℃以上,精神沉郁,食欲不振。有明显的呼吸症状,从口鼻流出泡沫样淡血色的分泌物,可于24～36 h死亡,个别猪死前见不到症状,病死率高达80%～100%。

(2)急性型 病猪体温41.5℃以上,拒食,呼吸困难,有的张嘴呼吸,咳嗽,由于饲养管理及气候条件的影响,病程长短不定,可能转为亚急性型或慢性型。

(3)亚急性型和慢性型 病猪很少发热或体温正常,有不同程度的一过性或间歇性咳嗽,生长迟缓。慢性感染猪群中,如果和其他呼吸道疾病混合感染,可使症状加重。

首次暴发本病,可见到流产,个别猪可发生关节炎、心内膜炎。死后剖检见肺脏和胸腔有特征性的纤维素性、坏死性、出血性胸膜肺炎病变,可做出初步诊断。

4.病理变化

主要病变为肺炎和胸膜炎,80%病例胸膜表面广泛性纤维素性沉积,胸腔液呈血色,肺广泛性充血、出血、水肿和肝样变。气管和支气管腔内有大量的血色液体和纤维素凝块。有的猪腹腔和关节腔有纤维素沉着。

(1)最急性型 病猪的气管、支气管腔内充满血色泡沫状液体,胸腔和心包腔充满浆液性或血色渗出物,气管黏膜水肿、出血、变厚;肺炎多为两侧性,肺充血、出血、水肿,后期肺炎病灶变硬、变暗,但无纤维素性胸膜炎出现。

(2)急性型 纤维素性出血性及纤维素性坏死性肺炎变化。病变区有纤维素渗出、坏死和不规则的出血,肺间质增宽。炎症蔓延整个肺脏使肺和胸膜粘连(图2-5-10)。肺有黄豆大至鸡蛋大的界限明显的坏死和脓肿。常伴发心包炎,肝脾肿大,色变暗,腹腔出现大量纤维素性渗出物(图2-5-11)。

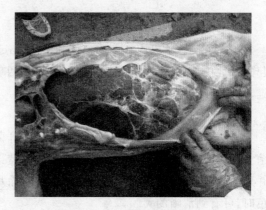

图 2-5-10　胸膜粘连、纤维素心包炎　　　　图 2-5-11　纤维素性腹膜炎

(3)亚急性型和慢性型 病例可见硬实的肺炎区,表面有结缔组织化的粘连附着物,肺炎病灶呈硬化或坏死性病灶并与胸膜粘连。

病理组织学变化:最急性病例肺炎区肺泡腔充满炎性水肿液或纤维蛋白和红细胞;在急性

病例肺泡腔和支气管内充满纤维蛋白和嗜中性粒细胞或纤维蛋白被成纤维细胞机化。

5.诊断

根据流行病学调查、临床症状和病理变化可做出初步诊断。主要临床表现为咳嗽、呼吸困难、消瘦、跛行和被毛粗乱。剖检病变为心包炎、胸膜炎、腹膜炎、关节炎、脑膜炎等。

要确诊需要进行细菌的分离培养、鉴定和血清学的实验室诊断。

在鉴别诊断上应注意与猪的支原体性多发性浆膜炎-关节炎、猪丹毒、链球菌病等相区别。

(1)支原体性多发性浆膜炎-关节炎　本病是由猪鼻支原体、猪关节支原体等所引起的,发病比较温和而且死亡率低,一般缺乏脑膜炎病变;而副猪嗜血杆菌病一般有80%的病例伴发脑膜炎。

(2)慢性猪丹毒　本病除发生多发性关节炎之外,往往同时出现特征性的疣性心内膜炎和皮肤大块坏死;通常没有胸膜炎、腹膜炎和脑膜炎变化。

(3)败血性链球菌病　本病除可见纤维素性胸膜炎、心包炎和化脓性脑膜脑炎外,还可见到脾脏显著增大,并常伴发纤维素性脾被膜炎。用病变组织进行涂片检查或分离培养可发现链球菌。

6.防制

(1)治疗　大多数副猪嗜血杆菌对氨苄西林、氟喹诺酮类、头孢菌素、四环素、庆大霉素和增效磺胺类药物敏感,对红霉素、氨基糖苷类、壮观霉素和林可霉素有抵抗力。

(2)预防　许多国家研制了副猪嗜血杆菌灭活疫苗。在制订免疫程序时,应掌握以下因素:母猪接种后可对4周龄以内的仔猪产生免疫力。如果后备母猪和仔猪都接种疫苗,仔猪感染副猪嗜血杆菌的可能性就很小。母源抗体一般不影响仔猪的免疫接种。

目前市场上生产的副猪嗜血杆菌疫苗效果不稳定,因为在一个猪群中可能出现副猪嗜血杆菌的几个菌株或血清型,甚至在同一头猪体内也可能发现不同的菌株或血清型。不同血清型不能产生完全的交叉保护,所以不同猪场的保护效果也不同。

十一、猪肺疫

猪肺疫又称猪巴氏杆菌病(swine pasteurellosis),俗称"锁喉风",是由多杀性巴氏杆菌引起的一种传染病。最急性型呈败血症变化,咽喉部急性肿胀,高度呼吸困难;急性型表现为纤维素性胸膜肺炎;慢性型伴发关节炎。

1.病原

本病的病原为多杀性巴氏杆菌,属巴氏杆菌属,为革兰氏阴性、两端钝圆、中央微凸的短杆菌。病料或体液涂片经瑞氏、姬姆萨氏或美蓝染色,呈卵圆形,两端着色深,中央着色浅,很像并列的2个球菌,故又称两极杆菌。培养物涂片染色,两极着色不明显。用印度墨汁等染料染色时,可看到清晰的荚膜。

本菌为需氧或兼性厌氧,普通培养基上生长不旺盛,必须加有少量血液、血清则生长良好。在加有血清的固体培养基上,菌落为圆形、隆起、光滑、湿润、边缘整齐、灰白色的中等大小菌落,并有荧光性。在肉汤培养基中生长,初呈轻度混浊,时间稍长,则有黏稠沉淀,表面形成菌膜,轻轻振摇则形成小辫样盘旋。麦康凯培养基上不生长,血液培养基上不溶血。在生理盐水中,可出现自溶现象,稀释时应注意。

本菌按菌株间抗原成分的差异,可分为若干血清型。荚膜(K)抗原吸附于红细胞上做被动血凝试验,将本菌分为 A、B、D、E 和 F 5 个血清型;利用菌体(O)抗原做凝集反应,分为 12 个血清型;利用耐热抗原做琼脂扩散试验,则分为 16 个菌体型。一般将 K 抗原用英文大写字母表示,将 O 抗原和耐热抗原用阿拉伯数字表示。因此,菌株的血清型可表示为 5：A,6：B,2：D 等(即 O 抗原：K 抗原),或 A：1,B：2、A：5,D：2 等(即 K 抗原：耐热抗原)。

根据菌落荧光分型,是将本菌 18～24 h 血清琼脂平板生成的菌落 45°折光检查。菌落荧光呈蓝绿色带金光,边缘有红黄色光带者称 Fg 型菌株,对猪、牛等家畜是强毒,对家禽毒力弱;荧光呈橘红色带金光,边缘有乳白色光带称 Fo 型菌株,对家禽为强毒,而对猪、牛、羊毒力弱;无荧光者也无毒力,称 Nf 型。在一定条件下,Fg 和 Fo 可以发生相互转变。

本菌根据菌落形态可分为黏液型(M 型)、平滑型(S 型)和粗糙型(R 型),M 型和 S 型含有荚膜物质。

本菌对环境理化因素抵抗力较弱,在干燥和直射阳光下,很快死亡。60℃ 经 10 min 杀死。常用的消毒剂都有很好的杀灭作用。

2.流行病学

多杀性巴氏杆菌对多种动物和人均有致病性,以猪、牛、兔、鸡和鸭最常见,猪以中猪和小猪多发。

病猪和带菌猪是主要传染源。病原体存在于病猪各组织器官和体液中,通过分泌物、排泄物排出体外,污染饲料、饮水、用具及外界环境,或由咳嗽、喷嚏排出病原体,通过飞沫经呼吸道传染,也可经皮肤、黏膜创伤和昆虫叮咬传播。当畜禽饲养管理不良,气候恶劣,使动物机体抵抗力降低时,也可发生内源性感染。

本病一般无明显的季节性,但以冷热交替、气候骤变、闷热、潮湿、多雨时期发生较多,营养不良、寄生虫、长途运输、饲养管理不良等诱因作用可促进本病发生。本病多散发或与其他传染病如猪瘟、猪支原体肺炎等混合感染或继发感染。

3.临床症状

本病的潜伏期 1～5 d。有最急性型、急性型和慢型性 3 种类型。

(1)最急性型　病猪常突然发病,来不及或看不到临诊表现,迅速死亡。病程稍长的,体温升高到 41℃ 以上,食欲废绝,全身衰弱,卧地不起。咽喉部发热、红肿、坚硬,严重者可蔓延至耳根及颈部。呼吸极度困难,常呈犬坐姿势,伸颈张口呼吸,口鼻流出白色泡沫,有时发出喘鸣音。可视黏膜发绀。死前耳根、颈部、胸腹侧和四肢内侧皮肤出现红斑。一经出现呼吸症状,很快窒息死亡,病程 1～2 d,病死率为 100%。

(2)急性型　为最常见的病型,体温升高到 40～41℃。病初发出短而干的痉挛性咳嗽,后为湿性痛咳,呼吸急促,流黏液性鼻液,有时混有血液。触诊胸部疼痛敏感,听诊有啰音和胸膜摩擦音。随病势进展,呼吸更为困难,张口伸舌,呈犬坐姿势。可视黏膜发绀,常有脓性结膜炎。皮肤有紫斑或小出血点。心跳加快,机体衰弱无力,卧地不起,多窒息而死。病程 4～6 d。

(3)慢性型　病猪主要表现为慢性肺炎或慢性胃肠炎的症状。病猪持续性咳嗽和呼吸困难,鼻流少许黏液性或脓性分泌物。有时皮肤出现痂样湿疹,关节肿胀。精神沉郁,食欲不振,常发生腹泻,进行性营养不良,极度消瘦,若不加治疗,多经 2～4 周,衰竭而死。

4.病理变化

（1）最急性型 病猪咽喉部及其周围结缔组织呈出血性浆液浸润最为特征。切开颈部皮肤，可见大量胶冻样淡黄色或灰青色渗出液。全身淋巴结显著肿大、出血，切面红色，呈急性淋巴结炎变化。全身黏膜、浆膜和皮下组织有大量出血点。胸、腹腔和心包腔积液，有时见有纤维素样渗出物。心外膜和心包膜有小点出血。肺急性水肿、充血，有时可见肺组织内有散在局灶性红色肝变区。脾有出血，但不肿大。胃肠黏膜有出血性炎症。

（2）急性型 病猪除了全身黏膜、浆膜、实质器官和淋巴结的出血性病变外，特征性病变是肺发生不同发展阶段的纤维素性肺炎变化。病变部肺组织肿大、坚实，呈暗红色或灰黄色，有时见附有纤维素性薄膜。病灶部周围肺组织淤血、水肿或气肿。肺切面呈现不同色泽的肝变区，有的病灶切面呈暗红色，有的呈灰黄红色，有的病灶以支气管为中心发生坏死或化脓，使肺切面呈大理石样。气管、支气管腔内有大量白色泡沫状液体，黏膜发炎。胸膜和心外膜往往有纤维素性附着物，有斑块状或点状出血，严重时胸膜与肺发生粘连，胸腔及心包腔积液。

（3）慢性型 病猪肺肝变区扩大，有黄色或灰黄色坏死灶，外面有结缔组织包囊，内含干酪样物质，有的形成空洞，与支气管相通。肺与胸壁和心包发生粘连，胸腔和心包腔内常积有多量含纤维素絮状物的黄色混浊液体。肠黏膜发炎。

5.诊断

根据发病急，高热，咽喉部肿大，有严重的呼吸道症状，剖检咽喉部有炎性水肿和出血变化，肺有纤维素性肺炎变化，切面呈大理石样，可做出初步诊断。

确诊需做细菌学检查，无菌采取水肿液、胸腔液、心血、肝、脾、淋巴结等组织涂片，以碱性美蓝或瑞氏染色，镜检，如见有卵圆形、两极浓染的短杆菌，可诊断为猪肺疫。

十二、猪附红细胞体病

猪附红细胞体病（eperythrozoonosis）是由附红细胞体寄生于红细胞表面、游离于血浆或者骨髓中而引起的一种以贫血、黄疸、发热为主要特征的传染病。本病常与其他猪病混合感染，表现多种临床症状，是严重危害养猪业的传染病之一。

1.病原

本病的病原为附红细胞体，属立克次氏体目、无浆体科、附红细胞体属。迄今为止，已发现的附红细胞体有 14 种。附红细胞体是一种多形态微生物，呈环形、月牙形、点状、杆状、哑铃状、星状等。附红细胞体发育过程中形状和大小可以发生改变。大小为 $(0.3\sim1.3)\ \mu m\times(0.5\sim2.6)\ \mu m$。常单独或呈链状附着于红细胞表面，或游离于血浆中，但以球形附着于红细胞表面静止的状态比较多见。被寄生的红细胞变形，细胞膜皱缩，呈现出锯齿状或者不规则状，也可围绕在整个红细胞上。附红细胞体对苯胺染料易染，革兰氏染色阴性，姬姆萨染色呈紫红色，瑞氏染色为淡蓝色。在油镜下，调节微调螺旋时折光性较强，附红细胞体中央发亮，形似空泡。

附红细胞体在红细胞上以直接分裂及出芽方式进行裂殖，不能用无细胞培养基培养，也不能在血液外组织繁殖。

附红细胞体的运动不受红细胞溶解的影响，在 1% 的稀盐酸或 5% 的醋酸溶液中加入新鲜血液使红细胞破坏后，仍可见附红细胞体的活力不减，但加入 0.1% 的碘液后，附红细胞体立即停止了活动，再次滴加生理盐水洗涤后，附红细胞体的活性也不恢复。这一生物特点区别于其他的血液病原微生物,具有鉴别意义。

附红细胞体对干燥、热和化学消毒剂抵抗力较弱,对低温有一定的抵抗力,可用10％甘油、10％马血清于−70℃保存。附红细胞体对青霉素类不敏感,而对强力霉素敏感。有报道指出,附红细胞体可长期寄生于动物体内,病愈后的动物可终身带毒。

2.流行病学

附红细胞体寄生的宿主有猪、马、牛、兔、羊、骡、驴、狐、水貂、美洲驼、犬、鸡、鼠、猫和人等。虽然多种动物易感染,但附红细胞体有相对的宿主特异性。对野猪进行间接凝集试验表明,野猪的附红细胞体全为阴性。对家猪来说,各种年龄猪均易感,仔猪的发病率和病死率较高。

病猪和隐性携带猪是主要传染源。免疫防御功能健全的猪体内可能有附红细胞体寄生,通常附红细胞体和猪之间能保持一种平衡,附红细胞体在血液中的数量保持相当低的水平,猪受到强烈应激时才表现出明显的临床症状。

本病的传播途径尚不完全清楚。吸血昆虫如蚊子、厩蝇、虱子等叮咬被认为是主要传播方式;摄食血液或含血的物质(如舔食断尾的伤口,互相斗殴或喝被血污染的尿),使用被污染的医疗器械可以引起血源性传播;通过胎盘发生垂直传播会导致乳猪死亡率升高;在交配时,公猪也可通过被血污染的精液传染给母猪。

本病的隐性感染率极高,常可达90％以上。引起机体抵抗力下降的各种因素,如恶劣的天气、分娩、过度拥挤、长途运输或发生慢性传染病时会导致本病暴发。本病可与猪传染性胸膜肺炎、链球菌病、大肠杆菌病、弓形虫病、副伤寒、圆环病毒病以及猪瘟等并发。

3.临床症状

本病在人工感染的切除脾脏的猪中,平均潜伏期为7 d。

(1)母猪 怀孕母猪在临产前后发生急性感染,表现厌食、发热(40～41.7℃),乳房以及外阴部水肿。分娩后母猪极度虚弱,产乳量低,母性缺乏。所产下的仔猪发育不良,呈贫血状态,以致仔猪成活率极低。母猪可于分娩后逐渐痊愈。

慢性感染母猪可呈现繁殖障碍,如不发情或发情延迟,受胎率降低,产弱仔等。

(2)哺乳仔猪 表现为皮肤和黏膜苍白,黄染,发热,体质虚弱。在哺乳前期,虽然通过注射铁剂来补充,但仔猪仍然呈贫血状态。发病后1 d或数日死亡,或抵抗力降低而易染其他疾病,一旦有继发病或混合感染,损失更加严重。

(3)断奶仔猪 断奶应激、互相殴斗、饲料更换均可诱发急性临床型附红细胞体病。主要表现为皮肤和黏膜苍白,黄染,发热,精神沉郁,食欲不振,该阶段猪常因继发其他疾病而死亡。

(4)育肥猪 育肥猪发病初期皮肤潮红,尤以耳部最明显,耳朵表皮易脱落。体温高达40℃以上,精神委靡,食欲不振,粪干,尿黄或渐呈茶色尿。慢性附红细胞体病会引起猪的消瘦、苍白,有时出现麻疹型皮肤变态反应。发病率高而死亡率低。

4.病理变化

急性期剖检可见病猪淋巴结肿大、潮红。肺淤血水肿。肝、脾肿大,胆汁黏稠。肾肿大,质地脆弱。膀胱内尿液呈黄色。

病程较长的可见皮肤毛孔处有黄色或红褐色渗出物。皮肤、黏膜、浆膜苍白或黄染,皮下组织弥漫性黄染。心肌苍白松软。肾肿大,质地脆弱,外观黄染。肝、脾肿大,肝呈土黄色或棕黄色。胆囊内有浓稠的胆汁。肺脏呈暗红色,切面有大量渗出液,表面有灰白色坏死灶。全身淋巴结肿大、棕黄色或黄褐色。胃黏膜出血,水肿。膀胱黏膜有点状出血。肠道有针尖大小的出血点,肠壁菲薄,黏膜脱落。胸腔、腹腔及心包液体增多。血液稀薄,不黏附试管壁。将收集在含抗凝剂试管中的血液冷却到室温后倒出来,可见试管壁有粒状的微凝血。将血液冷却时,这种现象更明显,当血液加热到 37℃ 时这种现象几乎消失。

5.诊断

本病临床症状为发热、贫血、黄疸、尿黄或茶色尿、对外界反应迟钝、耳廓边缘变色和皮肤变态反应。本病的临床症状和病理变化与猪巴贝斯虫病相似,应注意鉴别。

实验室可通过镜检法检查附红细胞体的存在和感染程度,附红细胞体呈球形、逗点形、杆状或颗粒状。寄生有附红细胞体的红细胞呈菠萝状、锯齿状、星状等不规则形状。

动物试验也是确认猪附红细胞体病的方法之一。常用的试验动物是小白鼠,用小猪做试验动物时则需摘除脾脏。怀疑为猪附红细胞体病的猪在切除脾脏后观察 3~20 d,若是带菌猪则会出现急性附红细胞体的症状,此时可通过查找血涂片中的虫体进行诊断。

6.防制

(1)治疗　常用的治疗药物一般有抗菌药物(土霉素、氟苯尼考、卡那霉素等)、抗血液原虫类药物(贝尼尔、黄色素、磷酸伯氨喹啉、纳加诺尔等)、砷制剂(新胂凡纳明、对氨基苯砷酸)、中药及其他制剂(青蒿素、蒿甲醚、大蒜素、华蟾蜍素等)。上述治疗药物,以长效土霉素碱、贝尼尔、砷制剂效果较好。

对发热猪给以退热药,并配合葡萄糖、多种维生素饮水,临床治疗效果较好。当附红细胞体病与其他的细菌性、病毒性、寄生虫等疾病混合感染时,在临床上应给予相应的对症治疗,从而降低病死率,减少经济损失。

(2)预防　严格执行综合性卫生防疫措施,杀灭蚊、蝇、蜱、虱、蚤和疥螨等。加强饲养管理,给予全价饲料保证营养,增加机体抗病能力,减少不良应激。在流行季节,可用药物拌料进行预防。对猪只进行定期血液检查可以了解猪场内该病的感染情况,以便及时采取有效措施进行控制,减少损失。

◆ 职业能力训练

(一)病例分析

某猪场饲养长白、大白等基础母猪 175 头,培育仔猪 540 头,育肥猪 400 余头。12 月中旬,有 25 头培育仔猪陆续发病,病猪咳嗽、气喘,呼吸困难,个别猪呈犬坐姿势,5 d 后出现死亡。至 1 月 15 日,共有 100 头猪发病,死亡 8 头。

(二)诊断过程

1.问诊

深入现场,通过问诊、现场观察,获取猪场信息(表 2-5-1)。

表 2-5-1 问诊表

问诊内容	获取信息	综合分析
疾病的流行情况	①猪场发病时间、发病日龄、发病猪的数量； ②发病率、死亡率； ③疾病的初期症状、后期症状； ④疾病的治疗效果； ⑤附近及其他猪场的发病情况	①具有传染性； ②发病率高； ③死亡率8%； ④主要表现咳嗽和呼吸困难；
过去的发病情况	本场、本地及邻近地区是否有类似疾病发生	⑤全场猪接种猪瘟、猪伪狂犬病、口蹄疫等疫苗；
免疫接种及药物情况	①猪群免疫情况,免疫接种所用疫苗的厂家、种类、来源、运输及贮存方法； ②免疫接种时间及剂量； ③免疫前后有无使用抗生素及抗病毒药物； ④免疫后是否进行免疫抗体监测	⑥肌肉注射安乃近、青霉素、链霉素,连用3 d,不见效果；
饲养管理情况	①饲料种类,饲喂情况； ②饲养密度是否适宜； ③猪舍的通风换气情况； ④猪舍的环境卫生情况； ⑤是否由其他猪场引进动物、动物产品及饲料	⑦圈舍湿度大,通风不良

2.临床症状(表 2-5-2)

表 2-5-2 临床症状

临床症状	症状特点	提示疾病
病猪体温升高至 40～41.5℃,精神委顿,食欲减退,气喘、咳嗽,咳嗽时站立不动,直至将呼吸道分泌物咳出或咽下为止。有的发生间歇性、连续性甚至痉挛性咳嗽,腹式呼吸,部分猪呈犬坐姿势,呼吸困难,口鼻流出血性泡沫样分泌物。鼻、耳及四肢末梢发绀	①体温升高； ②咳嗽、气喘、呼吸困难； ③口鼻流出血性泡沫样分泌物	猪肺疫 猪传染性胸膜肺炎 肺炎型链球菌病 副猪嗜血杆菌病 猪支原体肺炎 猪流感 猪蛔虫病 猪肺丝虫病

3.病理剖检(2-5-3)

表 2-5-3 病理剖检表

剖检病理变化	剖检特征	提示疾病
猪气管和支气管内充满泡沫样血色黏性分泌物,肺炎区有红色和灰色肝变区,切面呈大理石样,间质充满血色胶冻样液体。胸腔有混浊血色液体,肋膜和肺炎区表面有纤维素物附着,肺和胸膜粘连。肺脏膨大,有不同程度的水肿和气肿。肺门和纵隔淋巴结肿大、充血、出血	①纤维素性胸膜肺炎； ②肺门和纵隔淋巴结肿大、充血、出血	猪传染性胸膜肺炎 肺炎型链球菌病 副猪嗜血杆菌病 猪支原体肺炎

4.实验室诊断

(1)采集病料 无菌采集支气管、鼻腔分泌物或肺脏病变组织。

(2)镜检 病料涂片,分为两组,分别进行革兰氏染色和美蓝染色,镜检,可见革兰氏阴性的小球杆菌。

(3)分离培养 将病料接种到5%犊牛或绵羊血液琼脂平板上,一组单独划线接种,37℃培养24 h;另一组与葡萄球菌保姆株交叉划线接种,在10%CO_2条件下37℃培养24 h。如在单独划线接种的培养基上无明显菌落生长,在与葡萄球菌保姆株交叉线的培养基上,在保姆株周围形成有β型溶血的小菌落,远部菌落稀少或不生长,则挑取可疑菌落接种巧克力琼脂型进行纯培养,并对纯培养物进行镜检及生化试验鉴定(表2-5-4),确定为胸膜肺炎放线杆菌。

表2-5-4　胸膜肺炎放线杆菌生化特性

细菌	葡萄糖	麦芽糖	蔗糖	果糖	触酶试验	尿素酶试验	靛基质试验	MR	VP	H_2S	CAMP
胸膜肺炎放线杆菌	+	+	+	+	+	+	—	—	—	+	+

5.结论

猪传染性胸膜肺炎。

◉ **技能考核**

结合上述案例,教师对学生进行培育仔猪呼吸系统疾病诊断过程进行评价,填写技能考核表(表2-5-5)。

表2-5-5　技能考核表

序号	考核项目	考核内容	考核标准	参考分值
1	过程考核	操作态度	精力集中,积极主动,服从安排	10
2		协作意识	有合作精神,积极与小组成员配合,共同完成任务	10
3		实训准备	能认真查阅、收集资料,完成任务过程中积极主动	10
4		对培育仔猪常见疾病进行诊断	能结合流行病学、临床症状及剖检变化对培育仔猪疾病进行初步诊断	25
5		对培育仔猪呼吸系统疾病进行类症鉴别	能结合流行病学、临床症状及剖检变化对培育仔猪呼吸系统疾病进行鉴别诊断	25
6	结果考核	操作结果综合判断	准确	10
7		工作记录和总结报告	有完成全部工作任务的工作记录,字迹整齐;总结报告结果正确,体会深刻,上交及时	10
		合计		100

◈**自测训练**

一、选择题

1.某猪场,部分培育仔猪突然发病,呼吸急迫,体温高达 41℃以上;腹下及四肢皮肤呈紫红色,有出血点。血液涂片染色镜检,可见大量革兰氏阳性菌呈链状。最可能的疾病是(　　)

A.猪链球菌病　　　　　B.猪巴氏杆菌病　　　　　C.猪支原体肺炎

D.猪传染性胸膜肺炎　　E.猪传染性萎缩性鼻炎

2.某规模化猪场中 100 头 90 日龄以上猪,部分猪突然发生咳嗽,呼吸困难,体温达 41℃以上,急性死亡,死亡率为 15％。死前口鼻流出带有血色的液体,剖检见肺与胸壁粘连,肺充血、出血、坏死,用巧克力琼脂培养基从患猪病料中分离出了病原菌,最可能的疾病是　(　　)

A.猪肺疫　　　　　　　B.猪支原体肺炎　　　　　C.猪链球菌病

D.副猪嗜血杆菌病　　　E.猪传染性胸膜肺炎

3.猪传染性萎缩性鼻炎最易感的是　　　　　　　　　　　　　　　　　(　　)

A.哺乳仔猪　　　　　　B.断奶仔猪　　　　　　　C.育肥猪

D.成年公猪　　　　　　E.妊娠母猪

4.某规模化猪场,断奶猪发烧、咳嗽、呼吸困难、关节肿大、跛行、皮肤苍白、被毛粗乱,渐进消瘦和死亡。剖检见心包淡黄色积液、胸腔、腹腔等有黄白色纤维素样渗出物粘连,关节腔有黄色胶冻状积液。最可能的疾病是　　　　　　　　　　　　　　　(　　)

A.猪肺疫　　　　　　　B.猪支原体肺炎　　　　　C.猪链球菌病

D.副猪嗜血杆菌病　　　E.猪传染性胸膜肺炎

5.某猪场 6～8 周龄仔猪,体温无明显变化,主要症状为鼻炎,咳嚏、流涕和吸气困难、个别猪鼻出血,病猪常摇头、拱地、搔抓和摩擦鼻部。最可能的疾病是　　　　　(　　)

A.猪链球菌病　　　　　B.猪巴氏杆菌病　　　　　C.猪支原体肺炎

D.猪传染性胸膜肺炎　　E.猪传染性萎缩性鼻炎

6.某猪场的一批 5 月龄育肥猪,体温和食欲正常,但生长缓慢,个体大小不一;经常出现咳嗽、气喘等症状。剖检见肺部尖叶、心叶、膈叶前缘呈双侧对称性肉变,其他器官未见异常。该病最可能的病原是　　　　　　　　　　　　　　　　　　　　　　　(　　)

A.巴氏杆菌　　　　　　B.布鲁氏菌　　　　　　　C.猪链球菌

D.肺炎支原体　　　　　E.副猪嗜血杆菌

二、分析题

2012 年,某猪场网上饲养培育仔猪 78 头,自 2 月份以来,先后有 23 头猪出现发热,食欲不振,厌食,反应迟钝,张嘴呼吸,起立困难等症状,随后注射蓝环毒克和长效土霉素注射液,仅见个别猪吃食状况有所好转,大部分仍无效果,后采用头孢噻呋注射液,症状虽有好转,仍有 5 头死亡。眼观耳、鼻及四肢末梢发绀。

剖检有 2 头猪可见胸腔和腹腔有纤维素性蛋白渗出物(图 2-5-12 和图 2-5-13,参见彩插)。后肢关节切开有胶冻样液体流出,取液体涂片镜检,可见中性粒细胞增多和较少量的巨噬细胞。初步诊断猪患什么病？

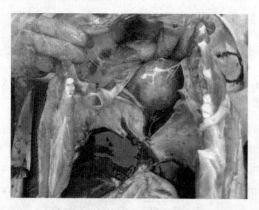

图 2-5-12　胸膜粘连、纤维素心包炎

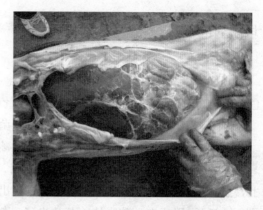

图 2-5-13　纤维素性腹膜炎

学习情境六　生长育肥猪常见疾病的诊断与防制

◆**学习目标**

1. 熟悉生长育肥猪常见疾病种类。

2. 了解猪丹毒、猪痢疾、增生性肠病等病原形态。

3. 掌握以上生长育肥猪常见疾病流行病学、临床症状和病理变化。

4. 结合流行病学、临床症状及病理剖检变化，对以上生长育肥猪常见疾病进行初步诊断和治疗。

◆**案例分析**

2013 年 3 月末，某养猪场自繁自养的 43 头约 45 kg 重的育肥猪出现恶性下痢，畜主先后用土霉素拌料防治，病情时有反复。病猪弓背吊腰，主要症状是恶性下痢，有的粪便呈红色糊状，内有大量黏液、血块及脓性分泌物，有的排灰色、黑色粪便，有时带有气泡，并混有黏液。病重时精神不振、脱水、消瘦、起立困难，背毛粗乱无光，极度衰弱，死亡 3 头。

剖检主要病变在大肠，可见卡他性及出血性肠炎，大肠表层黏膜出现点状坏死，有的有黄色和灰色伪膜聚集，肠内容物混有大量黏液和坏死组织碎片。肠系膜淋巴结肿胀，切面多汁，肝、脾、心、肺无明显病变。

实验室诊断：取新鲜粪便一小滴置于载玻片上，再滴一滴生理盐水，混匀后盖上盖玻片，以暗视野显微镜检查，可以见到蛇样运动的菌体（图 2-6-1）。

请问猪患的是什么病？

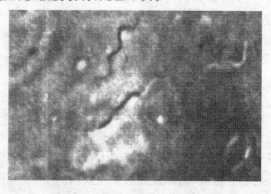

图 2-6-1　显微镜检查可见蛇样菌体

◈**相关知识**

通常将体重35 kg至出栏的猪称为生长育肥猪。根据体重,可以划分生长育肥前期(35～60 kg)和生猪育肥后期(60 kg至出栏)。该阶段猪常见病有猪丹毒、猪痢疾和增生性肠病等。

一、猪丹毒

猪丹毒(swine erysipelas)是由猪丹毒杆菌引起的一种急性、热性传染病。临床特征为急性型呈败血症状,高热;亚急性型在皮肤出现紫红色疹块;慢性型表现非化脓性关节炎和疣状心内膜炎。人类亦可被感染,称为类丹毒。

本病几乎遍及全世界,在我国许多地区也有发生,经过多年的注射预防以及饲料中抗菌药物的广泛使用,发病率逐渐降低。

1.病原

本病的病原为猪丹毒杆菌,又名红斑丹毒丝菌,是一种纤细的革兰氏阳性小杆菌。本菌不能运动,不产生芽孢,无荚膜。在病料内的细菌常单在、成对或成丛排列;在心内膜疣状物上,多呈不分枝的长丝状。本菌为微需氧菌,能在普通营养琼脂上生长,在血液琼脂或含血清的琼脂培养基上生长更佳。

在固体培养基上培养24 h长出的菌落,在45°折射光下用实体显微镜观察,有光滑型(S型)、粗糙型(R型)和介于二者之间的中间型(I型)。各型的毒力差别很大,光滑型菌落的菌株毒力极强,菌落小、呈蓝绿色。粗糙型菌落的菌株毒力低,菌落较大,呈土黄色。中间型菌落毒力介于光滑型和粗糙型之间,呈金黄色。明胶穿刺,细菌呈试管刷状生长,不液化明胶,此为本菌的特征。

猪丹毒杆菌的抵抗力很强,在盐腌或熏制的肉内能存活3～4个月,在掩埋的尸体内能存活7个多月,在土壤内能存活35 d。本菌对石炭酸抵抗力较强,对热敏感。1%漂白粉、1%氢氧化钠、2%福尔马林、3%来苏儿等常用消毒剂均可很快杀死本菌。猪丹毒杆菌对青霉素、土霉素敏感,对磺胺类、卡那霉素不敏感。

2.流行病学

不同年龄的猪均有易感性,3个月以上的架子猪发病率最高,3个月以下和3年以上的猪很少发病。人类可因创伤感染发病。牛、羊、马、鼠类、家禽及野鸟等也有发病报道,但非常少见。病猪、病愈猪及健康带菌猪是本病的传染源。丹毒杆菌主要存在于病猪的肾、脾和肝,以肾的含菌量最多,经粪、尿、唾液和鼻分泌物排出体外,污染土壤、饲料、饮水等。健康带菌猪体内的丹毒杆菌主要存在于扁桃体和回盲口的腺体处,也可存在胆囊和骨髓里。健康猪扁桃体的带菌率为24.3%～70.5%。多种禽类和水生动物体内可分离出丹毒杆菌,成为不可忽视的传染源。

本菌主要通过污染的土壤、饲料经消化道感染。其次是经皮肤的创伤感染。带菌猪在不良条件下抵抗力降低时,细菌也可侵入血液,引起内源性感染而发病。吸血昆虫和蜱可以成为本病的媒介。

本病的流行无明显的季节性,但在北方地区,7～9月份发病率高,秋季以后逐渐减少。环境条件的改变以及各种应激因素(如饲料突然改变、气温变化、运输等)可以诱发本病。本病常发生在闷热和暴风雨之后,为散发或地方性流行,有时暴发流行。

3.临床症状

本病人工感染的潜伏期为3～5 d,短的1 d,长的可达7 d。有急性型、亚急性型和慢性型3种类型。

(1)急性型(败血型)　在流行初期,个别病例不表现任何症状而突然死亡,随后相继发病,体温突然升至42℃以上,寒战,减食,有时呕吐,病猪虚弱,不愿走动,行走时步态僵硬或跛行。眼结膜充血,很少有分泌物。粪便干硬附有黏液,有的后期发生腹泻。发病1～2 d后,皮肤上出现红色或暗红色的色斑,其大小和形状不一,以耳后、颈、背、腿外侧较多见,开始时指压退色,指去复原。病程2～4 d,病死率80%～90%。未死者转为亚急性型或慢性型。

哺乳仔猪和刚断奶仔猪发生猪丹毒时,往往有神经症状,抽搐,病程多不超过1 d。

(2)亚急性型(疹块型)　通常取良性经过。其症状比急性型轻,其特征是在皮肤上出现疹块。病初食欲减退,口渴,便干,有时呕吐,体温升高至41℃以上。发病1～2 d后,在胸、腹、背、肩及四肢外侧等处出现方形、菱形、圆形、不规则形,稍突出于皮肤表面的疹块,少则几个,多则数十个。初期疹块为充血,呈红色,指压退色;后期转为淤血,暗红色,指压不退色。疹块发生后,体温恢复正常,病势减轻,几天后疹块部位的皮肤下陷,颜色减退,表面结痂,经1～2周康复。如果病猪极度虚弱,也可转为急性型而死亡。

(3)慢性型　一般是由急性型或亚急性型转变而来,也有原发性的。在临床上表现为慢性心内膜炎、慢性关节炎、皮肤坏死3种病型。皮肤坏死一般单独发生,而关节炎和心内膜炎往往在一头病猪身上同时存在。病猪食欲无明显变化,体温正常,但逐渐消瘦,全身衰弱,生长发育不良。

①关节炎型。常发生于腕关节和跗关节,呈多发性。初期表现为受害猪关节肿胀,疼痛,僵硬,步态强拘,甚至发生跛行。急性炎症消失后,以关节变形为主,表现为一肢或两肢的跛行或卧地不起。病猪食欲正常,但生长缓慢,体质虚弱,消瘦,病程数周至数月。

②心内膜炎型。病猪表现食欲时好时坏,消瘦,不愿活动,呼吸加快,体温正常或稍高。听诊有心内杂音,心跳加快,强迫快速行走时,可突然倒地死亡。

③皮肤坏死型。常发生于背、耳、肩、蹄、尾等处。病部皮肤肿胀,隆起,坏死,变黑色,干硬,似皮革状。坏死的皮肤逐渐与其下层新生组织分离,犹如一层甲壳。坏死区有时范围很大,可以占整个背部皮肤,有时只在部分耳、尾末梢和蹄发生坏死,经两三个月坏死皮肤脱落,遗留一片无毛色淡的瘢痕而愈。如有继发感染,则病情复杂,病程延长。

4.病理变化

(1)急性型(败血型)　主要以败血症变化和皮肤出现红斑为特征。全身淋巴结发红肿大,呈浆液性出血性炎症。肝肿大,暗红色。脾充血肿大,呈樱桃红色,质地柔软,切面外翻,凹凸不平,呈暗红色,脾小梁和滤泡结构模糊,红髓易刮下。肾呈出血性肾小球肾炎变化,淤血肿大,红色或暗紫红色。心内外膜出血,心冠状沟部脂肪出血,有时可见心包积液和纤维素性心包炎。肺淤血、水肿。胃肠道呈急性卡他性或出血性炎症,以胃和十二指肠较明显。

(2)亚急性型(疹块型)　多呈良性经过,内脏的变化与急性型病变相似,但程度较轻,其特征为皮肤出现疹块。

(3)慢性型　慢性心内膜炎常发生于二尖瓣,其次是主动脉瓣、三尖瓣和肺动脉瓣。在瓣膜上有溃疡性或菜花样赘生物,牢固地附着于瓣膜上,使瓣膜变形。

慢性关节炎型:初期为浆液纤维素性关节炎,关节囊肿大变厚,充满大量浆液纤维素性渗出物,呈黄色或红色。后期滑膜增生肥厚,继而发生关节变形。

5.诊断

①根据流行病学、临床症状和病理变化可做出初步诊断,必要时进行实验室诊断。

②细菌学诊断。急性型应采取耳静脉血、肾、脾为病料,亚急性型在生前采取疹块部的渗出液,慢性型采取心瓣膜赘生物和患病关节液做病料,涂片、革兰氏染色后镜检,仍不能确诊时再进行细菌分离培养。

③动物接种。

④血清学诊断。用于猪丹毒诊断的血清学方法很多,如血清生长凝集试验、琼脂扩散试验、荧光抗体试验、凝集试验。

6.防制

(1)治疗　早期治疗有显著疗效。首选药物为青霉素,强力霉素、土霉素、洁霉素、泰乐霉素也有良好的疗效。

(2)预防　加强饲养管理,保持清洁,定期消毒。按免疫程序进行免疫接种,仔猪在 60 日龄前后进行免疫接种,常发地区或猪场,3 月龄时进行二免。种猪在春、秋两季各免疫接种一次。配种后 20 d 以内的母猪、妊娠后期母猪和哺乳母猪不接种。

二、猪痢疾

猪痢疾(swine dysentery)又称血痢。本病是由致病性猪痢疾蛇形螺旋体引起的一种肠道传染病。临床上以消瘦、腹泻、黏液性或黏液出血性下痢为特征。剖检病变为盲肠、结肠黏膜发生卡他性、出血性、纤维性和坏死性肠炎。

1.病原

本病的病原为猪痢疾蛇形螺旋体,呈螺旋状,有 4～6 个缓慢旋转的螺旋状弯曲,两端尖锐。取肠内容物做压片镜下观察,以长轴为中心旋转运动。革兰氏阴性,着色力差,苯胺染料或姬姆萨染液着色良好,组织切片以镀银染色更好。

本菌为严格厌氧菌,对培养基要求严格。常用酪蛋白胰酶消化大豆鲜血琼脂或酪蛋白胰酶大豆汤培养基在一个大气压、$80\% \ H_2$ 和 $20\% CO_2$ 以冷钯为催化剂的厌氧条件下培养,在 37～42℃培养 6 d,在鲜血琼脂上可见明显的溶血,在溶血带的边缘,有云雾状薄层生长物或针尖状透明菌落。

猪痢疾蛇形螺旋体对外界环境抵抗力较强。在粪便中 5℃存活 61 d,25℃存活 7 d,在土壤中 4℃能存活 18 d,纯培养物在厌氧条件下 4～10℃最少存活 102 d。对一般消毒剂、热、氧和干燥等敏感。

2.流行病学

自然条件下仅猪感染,各种年龄的猪均可发病,但以 2～4 月龄的猪最为常见。

病猪和带菌猪为本病的传染源。从粪便中排出大量病原体,污染饲料、饮水、猪舍、饲槽和用具等,经消化道感染。此外,人和其他动物如犬、鼠类、鸟类等都可传播本病。

本病一年四季均可发生。猪群一旦发生本病,流行缓慢,持续时间很长,且经常反复发病,很难根除,给防治带来很大困难。

3.临床症状

本病的潜伏期一般为 7～8 d,长的可达 2～3 个月。有最急性型、急性型和慢性型 3 种类型。

(1)最急性型　比较少见,一般见于新疫区本病流行的初期。个别猪无任何症状,突然死亡是猪群暴发本病的征兆。多数病例表现厌食、剧烈下痢,开始时为黄灰色软便,随后变成水泻,内有黏液和带有血液或血块,随病程发展,粪便混有脱落的黏膜或纤维素渗出物碎片,腥臭。病猪迅速衰弱,于抽搐状态下死亡,病死率很高。

(2)急性型　临床上最为常见。病猪精神沉郁,食欲减退,体温升高到40～40.5℃。病初排软便或稀便,继则排出含有大量半透明的黏液、血液和坏死组织碎片的红褐色黏性粪便,恶臭。病猪迅速脱水消瘦,因极度衰弱而死亡或转为慢性,病程7～10 d。

(3)慢性型　病例症状较轻,病程较长,约2～6周。下痢时重时轻,反复发作,粪便中混有较多量的黏液、坏死组织碎片和少量黑色血液。病猪食欲正常或稍减退,呈渐进性消瘦、贫血、生长迟滞,呈恶病质状态。

4.病理变化

病变仅局限于大肠。结肠和盲肠黏膜肿胀、充血、出血,肠内容物稀薄,其中混有黏液及血液而呈酱色或巧克力色。

病情严重者,肠黏膜表面形成黄色或灰色假膜,呈糠麸样或豆腐渣样外观,剥去假膜露出浅表糜烂面。肠内容物混有大量黏液和坏死组织碎片,肠系膜淋巴结肿胀,切面多汁。

5.诊断

根据本病多发生于2～4月龄的猪,以排黏液性血便为主要症状;剖检时,急性病例为大肠黏液性出血性炎症,慢性病例为坏死性大肠炎,其他器官无明显变化,可做出初步诊断。

病原学诊断,可采取急性病猪新鲜粪便的黏液或血液压片,暗视野显微镜观察,每个视野见到猪痢疾蛇形螺旋体达3～5条,可作为诊断的依据之一。

血清学诊断有凝集试验、酶联免疫吸附试验、间接免疫荧光试验和琼脂扩散试验等。

6.防制

禁止从疫区引进猪。必须引进时,应隔离检疫2个月。猪场实行全进全出饲养方式,进猪前应按消毒程序与要求对猪舍进行消毒。发病猪场最好全群淘汰,彻底清理和消毒,空舍2～3个月,再引进健康猪。

一旦发现病猪,立即给予药物治疗可取得很好的效果。痢菌净为治疗本病的常用药物,效果很好。其他如土霉素、硫酸新霉素、硫酸庆大霉素等也有较好的疗效。

三、增生性肠病

猪增生性肠病(porcine proliferative enteropathy,PPE)又称增生性肠炎,是生长育成猪常见的肠道传染病。在文献中描述相似病征的其他名称还有坏死性肠炎、增生性出血性肠病和猪回肠炎。其特征为慢性病例表现为育成猪间歇性下痢,食欲下降,生长迟缓;急性病例表现为血样下痢和突然死亡。剖检特征为小肠及结肠黏膜增厚,病理组织学变化以回肠和结肠隐窝内未成熟的肠细胞发生腺瘤样增生。

本病现已分布世界各主要养猪国家,呈地方性流行。

1.病原

增生性肠病的病原是一种专性胞内寄生菌,称之为胞内劳森菌。长1.25～1.75 μm,宽

$0.25\sim0.34~\mu m$，多呈弯曲形、S形或逗点状，无鞭毛和纤毛。革兰氏阴性，抗酸染色阳性，能被镀银染色法着色，用改良 Ziehl-Neelsen 染色法细菌被染成红色。

该菌在 $5\sim15℃$ 环境中至少能存活 $1\sim2$ 周，细菌培养物对季铵盐消毒剂和含碘消毒剂敏感。

2. 流行病学

猪是本病的易感动物，其次仓鼠、豚鼠、大鼠、雪貂、狐狸、家兔、马鹿、羔羊、幼驹、犬、鹿、猴和鸵鸟等也可发生本病。但据临床和病理学观察肠腺瘤病、坏死性肠炎和局部性回肠炎多发生于断乳后的仔猪，特别是以 $6\sim16$ 周龄生长育肥猪易感。增生性出血性肠病多见于育肥猪。

病猪和带菌猪是本病的传染源。感染后 $7~d$ 可从粪便中检出病菌，感染猪排菌时间不定，但至少为 10 周。病原菌随粪便排出体外，污染环境，并随饲料、饮水等经消化道感染。此外，鸟类、鼠类在本病的传播过程中也起重要的作用。

本病的发生与外界环境等多种因素有关。天气突变、长途运输、饲养密度过高、转换饲料、并栏或转群等应激以及抗生素类添加剂使用不当等因素，均可成为本病的诱因。多数猪呈隐性感染。临床以慢性病例最为常见，其死亡率也不高，但可引起患病猪生长缓慢，增加饲养成本。

3. 临床症状

本病人工感染的潜伏期为 $8\sim10~d$，自然感染的潜伏期为 $2\sim3$ 周，攻毒后 $21~d$ 达到发病高峰。临诊表现可以分为急性型、慢性型和亚临床型 3 种类型。

(1) 急性型　较少见，可发生于 $4\sim12$ 月龄的成年猪。表现为急性出血性贫血，呈血色水样腹泻。病程稍长时，排黑色柏油样稀粪，后期转为黄色稀粪。有些突然死亡的猪仅见皮肤苍白而粪便正常。该型常会在短时间内造成许多猪只的发病，引起高死亡率($12\%\sim50\%$)，尤其是后备母猪。

(2) 慢性型　本型最常见，多发生于 $6\sim20$ 周龄的生长猪。表现为精神沉郁、食欲减退，间歇性下痢，粪便变软、变稀或呈糊状甚至水样，有时混有血液或坏死组织碎片。患猪消瘦，被毛粗乱，皮肤苍白。如症状较轻及无继发感染，有的猪在发病 $4\sim6$ 周后可康复，但有的猪则成为僵猪而淘汰。

(3) 亚临床型　感染猪虽有病原体存在，但无明显症状或症状轻微而不引起人们的关注，但生长速度和饲料利用率下降。

4. 病理变化

猪增生性肠病剖检病变多见于小肠末端的 $50~cm$ 和结肠上 $1/3$ 处。肠壁增厚，肠管直径变粗，浆膜下和肠系膜常见水肿。肠黏膜形成横向和纵向皱褶，黏膜表面湿润而无黏液，有时附有颗粒状炎性分泌物，黏膜肥厚。

坏死性肠炎的病变还可见凝固性坏死和炎性渗出物形成灰黄色干酪样物，牢固地附着在肠壁上。

局限性回肠炎的肠管肌肉显著肥大，如同胶管，俗称"袜管肠"。打开肠腔，见肠腔狭窄，黏膜面呈不规则状，黏膜面有厚层黄白色假膜覆盖。

增生性出血性肠病很少波及大肠，回肠壁增厚，肠腔内有凝血块，结肠中可见黑色焦油状粪便。肠系膜淋巴结肿大,切面多汁。

5.诊断

根据临诊症状及剖检病变可做出初步诊断。在尸体剖检时,对肠黏膜涂片,并用改良的 Ziehl-Neelsen 染色检查细胞内细菌,是一种简单的方法。对病变的肠段进行病理组织学检查,见到肠黏膜不成熟的细胞明显增生有助于诊断。

此外,还可采集猪粪便或血清,应用聚合酶链式反应、免疫荧光试验及免疫酶联免疫吸附试验等技术进行诊断。

鉴别诊断主要应与胃溃疡、猪痢疾、猪副伤寒、仔猪水肿病等相区别。

6.防制

(1)加强饲养管理

①减少外界环境不良因素的应激,提高猪体的抵抗力。

②实行全进全出饲养制度。出猪空栏时,栏舍彻底冲洗消毒,空闲 7 d 后,方可进猪。

③有条件的猪场,采用早期断奶,多点生产。

④加强粪便管理。由于母体粪便是主要传染源,故哺乳期间应尽量减少仔猪接触粪便的机会,有条件的猪场要做到随时清粪。

⑤加强灭鼠等工作,切断传播途径。

⑥在流行期间和调运前或新购入的猪只,可在饲料中添加药物预防。

⑦在疫区,根据健康状况,制订保健计划。

(2)免疫接种 美国已研制出猪增生肠病无毒活疫苗,并批准生产,该疫苗可阻止病菌在猪体内繁殖和引起病变。断奶仔猪及生长猪口服接种,免疫前后 3 d 停用抗生素,可控制该病。

(3)药物防治 抗菌药物对本病有一定的效果。目前常用的抗生素有大环内酯类(泰乐菌素)、四环素类、硫黏菌素、林可霉素和喹诺酮类等。

◆**职业能力训练**

(一)病例分析

某猪场饲养长白和大白基础母猪 97 头,生长育肥猪 275 头,仔猪 540 头。8 月中旬,部分 4 月龄育肥猪发病,皮肤表面有大小不等的方形和菱形疹块,它们有独立存在的,也有连成一片的,突出于皮肤表面,严重时菱形痂皮脱落(图 2-6-2)。8 月 21 日,部分母猪也陆续发病,极度消瘦。截至 10 月份,死亡 2 头母猪,4 头育肥猪。请问猪场发生了什么疾病?

图 2-6-2 猪脱落的菱形痂皮

(二)诊断过程

1.问诊

深入现场,通过问诊、现场观察,获取猪场信息(表 2-6-1)。

表 2-6-1 问诊表

问诊内容	获取信息	综合分析
疾病的流行情况	①猪场发病时间、发病日龄、发病猪的数量； ②发病率、死亡率； ③疾病的初期症状、后期症状； ④疾病的治疗效果； ⑤附近及其他猪场的发病情况	①夏季发病； ②发病率高； ③具有传染性； ④皮肤有方形和菱形疹块,严重时脱落；
过去的发病情况	本场、本地及邻近地区是否有类似疾病发生	⑤生长育肥猪及母猪均有发病；
免疫接种及药物情况	①猪群免疫情况,免疫接种所用疫苗的厂家、种类、来源、运输及贮存方法； ②免疫接种时间及剂量； ③免疫前后有无使用抗生素及抗病毒药物； ④免疫后是否进行免疫抗体监测	⑥全场猪接种猪瘟、猪伪狂犬病、口蹄疫等疫苗； ⑦肌肉注射安乃近、青霉素、链霉素,病情较轻的猪效果明显；
饲养管理情况	①饲料种类,饲喂情况； ②饲养密度是否适宜； ③猪舍的通风换气情况； ④猪舍的环境卫生情况； ⑤是否由其他猪场引进动物、动物产品及饲料	⑧猪舍密度较大,通风不好

2. 临床症状(表 2-6-2)

表 2-6-2 临床症状

临床症状	症状特点	提示疾病
病猪体温升高至 40~42.5℃,精神委顿,食欲减退,皮肤表面有大小不等的方形和菱形疹块,它们有独立存在的也有连成一片的,突出于皮肤表面。疹块部位皮肤肿胀、隆起、坏死、变黑色,干硬,似皮革状,严重时菱形痂皮脱落	①体温升高； ②皮肤表面有大小不等的方形和菱形疹块,指压退色	猪丹毒

3. 病理剖检(表 2-6-3)

表 2-6-3 病理剖检

剖检病理变化	剖检特征	提示疾病
皮肤发绀,舌发绀、外伸不能回缩。全身淋巴结发红肿大。肝淤血肿大,暗红色(图 2-6-3,参见彩插)。脾充血肿大,质地柔软,切面外翻,红髓易刮脱(图 2-6-4,参见彩插)。肾淤血肿大,红色或暗紫红色。心内、外膜出血。肺淤血、水肿、肺间质增宽。胃肠道呈急性卡他性或出血性炎症,胃壁见少量出血点(图 2-6-5,参见彩插)	①淋巴结发红肿大； ②肝淤血肿大,暗红色； ③脾充血肿大,切面外翻,红髓易刮脱； ④肾淤血肿大,红色或暗紫红色； ⑤胃肠道卡他性或出血性炎症	猪丹毒

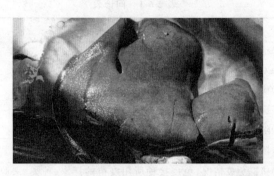

图 2-6-3　肝肿大,暗红色

图 2-6-4　脾充血肿大,质地柔软,
切面外翻,红髓易刮脱

图 2-6-5　胃肠道呈急性卡他性或出血性
炎症,胃壁见少量出血点

4. 实验室诊断

(1)采集病料　无菌采集肝、脾、肾、淋巴结、骨髓等组织器官进行检测。

(2)镜检　将病料制成涂片,用革兰氏法染色,镜检呈革兰氏阳性的细长小杆菌,呈直或稍弯的杆状,常单个、链状或成丛排列。

(3)分离培养　在固体培养基上培养48 h后形成细小的透明菌落,表现为光滑型或粗糙型。多数菌株的菌落有完整的边缘,但有一些菌株的菌落稍大,边缘不整齐。病料内的细菌为微需氧菌,能在普通营养琼脂上生长,在血液琼脂或含血清的琼脂培养基上生长更佳。多数菌株在血琼脂上形成浅绿色溶血环,粗糙型菌落不形成溶血环。

5. 结论

通过以上程序,确诊猪场发生了猪丹毒。

(三)防制

(1)治疗　早期治疗首选药物为青霉素、强力霉素、土霉素、洁霉素、泰乐霉素等。

(2)预防　加强饲养管理,保持清洁,定期消毒。按免疫程序进行免疫接种,仔猪在60日龄前后进行免疫接种,常发地区或猪场,3月龄时进行二免。种猪在春、秋两季各免疫接种一次。

◈ **自测训练**

一、选择题

1. 4月龄猪,有排尿动作,但无尿,轻度努责。腹下部膨大,用拳冲压有振水音。该病最

可能是 （　　）

 A. 尿道结石   B. 腹膜炎   C. 肾炎   D. 膀胱破裂

 E. 前列腺炎

 2. 猪发病后,在皮肤上形成红斑和疹块的传染病应该是 （　　）

 A. 猪肺疫   B. 猪副伤寒   C. 猪丹毒   D. 猪瘟

 E. 猪细小病毒病

 3. 某猪场,部分 4 月龄生长育肥猪突然发病,表现血色水样腹泻。病程稍长时,排黑色柏油样稀粪,后期转为黄色稀粪。有些突然死亡的猪,剖检可见回肠壁显著肥大,如同硬管。打开肠腔,可见肠黏膜溃疡,呈条形岛屿状。该病可初步诊断为 （　　）

 A. 猪链球菌病   B. 猪巴氏杆菌病   C. 猪支原体肺炎   D. 猪副伤寒

 E. 猪增生性肠炎

 4. 病猪食欲不振,体温 41℃,可视黏膜发绀,间歇性咳嗽,口鼻流出泡沫。提示该病的炎症部位在 （　　）

 A. 鼻腔   B. 咽喉   C. 气管   D. 食道   E. 肺脏

二、分析题

 病例:2012 年 6 月份从某猪场购入 165 头仔猪,平均体重 34.3 kg,转运前曾用冷水洗身、降温,经 7 h 长途运输至该场后,有 53 头仔猪出现食欲减退,精神沉郁、部分嗜睡等异常变化,并出现不同程度腹泻、发热现象。畜主认为胃肠炎,给予恩诺沙星、环丙沙星治疗,无好转。第 3 天,2 头仔猪突然死亡;至第 5 天,53 头猪出现轻重不等柏油状黑便、恶臭、继而又死亡 6 头。

 对死猪进行病理剖检:眼球内陷、眼结膜与皮肤苍白、回肠壁明显增厚、变硬,回肠黏膜粗糙,可见黏膜坏死、出血,并有凝血块与未完全凝固血液,似一条血肠。结肠内有柏油样稀便,但结肠病变不明显。

 实验室检查:取病变回肠段做镜检,肠上皮内可见弯曲杆菌。初步诊断什么病?

学习情境七   不同日龄猪共患病的诊断与防制

◆学习目标

 1. 了解猪炭疽、猪结核病、猪破伤风的病原形态及流行病学特点;

 2. 了解消化不良、胃肠炎、肠便秘、肠变位、感冒、肺炎的病因;

 3. 了解疝、风湿病、中暑、猪应激综合征的病因;

 4. 掌握以上猪病临床症状,能够对其进行初步诊断和治疗。

◆案例分析

 病猪不断努责做排粪姿势,但只排出少量附有黏液的干硬粪球。精神沉郁,食欲减退,饮水增多,呼吸增数。偶尔见有腹胀、起卧不安,因腹部疼痛而回视腹部症状。肠音减弱或消失。触诊腹部,小型或瘦弱的病猪可摸到肠内干硬的粪球,多呈串珠状排列。初步诊断为何种疾病,应如何进行防治?

学习任务一　猪共患传染病的诊断与防制

一、猪炭疽

猪炭疽(anthrax of swine)是由炭疽杆菌引起的家畜、野生动物和人共患的一种急性、热性、败血性传染病。其病变的特点是败血症变化,脾脏显著增大,皮下和浆膜下有出血性胶样浸润,血液凝固不良,呈煤焦油样。人炭疽的特点是皮肤坏死,形成特征性黑痂。

1. 病原

本病的病原为炭疽杆菌,为革兰氏阳性粗大杆菌,长 $3\sim8$ μm,宽 $1\sim1.5$ μm,两端平切,无鞭毛。在猪体内菌体常弯曲或部分膨大,多单在或 $2\sim3$ 个相连,菌体相连处有清晰的间隙,似竹节状。人工培养基上菌体形成长链。在动物体或含有血清的培养基上形成荚膜,在培养基或外界形成芽孢(卵圆形,直径比菌体小,位于菌体中央)。

本菌为需氧或兼性厌养,对营养的要求不高。在普通琼脂平板上 24 h 形成灰白色、干燥、边缘不整齐的菌落,低倍镜观察边缘卷发状。

炭疽杆菌菌体对外界环境抵抗力不强,20% 漂白粉、0.5% 过氧乙酸都能将其杀死。但其芽孢有极强的抵抗力,在土壤中能存活 $32\sim50$ 年,150℃干热 60 min 才能杀死。对青霉素、红霉素、金霉素和磺胺类药物敏感。

2. 流行病学

各种家畜、野生动物都有不同程度的易感性。猪对炭疽有相当强的抵抗力,多数呈隐性感染,发病率低。人炭疽多见于和炭疽病畜或其皮毛接触的人。

患病动物是主要的传染源。炭疽杆菌存在于器官、组织及血液中,血便、脓汁中,特别是天然孔流出的血液含菌最多。病畜的分泌物、排泄物、尸体污染水源、草场、土壤,而成为长久的疫源地。

主要经消化道感染,也可经呼吸道、吸血昆虫叮咬、皮肤损伤而感染,猪吃了含有炭疽芽孢的骨粉或死于炭疽动物尸体或其污染的饲料和水,均能引发本病。

本病多发生于夏季,呈散发或地方性流行。

3. 临床症状

本病的潜伏期 $1\sim3$ d,最长达 14 d。分为败血型、咽喉性、肠型和隐性型 4 种类型。

(1)败血型　通常见不到任何症状而突然死亡。死后尸僵不全,明显膨胀,口、鼻孔、肛门流出暗黑色血液,凝固不良,肛门外翻,在头、颈、下腹部皮肤有蓝紫色的色斑。猪的败血型炭疽少见,主要为咽喉型、肠型及隐性型。

(2)咽喉型　咽喉部和耳下部发生显著的热痛性肿胀,体温高达 $41\sim42.5$℃,精神委顿,食欲不振。症状严重时,呼吸困难,黏膜发绀,多数猪在水肿出现后 24 h 内死亡。也有不治而愈的猪,但有带菌的可能。

(3)肠型　一般症状不如咽喉型明显。严重时呈现急性消化紊乱,并伴有呕吐、停食、血痢。严重的感染猪可导致死亡,大多数较温和型的感染猪可康复。

(4)隐性型　无明显症状,多在屠宰后才被发现。病变常局限在颌下淋巴结、颈淋巴结、咽淋巴结和肠系膜淋巴结,淋巴结肿胀,潮红,部分坏死,其周围组织呈胶冻样浸润。

4.病理变化

(1)败血型 脾肿大 2～3 倍,呈暗红色,腹水增多,呈红褐色,器官表面常有大量出血点。

(2)咽喉型 炭疽的病变主要表现咽喉和颈部皮下呈出血性胶样浸润,头颈部淋巴结,特别是颌下淋巴结急剧肿大,切面因充血、出血而呈樱桃红色,中央有稍凹陷的黑色坏死灶。扁桃体充血、出血和坏死,表面有纤维素性假膜。

(3)肠型 主要发生在小肠,肠壁的淋巴小结肿大、出血,有时有坏死和溃疡,邻近的肠黏膜呈出血性胶样浸润,肠壁粗糙变厚。肠系膜淋巴结肿胀、出血或坏死,常伴有肠系膜水肿。腹腔有红色腹水,遇空气后可凝结成块。脾软而肿大。肝充血或水肿,间有出血性坏死灶。肾充血,皮质常见点状出血,肾上腺间有出血性坏死灶。

(4)隐性型 常见于颌下淋巴结,少见于颈、咽后和肠系膜淋巴结。淋巴结不同程度增大,切面呈砖红色,散布有细小灰黄色坏死病灶或暗红色凹陷小病灶,周围的结缔组织有水肿性浸润,呈鲜红色。扁桃体坏死和形成溃疡,黏膜有时脱落,呈灰白色。

5.诊断

猪炭疽的症状和病变只有参考意义,需要实验室检查才能确诊。

(1)细菌学检验 在严密防止病原扩散的条件下取血液、血便、病变处水肿液及病变淋巴结制成涂片,用碱性美蓝、瑞氏染液或姬姆萨染色,如发现有荚膜的竹节状大杆菌即可确诊。

(2)分离培养 取病料接种普通琼脂或血液琼脂,37℃培养 18～24 h,观察有无典型的炭疽杆菌菌落。同时涂片做革兰氏染色镜检。

(3)血清学检验 采用 Ascoli 氏沉淀反应,在一支小玻璃管内将疑为炭疽病死亡动物尸体组织的浸出液与特异性炭疽沉淀素血清重叠,如在两液接触面产生灰白色环状沉淀即可诊断。

在临床上应与猪肺疫进行鉴别。最急性猪肺疫有明显的急性肺水肿症状,口鼻流泡沫样分泌物,呼吸困难,从肿胀部抽取病料涂片,用碱性美蓝染色液染色镜检,可见到两端浓染的巴氏杆菌。

6.防制

①在经常发生炭疽及受威胁区每年对易感动物如牛、羊等进行预防接种。无毒炭疽芽孢苗,皮下注射 0.5 mL;或Ⅱ号炭疽芽孢苗,皮下注射 1 mL。

②对病因不明,突然死亡的牛、羊、猪等动物,怀疑为炭疽时严禁剖检,更不许私自剥皮吃肉,应经有关部门确诊后再做处理。尸体不准任意丢弃,应在指定地点按规程处理。

③确诊为炭疽病后,应迅速查明疫情,立即报告上级兽医防疫部门,划定疫区,实行封锁和一系列兽医卫生防疫措施。消毒剂可选用 5%氢氧化钠、10%福尔马林等。解除封锁应在最后 1 头病猪死亡或治愈后 15 d 再无新病例出现,经彻底消毒后,报请上级批准,解除封锁。

④对确诊病猪就地焚烧,对可疑感染猪及早用药预防。抗菌药可选用青霉素、强力霉素、氟苯尼考、磺胺类药物。

⑤对接触过病猪的人员,应加强个人防护和进行医学观察 12 d。

二、猪结核病

结核病(tuberculosis)是由结核分枝杆菌引起的人畜共患慢性传染病。临床特征是病程缓慢、渐进性消瘦、咳嗽、衰竭并在多种组织器官中形成特征性肉芽肿、干酪样坏死和钙化的结节性病灶。

1.病原

本病的病原为分枝杆菌属的 3 个种,即人型、牛型和禽型。为革兰氏染色阳性的细长、正直或微弯的杆菌。不产生芽孢和荚膜,无运动性。牛型比人型菌较短而粗,染色均一。禽型具有多形性,一般多呈念珠状,细菌也常比牛型的长。各型结核杆菌虽然具有一定的差异,但其基本形态相同。

病灶组织涂片上的菌体多单个或成双,有时成丛,菌形较一致。陈旧培养基上或在干酪变性的病变组织内可见有分枝现象,淋巴结涂片有时也可见各型特点。抗酸染色法着色后,结核菌染成红色,与其他细菌、组织细胞和组织碎屑着色不同。

结核分枝杆菌为专性需氧菌,致病菌株的最适 pH 为 6.5～6.8,最适的生长温度为 37～37.5℃。此菌对营养物质要求严格,在含鸡蛋、血清、牛乳、马铃薯和甘油(对牛型菌无益处)的培养基中易于生长。在这种培养基中加入染料可抑制杂菌生长。

结核分枝杆菌细胞壁内含有极高的脂质成分,对外界的抵抗力很强。在潮湿的土壤、粪堆和草秆中可存活极长时间。对干燥和湿冷抵抗力甚强。对湿热抵抗力弱,60℃经 30 min 可杀灭。直射阳光可迅速致死,4 h 全部被杀死。对绝大多数消毒剂的抵抗力比其他非芽孢菌稍强,在 70%酒精或 10%漂白粉中很快死亡。

本菌对常用的磺胺药、青霉素及其他广谱抗生素均不敏感。对链霉素、环丝氨酸、异烟肼及其衍生物、对氨基水杨酸、利福平等敏感。

2.流行病学

本病可侵害人和多种动物,据报道,约 50 种哺乳动物、25 种禽类可患本病。该病分布很广,各国对动物结核病及人结核病都非常重视。猪结核病可由人型分枝杆菌、牛型分枝杆菌和禽型分枝杆菌引起。人感染动物结核病多由牛型分枝杆菌所致。

患结核病的畜、禽和人,特别是通过各种途径向外排菌的开放性结核病患者是本病的传染源。痰液、乳汁或肠结核病畜粪便污染空气、圈舍、饲料和饮水,饲喂结核病畜的内脏或未煮熟的下脚料、结核病未经消毒的牛奶等均可使猪发病。猪主要通过消化道感染,也可通过呼吸道感染。在饲养过结核病鸡的场地上养猪,也可以使猪感染发病。

本病多为散发,发病率和病死率不高。无明显的季节性和地区性。

3.临床症状

本病的潜伏期长短不一,短者一般为十几天,长者可达数月。

病程通常呈慢性经过,病初症状不明显,当病程逐渐延长,饲养管理粗放,营养不良,则症状显露。

猪结核常由消化道传染,其病灶大多数局限于颌下、咽、颈及肠系膜淋巴结,呈拇指大至拳头大的硬块,表面凹凸不平,有时破溃排出脓块或干酪样物。但当肠道有病变,且严重时才会导致腹泻、消瘦。呼吸道感染严重时则表现出短咳、痛咳和呼吸困难等症状。

4.病理变化

病猪尸体外观消瘦,结膜苍白。病变多在屠宰后发现,常局限在咽、颈部淋巴结和肠系膜淋巴结。局部淋巴结结核病变可表现为结节性和弥漫性增生2种形式。前者表现为形成粟粒大至高粱米粒大,切面呈灰黄色干酪样坏死或钙化的病灶;后者表现淋巴结呈急性肿胀而坚实,切面呈灰白色而无明显的干酪样坏死变化。

从眼观上很难确定猪淋巴结核是由哪一型结核菌引起的。但一般来说,由禽型结核杆菌引起的病灶,主要是以上皮样细胞和郎罕氏细胞增生为主,病灶中心干酪化、钙化与病灶周围包膜形成均不明显,在陈旧性病灶才见有轻度的干酪样坏死和钙化。而由牛型结核杆菌引起的淋巴结病变多半形成大小不等的结节,与周围组织界限清楚,结节中心干酪样坏死和钙化比较明显,并形成良好的包膜。

有时也可见到猪全身性结核,主要由牛型结核菌引起。全身性结核除在咽、颈和肠系膜淋巴结形成结核病变外,还可在肝脏、肺脏、脾脏、肾脏等器官及其相应淋巴结形成多少不等、大小不一的结节性病变,尤其在肺和脾较为多见。猪肺结核可见肺实质内散在或密集分布粟粒大、豌豆大至榛子大的结节,有时许多结节隆突于肺胸膜表面而使胸膜粗糙、增厚或与肋胸膜粘连。新形成的结节周边有红晕,陈旧结节周围有厚层包膜和中心呈干酪样坏死或钙化。有的病例还形成小叶性干酪性肺炎病灶。脾脏结核表现脾脏肿大,在脾脏表面或脾髓内形成大小不一的灰白色结节,结节切面呈灰白色干酪样坏死和外周有包囊形成。

5. 诊断

结核病患猪生前无明显症状,根据死后剖检变化才能确诊,必要时可做结核菌素试验和显微镜检查等。

(1)细菌学诊断 采取病料(痰、乳汁、尿、粪便)制片镜检。分离培养和动物实验需时较长,很少应用。近年来采用荧光抗体技术检查病料中的结核杆菌,具有快速、准确、检出率高等优点。

(2)变态反应学诊断 诊断猪结核病多同时做禽型和牛型结核菌素试验,2种结核菌素同时分别在两侧耳根皮下注射 0.1 mL,48～72 h注射部位发红肿胀者为阳性。

6. 防制

结核病是人和动物共患的常见多发病,人、牛和家禽是结核菌的三大宿主,患结核病的人禁止饲养、接触猪只,养殖场内禁止饲养其他动物。

结核病猪一般不予治疗。猪场一旦发生猪结核,病群应做淘汰处理。被污染的圈舍、场地等可用 20%石灰乳,5%来苏儿或 5%漂白粉进行 2～3 次彻底消毒,3～6 个月后猪舍再利用。

三、破伤风

破伤风(tetanus)又名"强直症"。是由破伤风梭菌经伤口感染后,产生外毒素而引起的一种急性、中毒性传染病。以骨骼肌持续性痉挛和对刺激反应兴奋性增高为特征。

1. 病原

本病的病原为破伤风梭菌,又称强直梭菌,为大小(0.5～1.7) $\mu m \times$ (2.1～18.1) μm 的细长杆菌。两端钝圆、正直或微弯曲,有周鞭毛,无荚膜,多单个存在。幼龄培养物革兰氏阳性,48 h 后常呈阴性反应;芽孢位于菌体一端,似鼓槌状;本菌为专性厌氧菌,普通培养基中即可生长,最适温度 37℃,最适 pH 为 7.0～7.5。厌氧培养 24 h,可形成直径 4～6 mm,扁平、灰色、半透明、表面昏暗、边缘有羽毛状细丝的不规则圆形菌落,如小蜘蛛状,培养基湿润时可融合成片。血琼脂上菌落周围可形成轻度的 β 溶血环。明胶穿刺,先沿穿刺线呈试管刷状生长,继而液化并使培养基变黑,产生气泡,通常不发酵糖类,有少数菌株可发酵葡萄糖。不还原硝酸盐,不分解尿素。

本菌繁殖体抵抗力不强,芽孢抵抗力极强,在土壤中可存活几十年。5% 石炭酸可在 10~12 h 内杀死芽孢,煮沸 15 min,0.5% 盐酸 2 h,10% 碘酊、10% 漂白粉及 30% 双氧水等约 10 min 可杀死芽孢。对青霉素、磺胺类敏感。

2. 流行病学

各种家畜均有易感性。单蹄动物最易发生,猪也常发生本病。实验动物以豚鼠最易感,次为小鼠,家兔有抵抗力。人的易感性也很高。破伤风梭菌广泛存在于周围环境中,只有创伤才能引起感染。猪多由阉割引起,其他各种创伤(断尾、断脐等)也可能发生感染。有些病例,见不到伤口,可能是伤口已愈合或经子宫、消化道黏膜损伤而感染。

本病多为散发,无明显的季节性。不分品种、年龄、性别均可发生。

3. 临床症状

本病的潜伏期一般 1~2 周,最短 1 d,最长可达数月。常由于阉割、断脐、断尾而感染。病情发展迅速,1~2 d 症状完全出现。一般从头部肌肉开始痉挛,病猪眼神凶恶、发直,瞬膜外露,牙关紧闭,流涎,叫声尖细如鼠。应激性增高,四肢僵硬向后伸,赶行以蹄尖着地,呈奔跳姿势,出现强直痉挛症状。随后,患猪行走困难,耳朵直立,尾向后伸直,头部微仰。最后不能行走,骨骼肌肉触感很硬。患猪呈角弓反张式侧卧,胸廓和后肢强直性伸张,直指后方。突然外来的感觉刺激如触摸、声音或可见物的移动,可使痉挛增强。呼吸困难,口鼻有时有白色泡沫。病程长短不一,通常 1~2 周,在病畜应激性不高的情况下,表现口松、流涎减少,体温趋于正常。

4. 病理变化

病畜死亡后无特殊有诊断价值的病理变化。仅在黏膜、浆膜及脊髓等处有小出血点。四肢和躯干肌间结缔组织有浆液浸润。病猪由于窒息死亡,血液凝固不良呈黑紫色,肺充血、水肿,有的有异物性坏疽性肺炎。

5. 诊断

本病结合有明显的深部创伤史或感染区,如阉割伤口和脐部脓肿即可确诊。如症状不明显,可采用细菌学检查。将可疑病料(如创伤分泌物或坏死组织)培养于肝片肉汤中,经 4~7 d 后滤过,用滤液接种小鼠,观察发病情况。也可直接将病料做成乳剂,注射于小鼠尾根部。一般经 2~3 d 后可表现症状。或采取病畜全血 0.5 mL,肌肉注射于鼠臀部,一般经 18 h 后,出现症状。将病灶部渗出液涂片,直接用革兰氏染色后,可看到细菌丛中鼓槌状典型破伤风梭菌形态的革兰氏阳性杆菌,细菌也可用厌氧培养分离,或用免疫荧光试验进行鉴定。

病程发展缓慢或病初症状不明显的病例应注意与急性肌肉风湿症、马钱子中毒、脑炎、狂犬病等相区别。

(1)急性肌肉风湿症 无创伤史,患部肌肉强硬,结节性肿胀,有疼痛,头颈伸直或四肢拘僵,体温升高 1℃ 以上。缺乏兴奋性,无牙关紧闭、瞬膜外露,两耳竖立,尾高举等症状,水杨酸制剂治疗有效。

（2）马钱子中毒　有中毒病史，有牙关紧闭、角弓反张、肌肉强直等现象。一般无瞬膜突出，反射兴奋性不高，肌肉痉挛发生迅速，间歇性发作，可导致迅速死亡或痊愈。水合氯醛治疗有明显拮抗作用。

（3）脑炎、狂犬病等　虽也有牙关紧闭，角弓反张，腰发硬，局部肌肉痉挛等症状，但瞬膜不突出，尾不高举，有意识扰乱或昏迷不醒，并有麻痹症状。

6. 防制

猪破伤风无治疗价值，关键在于预防。仔猪去势之前应进行舍内的消毒，手术、去势和新生仔猪断脐要严格消毒，必要时皮下或肌肉注射破伤风抗毒素 1 200～3 000 IU。

学习任务二　猪共患普通病的诊断与防制

一、消化不良

消化不良（dyspepsia）是胃肠黏膜表层性炎症引起的胃肠消化障碍，是猪的常见消化道疾病。

1. 病因

引起消化不良的因素很多，如突然变更饲料，饲喂不定时定量，过饥或过饱，饲料发霉变质、遭受冰冻霜打、虫蛀，饮水不洁或不足，气候骤变，机体受寒，误用刺激性药物如乳酸、稀盐酸、健胃酊剂等，都能引起消化不良。此外，还常继发胃肠道寄生虫病、牙齿病、骨软症、维生素缺乏及某些传染病。

2. 临床症状

病猪体温无明显变化，表现精神不振，常喜卧于暗处。食欲不定，时好时坏，采食时常中途退槽，咀嚼缓慢，呕吐，常有异嗜。有的病猪排少量干硬粪球，表面附有灰白色黏液，味腐臭，尿少而黄。有的发生腹泻，粪便稀软或水样，混有消化不全的饲料，无异臭，有时腹痛，小便清长。有的便秘与腹泻交替出现。病猪逐渐消瘦，被毛粗乱无光泽，行动迟缓，并呈现贫血症状。

3. 诊断

主要根据病史、临床症状进行诊断。病史调查应注意有无传染病的流行和饲养管理方面的问题。在鉴别诊断上，应与胃肠炎相区别，本病体温不高，仍有食欲，粪便时干时稀，全身症状不如胃肠炎重剧。

4. 防制

治疗原则是除去病因，改善饮食，清肠制酵，调整胃肠机能。

因饲料品质不良所致，应改换营养全价易消化的饲料；因饲养管理有问题，应改善饲养管理；由其他疾病继发，应积极治疗原发病。

对粪便干硬、量少者，可用硫酸镁 30～80 g 或人工盐 40～100 g，石蜡油或植物油 50～100 mL，龙胆酊或大黄酊 20～30 mL，常水 600～1 600 mL，一次内服。当粪便已经变软，可给予人工盐、酵母粉、食醋、胃蛋白酶等健胃剂，调节胃肠机能。

二、胃肠炎

胃肠炎（gastroenteritis）是胃肠黏膜及其深层组织发生重剧炎症的疾病。临诊上以严重的胃肠机能障碍和伴发不同程度的自体中毒为特征。

1. 病因

本病主要是由于喂给腐败变质、发霉、不清洁或冰冻饲料，或误食有毒植物以及化学药物，或暴饮、暴食刺激胃肠，冬季受寒、感冒、长途运输所致。此外，某些急性热性传染病、寄生虫病及内科病也能继发胃肠炎，如炭疽、猪瘟、猪丹毒、流感、猪蛔虫病、各种腹痛性疾病的病程经过中。

2. 临床症状

患猪病初精神委靡，多呈现消化不良的症状，以后逐渐或迅速呈现胃肠炎的症状。病猪精神沉郁，体温通常升高至 40℃以上，这是与消化不良的重要区别之一。脉搏加快，呼吸频数。食欲废绝而饮食亢进，鼻盘干燥。可视黏膜初期呈暗红色带黄色，以后则变为青紫色。口腔干燥，气味恶臭，舌面皱缩，被覆多量黄腻或白色舌苔。常发生呕吐，呕吐物中带有血液或胆汁。持续而重剧的腹泻，粪便稀软，粥状、糊状以至水样，有恶臭或腥臭味，混杂数量不等的黏液、血液或坏死组织碎片，肛门失禁或呈里急后重现象。脱水明显，眼球凹陷，角膜干燥，腹部卷缩，血液浓稠，暗红色，尿少而黄，甚至无尿。耳尖及四肢皮温发凉，四肢无力，起立困难，最后全身衰竭而死。

3. 诊断

根据腹泻严重和粪便中混有血液、黏液，明显的里急后重，以及明显的全身症状，即精神沉郁，食欲废绝，体温升高或降低，可视黏膜暗红或发绀，机体不同程度脱水和腹痛等症状，结合病史、饲养管理即可做出诊断。

通过流行病学调查，血、尿、粪的化验，对单纯性胃肠炎与传染病、寄生虫病的继发性胃肠炎鉴别诊断。

4. 防制

严禁饲喂变质和有刺激性的饲料，定时定量喂食。猪舍保持清洁干燥。发现消化不良的猪，及时治疗。

一旦发生胃肠炎要及早进行治疗，可用黄连素、土霉素、庆大霉素、喹诺酮类药物进行抑菌消炎。必要时施行补液、解毒、强心，防止畜体脱水、自体中毒、心力衰竭。如静脉注射 5％葡萄糖生理盐水、复方氯化钠或碳酸氢钠（后二者不能混合应用）是较常用的方法。静脉输液有困难时，用口服补液盐放在饮水中让病猪足量饮用也有较好的效果。

三、肠变位

肠变位（intestinal dislacaction）是肠管的自然位置发生改变，致使肠腔发生机械性闭塞和肠壁局部发生血液循环障碍的一组重剧性腹痛病。通常将肠变位归纳为肠扭转、肠缠结、肠嵌闭和肠套叠 4 种类型。

1. 病因

引起肠变位发生的因素很多。由于饲养不当，突然受凉，肠道炎症，肠道寄生虫以及全身麻醉等因素的作用,造成胃肠机能紊乱(如肠蠕动增强或弛缓),或在其他因素(如突然摔倒、跳越等)影响下导致肠扭转、肠缠结或肠套叠的发生。游离性大而且肠管较细的小肠,在体位改变、腹压增高时容易发生肠缠结。

肠变位也常继发于其他腹痛病的过程中。如肠管痉挛性收缩时,各段肠管的蠕动有强有弱;肠管积粪或积气时,腹内压增高,肠管相互挤压而使自然位置发生改变;腹痛时,动物急起急卧,易于发生肠变位。

2.临床症状

病猪突然出现不安和腹痛现象,病初多为轻度间歇性腹痛,很快转为剧烈持续性腹痛。使用镇痛药,腹痛症状无明显减轻;病猪精神沉郁,食欲废绝。脉搏增快,呼吸急促,可视黏膜发绀或苍白,中度脱水,肌肉震颤;口腔干燥,肠音微弱或消失,病初排少量粪便,并混有黏液或血液,最后排便停止。小肠变位时常继发胃扩张;大肠变位时常继发严重的肠臌气。

3.诊断

(1)初步诊断 诊断腹痛剧烈,药物镇痛常无明显效果;肠音微弱或消失,排便很快停止;全身症状迅速恶化,可初步做出诊断。结合腹腔穿刺液检查、直肠检查和剖腹探查,可得出确切诊断。

(2)腹腔穿刺液检查 腹腔液呈粉红色或红色。

(3)直肠检查 直肠空虚,常蓄积有血样黏液。

(4)剖腹探查 当直肠检查仍不能确定肠变位的性质时,可进行剖腹探查。

4.治疗

①应用镇痛剂以减轻疼痛刺激。

②纠正脱水、电解质紊乱和酸碱失衡,进行合理补液,以维持血容量和血液循环功能,防止休克发生。一般对早期病例应先纠正代谢性碱中毒。对中后期病例,应先纠正酸中毒。在肠变位解除前不要补糖。

③使用大量抗菌消炎药物,制止肠道菌群紊乱,减少内毒素生成。

④严禁投服泻剂。

⑤尽早实施手术整复,妥善对症治疗,做好术后护理工作。

四、肠便秘

肠便秘(intestinal constipation)是由于肠管运动机能和分泌机能降低,肠内容物停滞,水分被吸收,致使某段肠内容物秘结的一种疾病。便秘常发部位是结肠。

1.病因

(1)原发性 饲喂多量的粗硬劣质饲料,如植物藤蔓、糠麸、酒糟等;饲料中混有多量泥沙、根须、毛发;饮水不足,缺乏运动。此外,猪妊娠后期或分娩不久伴有肠弛缓时,常发生便秘。

(2)继发性 主要见于某些肠道寄生虫病,如蛔虫病,以及导致胃肠弛缓的各种疾病。也可见于肛门脓肿、肛瘘、直肠肿瘤、卵巢囊肿、腰荐部扭伤等疾病过程中。

2.临床症状

食欲减退或废绝,饮欲增加,腹围增大,喜卧,有时呻吟,经常努责,呈现腹痛。病初可缓慢地排出少量颗粒状干燥粪球,其上覆盖着稠厚的灰色黏液;经1~2 d后,排粪停止。个体小的病猪,用双手从两侧腹壁触诊,可触摸到圆柱状或串珠状的结粪。当十二指肠积食时,病猪表现呕吐,呕吐物液状、酸臭。

3.诊断

根据临床症状、直肠检查多数可得到确诊。

4.防制

(1)治疗 加强护理,疏通肠道,解痉镇痛,对症治疗。

①疏通肠道。

a.内服泻剂。可用液体石蜡10~20 mL 口服,每天1次,连用1~2 d。硫酸钠6 g或人工盐6 g,拌料内服,每天3次(每头猪)。

b.灌肠。在内服泻剂的同时,可配合用温肥皂水做深部灌肠。注意压力不要过高,否则容易造成肠壁破裂。如温肥皂水灌肠1次,隔2~3 h重复1次,连用2~3次。

c.手术疗法。如药物治疗效果不佳,应及时进行手术治疗。

②解痉镇痛。腹痛不安时,可肌肉注射30%安乃近注射液3~5 mL,或使用氯丙嗪、安溴注射液等药物。

③强心补液。为了增加泻下效果,防止脱水和维持心脏功能,可静脉注射或腹腔注射复方氯化钠注射液或5%葡萄糖生理盐水注射液,适时使用强心药物。

④加强护理。腹痛不安时,防止激烈滚转而继发肠变位、肠破裂或其他外伤;肠管疏通后,禁食1~2顿,以后逐渐恢复至常量,以防便秘复发或继发胃肠炎。

(2)预防 给予营养全面、搭配合理的日粮;给予充足的饮水和适当运动;仔猪断奶初期、母猪妊娠后期和分娩初期应加强饲养管理,给予易消化的饲料。当猪排粪减少,粪球干小,表面附灰白色黏液,尚有食欲时,立即给予多汁的青绿饲料或加喂人工盐,防止便秘发生。

五、感冒

感冒是由于寒冷刺激引起的,以上呼吸道炎症为主的急性热性全身性疾病。临床上以咳嗽,流鼻液,羞明流泪,体温突然升高为特征。

本病无传染性,以幼猪多发。一年四季都可发生,但以早春和晚秋、气候多变季节多发。

1.病因

本病最常见的原因是寒冷因素的作用,如猪舍防寒条件差、门窗破损、贼风侵袭、阴冷潮湿、天气突变、遭受寒潮侵袭、雨雪浇淋、长途运输、营养不良等,都可使机体抵抗力降低,致使呼吸道内的常在菌得以大量繁殖而引起本病。

2.发病机理

健康猪的上呼吸道常寄生着一些能引起感冒的病毒和细菌。当遭受寒冷因素刺激时,则呼吸道防御机能降低,上呼吸道黏膜的血管收缩,分泌减少,气管黏膜上皮纤毛运动减弱,致使寄生于呼吸道黏膜上的常在微生物大量繁殖而发病。营养不良时易促进本病的发生。

由于呼吸道常在细菌和病毒的大量繁殖,引起呼吸道黏膜发炎肿胀,大量渗出等变化,于是出现呼吸不畅、咳嗽、喷嚏、流鼻液等临床症状。

病菌毒素及炎性产物被机体吸收后,作用于体温调节中枢,引起发热,从而出现一系列与体温升高相关的症状,如精神沉郁、食欲减退、心跳及呼吸加快、胃肠蠕动减弱、粪便干燥、尿量减少等。

体温升高,一方面,能促进粒细胞的活动并加强其吞噬机能,增强机体的抗病能力;另一方面,高温会使糖消耗增加,脂肪和蛋白质加速分解,使中间代谢产物如乳酸、酮体和氨基酸等在体内蓄积,导致酸中毒,引起实质器官如脑、肾、心、肝的变性。

3.临床症状

起病较急,患猪精神沉郁,食欲减退或废绝,高热恶寒,喜钻草堆,耳尖、鼻端发凉。结膜潮红或轻度肿胀,羞明流泪。咳嗽,鼻塞,病初流浆性鼻液,随后转为黏液或黏液脓性。脉搏、呼吸加快,肺泡呼吸音粗粝,并发支气管炎时,则出现干性或湿性啰音。

本病病程较短,一般经3～5 d,全身症状逐渐好转,多取良性经过。治疗不及时,特别是仔猪易继发支气管肺炎或其他疾病。

4.诊断

根据受寒病史,体温升高、皮温不均、流鼻液、流泪、咳嗽等主要症状,可以诊断。在鉴别诊断上,要与流行性感冒相区别。

流行性感冒:体温突然升高达40～41℃,全身症状较重,传播迅速,有明显的流行性,往往大批发生,依此可与感冒相区别。

5.治疗

以解热镇痛为主,为了防止继发感染,适当抗菌消炎。

充分休息,多给予饮水。解热镇痛可使用安乃近、氨基比林等。防止感染可用抗生素或磺胺类药物。如①30%安乃近注射液5～10 mL,肌肉注射,1～2 次/d。②复方氨基比林注射液5～10 mL,肌肉注射,1～2 次/d。③青霉素每千克体重2万～3万 IU,用适量注射用水溶解后,肌肉注射2～3 次/d,连用3～5 d。发热程度较重或有合并感染的感冒,必要时可与链霉素混合肌肉注射。

六、肺炎

肺炎(pneumonia)是理化学因素或生物学因素刺激肺组织而引起肺部炎症的总称。发生于个别肺小叶或几个肺小叶的炎症称为小叶性肺炎,发生于整个肺叶的急性炎症称为大叶性肺炎。

1.病因

本病主要由受寒感冒引起,如气候骤变、贼风侵袭、雨雪浇淋等是引发肺炎的主要原因。猪舍通风不良,不及时清理粪便,使氨气、硫化氢等有害气体和灰尘浓度过高,刺激呼吸道黏膜,是目前规模化养猪场发生肺炎最常见的原因。此外,猪肺疫、猪传染性胸膜肺炎、流感等传染病及肺丝虫病、蛔虫病也能引发本病。

2.临床症状

肺炎的共同症状是病猪体温升高到40℃以上,精神沉郁,食欲大减或废绝,被毛粗乱无光泽,卧地不起,日渐消瘦。流浆液性、黏液性或黏液性脓性鼻液,咳嗽,喷嚏,呼吸迫促,重者则发生气喘。胸部听诊,病初病灶部肺泡呼吸音减弱,可听到捻发音及各种啰音,以后由于渗出物充满肺泡和阻塞细支气管,肺泡呼吸音消失,可能听到支气管呼吸音,其他健康部位,肺泡呼吸音增强。

血常规检查,可见白细胞总数和嗜中性白细胞增多,并伴有核左移现象。

3.诊断

根据临床症状,特别是肺部听诊可听到捻发音和各种啰音,可做出诊断。在鉴别诊断上,应与支气管炎、猪后圆线虫病、猪支原体肺炎区别。

(1)支气管炎 有咳嗽、病初短促干咳、肺部听诊有啰音、流鼻液、食欲减退等症状,但体温一般正常,仅急性时稍高,呼吸时的运动强度和频率无明显变化,叩诊不引起咳嗽,剖检肺部无炎症病灶。

(2)猪后圆线虫病 也有流鼻液、咳嗽、呼吸增数、肺部听诊有啰音等症状,但常出现痉咳,1次能持续40～60声,眼结膜稍苍白,消瘦,粪检可见虫卵,剖检支气管中可见虫体。

(3)猪支原体肺炎 有传染性,一般体温正常,有继发感染时体温才升高,呼吸增数很多(100～120次/min),剖检肺心叶、尖叶、中间叶呈灰色半透明如"肉样"变或灰黄、灰白半透明如"虾肉样"变。

4.防制

(1)预防 加强饲养管理,消毒要彻底,猪舍要做到清洁、干燥,防寒保暖,加强通风,及时清除粪便,减少有害气体产生,降低饲养密度,可有效防止本病的发生。

(2)治疗

①抗菌消炎。可用青霉素、链霉素、卡那霉素、氨苄青霉素、头孢霉素等抗生素和喹诺酮类药物进行治疗。治疗时应选择病原菌敏感的药物,防止产生抗药性。

②制止渗出。可用5%氯化钙5～10 mL或10%葡萄糖酸钙25～50 mL静脉注射,隔日1次。

③提高食欲。如食欲不好,用50%葡萄糖50～100 mL、糖盐水200～300 mL、25%维生素C 2～4 mL静脉注射,每日或隔日1次。

④止咳祛痰。当分泌物黏稠,咳嗽严重时,可应用止咳祛痰药如氯化铵、碘化钾、碳酸氢钠、复方甘草合剂等。

七、风湿病

风湿病(rheumatic disease)是一种主要侵害背腰、四肢的肌肉和关节,同时也侵害心脏以及其他组织器官的全身性疾病。

1.病因
本病主要是因环境潮湿、寒冷、运动不足、饲料突变等诱因引起的。

2.临床症状
本病主要是风湿病的特点是突然发病,疼痛有转移性,容易再发。

(1)根据发病组织和器官分类 临诊上根据发病组织和器官不同,将风湿病分为肌肉风湿病和关节风湿病。

①肌肉风湿病。触诊患部疼痛、温热,肌肉坚硬、不平滑。因疼痛有转移性,故出现交替性

跛行。转为慢性时患部肌肉萎缩。

②关节风湿病。多发生在肩、肘、髋、膝等活动性较大的关节,常呈对称性,也有转移性。脊柱关节也有发生。急性关节风湿病表现为急性滑膜炎的症状,关节肿胀、增温、疼痛,关节腔有积液,触诊有波动,穿刺液为纤维素性絮状混浊液。站立时患肢常屈曲,运动时呈肢跛为主的混合跛行。常伴有全身症状。转为慢性时,呈现慢性关节炎的症状,滑膜及周围组织增生、肥厚,关节变粗,活动受到限制,被动运动时有关节内摩擦音。

(2)根据发病部位分类 因发病部位不同,可分为颈风湿、背腰风湿和四肢风湿。

①颈风湿。一侧患病时,颈弯向患侧,称为斜颈。两侧同时患病时,头颈伸直,低头困难。

②背腰风湿。背腰稍弓起,凹腰反射减弱或消失,运步时后肢常以蹄尖拖地前进,转弯不灵活,卧地起立困难。

③四肢风湿。患肢举抬困难,运步缓慢,步幅缩短,跛行随运动量的增加而减轻或消失。

3.诊断

通常依据病史和病状特点不难诊断,必要时可内服水杨酸钠、碳酸氢钠,1 h后运步检查,如跛行明显减轻或消失即可确诊。

4.防制

(1)预防 应注意冬季防寒,避免感冒,猪舍经常保持清洁干燥,防止贼风袭击,在雨淋后应置于避风处,以防受风寒。

(2)治疗 本病的治疗方法很多,但易复发。常用的治疗方法有以下几种。

①水杨酸制剂疗法。水杨酸制剂具有明显的抗风湿、抗炎和解热镇痛作用,用于治疗急性风湿病效果较好。除内服水杨酸钠外,还可静脉注射10%水杨酸钠溶液20~100 mL。应用安替比林、氨基比林也有良好的效果。

②可的松制剂疗法。可的松类具有抗过敏作用和抗炎作用,用来治疗急性风湿病也有显著效果。可选用醋酸可的松、氢化可的松、地塞米松等。

此外,也可用中草药、针灸疗法,背腰风湿可用醋酒灸法(火鞍法)。

八、中暑

中暑(heat stroke)是日射病和热射病的统称,常发生在炎热的夏季。

1.病因

本病主要是由于猪舍内气温过高,猪又无防暑设备或夏季运输防暑措施不当,强烈日光直接照射等原因引起的,湿度大、饮水又不足时更易促进本病的发生。

2.临床症状

患猪精神沉郁,四肢无力,步态不稳,皮肤干燥,常出现呕吐,体温升高,呼吸迫促,黏膜潮红或发紫,心跳加快,狂躁不安。特别严重者,精神极度沉郁,体温升至42℃以上,进一步发展则呈昏迷状态,最后倒地痉挛而死亡。

3.诊断

临诊上应注意与脑膜炎区别,中暑是由于强烈日光照射或天气闷热而引起大脑中枢神经发生急性病变,与脑膜炎相似,但将病猪立即移至凉爽通风处,并用凉水泼洒头部和全身,轻症病例,很快就能恢复,较重者亦能逐渐好转,且本病只发生在炎热夏季。脑膜炎不只发生在夏季,采取上述降温措施效果不明显。

4.防制

(1)预防　炎热夏季,应注意防暑降温,保证充足饮水。运输猪只时,须有遮阳设施,注意通风,不要过分拥挤。

(2)治疗　发病后,立即将病猪移至阴凉通风的地方,保持安静,并用冷水泼洒头部及全身或冷水灌肠,或从尾部、耳尖放血。每千克体重可用氯丙嗪 3 mg,肌肉注射或混于生理盐水中静脉滴注,用安钠咖 5～10 mL,肌肉注射;严重脱水者可用 5% 葡萄糖和生理盐水 500 mL,静脉或腹腔注射,同时用大量生理盐水灌肠;为防止肺水肿,静脉注射地塞米松 0.2 mg/kg。也可用中草药治疗,如甘草、滑石各 30 g,绿豆水为引,内服;或西瓜 1 个捣烂,加白糖 100 g,或淡竹叶 30 g,甘草 45 g,水煎,一次灌服。

九、猪应激综合征

猪应激综合征(porcine stress syndrome,PSS)是猪遭受不良因素的刺激,而产生一系列非特异性的应答反应。死亡或屠宰后的猪肉,表现苍白、柔软及水分渗出等特征性变化,此猪肉俗称白猪肉或水猪肉,其肉质低劣,营养性及适口性均差。本病在世界各地均广泛发生,我国各地亦均有发生,已日益受到重视。

1.病因

本病的发生与遗传因素密切相关。研究证实,猪应激综合征与体型和血型有关。应激敏感猪几乎都是体矮、腿短、肌肉丰满、臀部圆的猪。杂交猪和某些血缘的瘦肉型纯种猪易发,如长白猪、皮特兰猪发生较多。应激易感猪常常是由外界应激因素激发而发生的,这些应激因素包括驱赶、抓捕、运输、过热、兴奋、交配、惊吓、陌生、混群、拥挤、咬架、外伤和保定等。有些药物也可诱发本病,如某些吸入麻醉剂(氟烷、甲氧氟烷、氯仿、安氟醚、三氟乙基乙烯醚等)和某些去极化型肌松剂(如琥珀酸胆碱、氨酰胆碱等)常常成为本病的激发剂。

2.临床症状

病猪最初表现为肌纤维颤动,特别是尾快速颤抖。肌颤可发展为肌僵硬,使动物步履艰难,或卧地不动。白猪皮肤可出现苍白、潮红交替出现等现象,继之发展成紫绀。心跳加快,体温迅速升高,临死前可达 45℃。中期症状像休克或虚脱,如不予治疗,则 80% 以上的病猪可在 20～90 min 内进入濒死期。死后几分钟就发生尸僵,肌肉温度很高。

3.病理变化

本病死亡或急宰的猪中,有 60%～70% 在死亡 0.5 h 内肌肉呈现苍白、柔软、渗出水分增多,即 PSE 肉。反复发作而死亡的病猪,可能在腿肌和背肌出现深色而干硬的猪肉。肌肉组织学检查并无特异性,只见肌纤维横断面直径大小不一及玻璃样变性。

4.诊断

(1)目测诊断　由有经验的猪场管理人员通过目测来辨认 PSS 基因纯合体猪的准确率为 40%～80%。这种纯合体猪常表现出体型略短、臀部呈圆形、体脂肪层较薄、眼球突出有恐惧感以及在兴奋状态下的快速尾震颤。

（2）剖检　在对死于 PSS 的猪进行解剖时,常无特异性肉眼病变,有时可见急性心力衰竭的病变,包括肺充血、气管和支气管水肿、肝充血、胸腔积液。新鲜胴体迅速开始僵直,血液暗黑色,可以认为是氧去饱和所致。肌肉苍白或灰白,多汁质地松软,并带有酸味。病理组织学检查经常显示肌纤维高度收缩,偶然可见肌纤维变性,肌纤维由于水肿而分离,特别是背最长肌和半腱肌。

5.防制

（1）预防　根除的方法是从遗传育种上剔除易感猪。尽量减少应激因素,注意改善饲养管理,猪舍避免高温、潮湿和拥挤。在收购、运输、调拨、贮存猪的过程中,要尽量减少各种不良刺激,避免惊吓。在可能发生应激前,先给予镇静剂氯丙嗪、安定、静松灵等及补充硒和维生素 E,有助于降低本病的死亡损失。

（2）治疗　猪群中如发现本病的早期征候,应立即移出应激环境,给予充分安静休息,用凉水淋浴皮肤,病情不严重者多可自愈。对皮肤黏膜已发绀、肌肉已僵硬的重症病猪,则必须应用镇静剂、皮质激素、抗应激药以及抗酸药物。氯丙嗪,每千克体重 $1\sim2$ mg,肌肉注射,有较好的抗应激作用。水杨酸钠、巴比妥钠、盐酸苯海拉明以及维生素 C 等也可选用。为防止酸中毒,可用 5％碳酸氢钠溶液静脉注射。

十、疝（赫尔尼亚）

（一）脐疝

肠管通过脐孔进入皮下,称为脐疝（umbilical hernia）。以仔猪最常见,一般是先天性的,疝内容物多为小肠及网膜。

1.病因

本病多发生于幼龄猪。多因脐孔闭锁不全或完全没有闭锁,当腹压升高（挫伤、奔跑、捕捉、按压）时,腹腔脏器进入皮下。

2.临床症状

猪的脐部突出一个似核桃、鸡蛋至拳头大的局限性球形包囊,用手按压时柔软,容易把疝内容物由肠管堆入腹腔中,此时包囊消失,当手松开和腹压增高时,又可复原出现。同时能触摸到一个圆形脐轮。仔猪在饱食或挣扎时,脐部包囊可增大。用听诊器听诊时,可听到肠管蠕动音。病猪精神、食欲不受影响。如不及时治疗,下坠物可以逐渐增大。如果疝囊内肠管嵌闭,发生阻塞或坏死,病猪则出现全身症状,极度不安,厌食,呕吐,排粪减少,臌气,局部增温,硬固,有疼感,体温升高,脉搏加快。如不及时进行手术治疗,常可引起死亡。

3.治疗

可分非手术疗法（保守疗法）及手术疗法 2 种,各有利弊,要根据病情选择应用。

（1）非手术疗法（保守疗法）　凡疝轮较小的幼龄猪只,可在摸清疝孔后,用 95％酒精或 10％～15％氯化钠溶液等刺激性药物,在疝轮四周分点注射,每点注射 $3\sim5$ mL,以促使疝孔四周组织发炎而瘢痕化,使疝孔重新闭合。

（2）手术疗法　术前给猪停食 $1\sim2$ 次,仰卧保定,患部剪毛、洗净、消毒;术部用 1％普鲁卡因 10～20 mL 做浸润麻醉。按无菌操作要求,小心地纵向切开皮肤,分离疝囊肌膜,将肠管送回腹腔。撒消炎药于腹腔内,将疝环做荷包或纽扣状缝合,以封闭疝轮。撒上消炎药,多余的疝囊壁做月牙状切除,最后结节缝合皮肤,外涂碘酊消毒。

如果肠与腹膜粘连,应进行钝性分离,剥离后再接前述方法处理及缝合。手术结束后,病猪应饲养在干燥清洁的猪圈内,喂给易消化的稀食,并防止饲喂过饱。限制剧烈跑动,防止腹压过高。手术后做结系绷带,7～14 d 拆线。

(二)阴囊疝

阴囊疝(scrotal hernia)分为鞘膜内阴囊疝和鞘膜外阴囊疝。肠管经过腹股沟管进入鞘膜腔时,称鞘膜内阴囊疝;肠管经腹股沟内孔稍前方的腹壁破裂孔脱至阴囊皮下、总鞘膜外面时,称鞘膜外阴囊疝。

1.临床症状

患鞘膜内阴囊疝时,病猪患侧阴囊明显增大,触诊柔软。可复性的有时能自动还纳,因而阴囊大小不定,如若嵌闭,则阴囊皮肤水肿、发凉,并出现剧烈疝痛症状,若不立即施行手术,有死亡的危险。患鞘膜外阴囊疝时,病猪患侧阴囊呈炎性肿胀、开始为可复性的,以后常发生粘连。外部检查时很难与鞘膜内阴囊疝区别。

2.诊断

根据症状可做出诊断。

3.防制

(1)预防 猪的先天性阴囊疝受一对隐性基因控制,通过显性公猪与母猪的杂交,可发现携带隐性赫尔尼亚基因的母猪,并予淘汰。

(2)治疗 局部麻醉后,将猪的后肢吊起,肠管自动缩回腹腔。术部剪毛、洗净,猪全身麻醉后取仰卧位保定,腹股沟处无菌准备,于腹股沟环处切开,向下分离至显露疝囊及腹股沟环。将疝内容物完全还纳入腹腔后,对母猪直接闭合腹股沟环。公猪结扎精索并切除,然后闭合腹股沟环。常规缝合皮肤切口。术后不宜喂得过早、过饱,适当控制运动。

(三)外伤性腹壁疝

外伤性腹壁疝(traumatic ventral hernia)是由于打扑、顶撞、跌倒、母猪阉割不当等外伤造成腹肌破裂引起小肠脱出于皮下而发生的,常见于腹侧部或下腹部。

1.临床症状

患猪病初局部发生炎性肿胀,有热痛感。炎症减退后包囊变柔软,稍痛,能听到肠蠕动音,外部触诊能摸到疝轮。可复性者,疝内容物还纳入腹腔。发生粘连后则不能完全送回。疝内容物被嵌闭时出现疝痛症状。

2.诊断

必须外部检查和直肠检查结合,以便准确地判明疝孔的位置、大小、形状以及脱出脏器是否粘连,从而确定治疗方案。

3.治疗

对新发生的、疝孔较小且患部靠上方的可复性疝,可在还纳疝内容物后装置压迫绷带,或在疝孔周围分点注入少量酒精等刺激性药剂,令其自愈。除此以外,均须采取手术疗法。

手术方法是切开疝囊,还纳脱出的脏器,闭锁疝孔。新发生的可复性疝,一般应早期施行手术。但对破口过大,早期修补有困难的病例,可在急性炎症消退后再施行手术。如遇嵌闭性疝,必须立即进行手术。

凡发病时间较长的疝,往往发生粘连,在切开疝囊时要十分小心,剥离粘连要非常仔细,尽量不损伤肠管。如果剥离时造成肠壁裂口,应立即缝合。如果粘连的肠管发生坏死,则应截除,然后进行肠管断端吻合术。

闭锁疝孔必须做到确实可靠,不再脱出,尤其是疝孔过大时更应注意,为此在切开疝囊时要保留增厚的皮肌,以备修补缺口。闭合疝孔多采用纽扣状缝合,疝孔大、腹压也大时,最好能借助皮肌用重叠纽扣状缝合法闭合。

◆职业能力训练

(一)病例分析

某猪场有一头长大二元杂交商品猪生后不久即见脐疝,畜主没有在意,待猪长到3月龄时,疝的直径已达17 cm(图2-7-1),圆形,肿团坚硬(图2-7-2),出现食欲减退等全身症状,请求进行手术治疗。

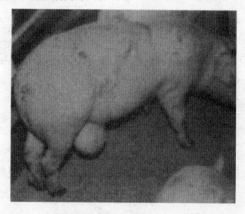

图 2-7-1 脐疝

图 2-7-2 肿团坚硬

(二)手术过程

手术前停食1 d,仰卧保定。疝表面用1:600安灭杀清洗消毒,术部涂以5%碘酊,普鲁卡因浸润麻醉。在疝最下面直线切开皮肤10 cm左右,见皮肤增厚,流出少量粉红色的炎性渗出液,皮下结缔组织增生、胶样浸润、坏死,肠浆膜与腹壁广泛疏松粘连。手术将肠管从皮下和浆膜之间坏死组织中分离出来,割弃坏死组织,肠管用生理盐水冲洗后塞入腹腔。用肠线将脐孔四周的腹膜和腹肌(由于腹膜炎,腹膜和腹肌已粘连)做锁边缝合。用5%碘酊消毒创面,撒布160万U青霉素粉后,切除多余皮肤,做结节缝合,留一小口排出炎性渗出液。

手术结束后肌肉注射320万U青霉素,放入干净的圈舍单独饲养,加强护理,每隔4 h再注射240万U青霉素,连用3次。

◈技能考核

教师课前安排学生查阅疝(赫尔尼亚)相关资料,课上分组进行脐疝或腹壁疝的手术,根据学生操作情况填写技能考核表(表2-7-1)。

表 2-7-1 技能考核表

序号	考核项目	考核内容	考核标准	参考分值
1	过程考核	操作态度	精力集中,积极主动,服从安排	5
2		协作意识	有合作精神,积极与小组成员配合,共同完成任务	5
3		实训准备	能认真查阅相关资料,完成手术操作流程报告单;积极主动进行手术前准备	10
4		手术操作	严格按照手术规程进行操作,手术操作熟练	30
5		术后护理	术后护理措施得当	30
6	结果考核	操作结果综合判断	手术效果好,并对任务完成过程中的问题进行分析和解决	10
7		工作记录和总结报告	有完成全部工作任务的工作记录,字迹整齐;总结报告结果正确,体会深刻,上交及时	10
			合计	100

◈自测训练

一、选择题

1.某猪场猪群冬天突然发病,病猪精神沉郁,拒食,常卧地不起或钻卧垫草,强行驱赶则尖叫。体温41℃左右,呼吸急促,腹式呼吸;眼、鼻流出黏性分泌物。病猪多数可康复,很少死亡。该病可能是 ( )

A. 猪肺疫   B. 猪丹毒   C. 猪流感

D. 猪繁殖与呼吸综合征   E. 猪瘟

2.30日龄仔猪发病,表现结膜潮红、呼吸增快,体温39℃,食欲不振、喜饮,起卧不安,频频做排粪动作,粪便干硬带有少量血丝。该病可能是 ( )

A. 胃炎   B. 肠炎   C. 肠便秘

D. 肠扭转   E. 肠套叠

3. 3岁母猪表现咳嗽、流鼻液,呼吸困难和弛张热症状。叩诊肺部有局灶浊音区,听诊有捻发音;血液学检查白细胞总数变化不明显,中性粒细胞增多,核左移;X线检查具大片云絮状密度不均匀阴影。最可能的诊断是 ( )

A. 支气管肺炎   B. 大叶性肺炎   C. 间质性肺气肿

D. 肺泡气肿   E. 支气管炎

4.肠炎时,为补充水分和电解质,可选用 ( )

A. 高渗盐水   B. 高渗葡萄糖   C. 高渗糖盐水

D. 鞣酸蛋白   E. 复方生理盐水

二、简答题

1.查阅相关资料,分析猪感冒和猪流感的区别是什么?

2.猪应激综合征发病原因及主要表现有哪些?

3.猪阴囊疝和腹壁疝的区别是什么?

4.胃肠炎的发病原因及防治措施有哪些?

学习任务三　猪寄生虫病的诊断与防制

◆ **学习目标**

1.掌握猪姜片吸虫病、猪囊虫病、细颈囊尾蚴病、棘球蚴病、猪蛔虫病、猪后圆线虫病、猪毛首线虫病、猪食道口线虫病、猪肾虫病、猪旋毛虫病、猪棘头虫病、猪疥螨病、猪血虱、猪弓形虫病、肉孢子虫病等寄生虫病的病原、流行病学、临床症状和病理剖检变化。

2.对以上猪寄生虫病进行诊断和治疗。

◆ **相关知识**

一、猪姜片吸虫病

姜片吸虫病是由片形科、姜片属的布氏姜片吸虫寄生于猪和人小肠内的人畜共患寄生虫病。主要特征为消瘦、发育不良和肠炎。

1.病原

本病的病原为布氏姜片吸虫(图 2-7-3),虫体外观似姜片,背腹扁平,前端稍尖,后端钝圆,新鲜虫体呈肉红色,虫体大小常因肌肉收缩而变化很大,一般长 20~75 mm,宽 8~20 mm,厚 2~3 mm。

2.流行病学

本病主要流行于我国长江流域以南地区,常呈地方性流行。各个品种、各种年龄的猪均可感染,有时狗、兔也可感染。已感染的人、猪是本病的主要传染源,主要通过消化道感染。

3.生活史

布氏姜片吸虫寄生于人和猪的小肠内,以十二指肠为最多。性成熟的雌虫与雄虫交配排卵后,虫卵随粪便排出体外,经 2~4 周孵出毛蚴,毛蚴于水中游动,遇到中间宿主 - 扁卷螺后侵入其中,发育为胞蚴、母雷蚴和子雷蚴,进一步发育为尾蚴。尾蚴离开螺体,附着在水浮莲、水葫芦、菱角、荸荠等水生植物上,脱去尾部,分泌黏液,形成灰白色、针状大小的囊蚴。猪采食了这样的植物而感染。囊蚴进入猪的消化道后,囊壁被消化溶解,童虫吸附在小肠黏膜上生长发育,经 3 个月左右发育为成虫。布氏姜片吸虫在猪体内寄生时间为 9~13 个月,死后随粪便排出。

图 2-7-3　布氏姜片吸虫

4.临床症状

患猪轻度感染时症状不明显。严重感染时食欲减退,消化不良,出现胃肠炎、胃溃疡症状,异嗜,生长缓慢,有的表现腹痛,粪中带有黏液及血液。患病后期出现贫血,病猪精神委顿,甚至死亡。

5.病理变化

剖检可发现姜片吸虫吸附在十二指肠及空肠上段黏膜上,肠黏膜有炎症、水肿、点状出血及溃疡。大量寄生时可引起肠管阻塞。

6.诊断

结合临床症状,在猪粪便中发现虫卵,或在剖检病猪时发现大量虫体,即可做出诊断。

7.防制

(1)治疗

①兽用敌百虫,每千克体重0.1 g,总重量不超过7 g,口服。

②硫双二氯酚,每千克体重0.06~0.1 g,混料内服。

③吡喹酮,每千克体重50 mg,混料内服。

(2)预防 在流行地区,每年春、秋两季进行定期驱虫;加强猪粪管理,经发酵处理之后再用;禁止采食水生植物;搞好灭螺工作。

二、猪囊虫病

猪囊虫病是由带科、带属的猪带绦虫幼虫寄生于猪引起的人畜共患寄生虫病,又称猪囊尾蚴病。其危害严重,直接影响人们的身体健康,也给养猪生产带来一定的经济损失。

1.病原

本病的病原为猪囊虫,是猪带绦虫的幼虫,俗称"痘"、"米糁子"。呈椭圆形(图2-7-4),白色半透明的囊泡,囊内充满液体。大小为(6~10) mm× 5 mm,囊壁上有1个内嵌的头节,头节上有顶突、小钩和4个吸盘。猪囊虫一般寄生在猪的肌肉组织,如咬肌、舌肌、心肌、膈肌、臀肌、腰肌、大腿肌最为多见,少数在脂肪和内脏器官也能见到。

猪带绦虫成虫长2~7 m,乳白色,呈扁平带状,分头节、颈节和体节,由800~1 000个节片组成。

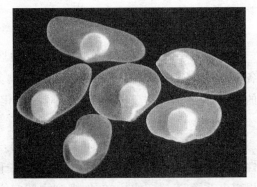

图2-7-4 猪囊虫形态

2.流行病学

本病多为散发。猪散养及连厕圈的地区,猪囊虫病发病率较高,主要通过消化道感染,患绦虫病的病人是传染源。

3.生活史

猪是猪带绦虫(亦称链状带绦虫)的中间宿主。猪带绦虫寄生在人的小肠内,虫体每个孕卵节片内含3万~5万个虫卵。孕卵节片不断脱落,随粪便排出体外。一个病人1个月可排出200多个孕卵节片。当猪吞食被孕卵节片污染的饲料或病人粪便时,虫卵进入胃肠,在猪小肠内经24～72 h孵出幼虫钻入肠壁进入血液,通过血液循环到达全身各组织,在肌肉内经2个月左右发育成囊虫。当人吃了未经处理或没有煮熟的猪囊虫肉,或误食附有囊虫的食品,经胃进入肠内,经2～3个月发育为成虫,又开始产卵,随粪便排出体外。这样人传给猪,猪又传给人,循环不已。

4.临床症状

患猪少量感染时,一般无明显症状。多量囊虫寄生时,猪表现消瘦,腹泻,贫血,水肿,并伴有短促咳嗽,声音嘶哑,打呼噜。病畜肩膀宽,胸粗大,后身躯狭窄,呈"雄狮状"。寄生眼部可引起视力减退、甚至失明,寄生脑部会引起抽搐等神经症状。严重时可通过舌部触诊摸到囊虫结节。

猪带绦虫用其头节固着在人的肠壁上,可引起肠炎,导致腹痛、肠痉挛,同时可夺取大量营养。虫体分泌物和代谢物等毒性物质被吸收后,可引起胃肠机能失调和神经症状。猪囊尾蚴寄生于脑时,多数患者有癫痫发作,头痛、眩晕、恶心、呕吐、记忆力减退和消失,严重者可致死亡。寄生在眼时,可导致视力减弱,甚至失明。寄生于皮下肌肉组织时,使肌肉酸痛无力。

5.病理变化

严重时,猪肉呈苍白色而湿润,在咬肌、舌肌、肋间肌、臀肌等处有黄豆粒大小的半透明囊泡,泡内有粟粒大小的头节(图2-7-5)。

图2-7-5 肌肉上的猪囊虫

6.诊断

生前诊断猪囊尾蚴病较为困难,触摸舌根或舌腹面有豆状结节可作为参考。目前,国内外正研究和推广免疫学诊断方法,如间接血凝试验、酶联免疫吸附试验、对流免疫电泳试验及其他免疫学试验等。

7.防制

(1)治疗　在实际生产中,对猪囊尾蚴病的治疗意义不大。口服吡喹酮,每千克体重50 mg,每天1次,连用3 d。或用丙硫咪唑每千克体重20 mg,口服,每隔1 d再服1次,共服3次,效果不错。另外,还有市售的灭囊灵等药物,按说明书使用。

(2)预防

①预防本病的根本措施是积极治疗绦虫病患猪,消除传染源。

②要做到人有厕所猪有圈,厕所和猪圈分开,防止猪吃到人的粪便。

③加强肉品卫生检验,杜绝囊虫病猪肉上市。

三、细颈囊尾蚴病

细颈囊尾蚴病是由带科、带属的泡状带绦虫的幼虫寄生于猪等多种动物肝脏浆膜、大网膜、肠系膜引起的疾病。主要特征为幼虫移行时引起出血性肝炎、腹痛。

1.病原

本病的病原为细颈囊尾蚴,又称为"水铃铛",是泡状带绦虫的幼虫。呈乳白色,囊泡状,囊内充满液体,大小如鸡蛋或更大,囊壁上有1个乳白色具有长颈的头节。在肝、肺等脏器中的囊体,由宿主组织反应产生的厚膜包裹,故不透明(图2-7-6)。

泡状带绦虫是细颈囊尾蚴的成虫期,体长0.5～2 m以上(图2-7-7)。头节的顶突上有26～46个角质小钩,虫体孕卵节片的子宫内含有大量圆形的虫卵。虫卵内含有六钩蚴。

图 2-7-6　细颈囊尾蚴

图 2-7-7　泡状带绦虫

2.流行病学

本病分布极广,在我国各省(市、自治区)均有报道。细颈囊尾蚴病在猪最普遍,牧区绵羊感染亦严重,山羊也可感染,牛较少。

3.生活史

寄生在犬及其他食肉动物小肠内的成虫,其孕卵节片随粪便排到体外,节片崩解,则虫卵游离并污染外界环境。当猪吞食了成虫的孕卵节片或虫卵时,虫卵在猪的消化道内孵出六钩蚴。六钩蚴钻透肠壁,进入腹腔,附着在肠系膜、网膜上寄生,或随血液循环移行到肝脏并穿透肝组织,在肝表面寄生。当食肉动物吃了含有细颈囊尾蚴的内脏时,幼虫在小肠内约经3个月发育为成虫。

4.临床症状

本病对仔猪的危害较严重,感染初期由于幼虫移行,可引起急性肝炎和腹膜炎,病猪表现消瘦,贫血,腹痛。后期随着虫体到达肝表面、网膜、肠系膜等处发育为成熟的细颈囊尾蚴时,则症状不明显。

5.诊断

本病的生前诊断较为困难,一般在宰后检验或尸体剖检时发现细颈囊尾蚴而确诊。现在可用血清学方法进行生前诊断,但还未普遍应用。

6.防制

目前尚无有效的治疗方法,以预防为主,可试用吡喹酮治疗,每千克50 mg,一次口服。对犬定期驱虫;屠宰猪时,摘除的幼虫要销毁,严禁喂犬。

四、棘球蚴病

棘球蚴病是由带科、棘球属绦虫的幼虫寄生于哺乳动物及人引起的疾病。可感染绵羊、山羊、黄牛、水牛、猪、牦牛、骆驼、马等动物和人,寄生部位为肝脏、肺脏及其他器官,是一种重要的人畜共患寄生虫病。

1.病原

本病的病原为棘球蚴,是细粒棘球绦虫的中绦期。棘球蚴为囊状结构,内含囊液。囊壁外层为角质层,内层为生发层。生发层向内生有许多原头蚴,还可生出子囊。子囊亦可产生孙囊。原头蚴、子囊、孙囊脱落,沉积于囊液中,称为棘球砂。棘球蚴近球形(图 2-7-8),直径多为5~10 cm,小的只有黄豆大小。

成虫细粒棘球绦虫长 2~6 mm,由一个头节和 3~4 个节片组成(图 2-7-9)。头节有 4 个吸盘,顶突上有两圈小钩,成节有一组生殖器官。虫卵大小为(32~36) μm×(25~30) μm。

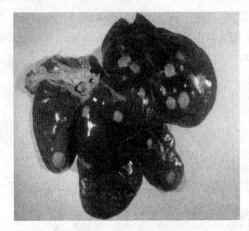

图 2-7-8 棘球蚴

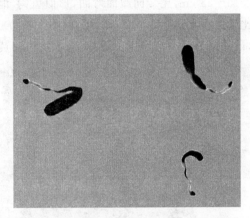

图 2-7-9 细粒棘球绦虫

另一种棘球蚴为多房棘球蚴,又称泡球蚴,是多房棘球绦虫的中绦期,寄生于鼠类和人的肝脏。在牛、绵羊和猪的肝脏亦可发现多房棘球蚴寄生,但不能发育至感染阶段。

2.流行病学

该病为全球性分布,尤以牧区为多。我国主要在西北牧区广泛流行,其他地区也有分布。

3.生活史

成虫寄生于犬、狼的小肠中,其孕卵节片随粪便排至外界,虫卵被猪、羊等中间宿主吞食,六钩蚴在肠道逸出,进入血液循环,分布于身体各部,发育为棘球蚴。犬、狼、采食了寄生有棘球蚴的动物脏器而感染。

4.临床症状

棘球蚴除引起机械压迫外,还可引起中毒和过敏反应等,其严重程度主要取决于棘球蚴的大小、数量和寄生部位。机械性压迫使周围组织发生萎缩和功能障碍。代谢产物被吸收后,使周围组织发生炎症和全身过敏反应,严重者死亡。各种动物都可因囊泡破裂而产生严重的过敏反应导致死亡。

5.诊断

生前诊断较困难,确诊要靠剖检。也可使用间接血凝试验和 ELISA 辅助诊断。

6.防制

(1)治疗　可用丙硫咪唑和吡喹酮进行治疗。

(2)预防　主要是对犬定期驱虫,不用病猪脏器随意喂犬,防止犬粪污染饲草、饲料和饮水,人与犬等动物接触时做好个人防护等。

五、猪蛔虫病

猪蛔虫病是由蛔科、蛔属的猪蛔虫寄生于猪的小肠引起的常见寄生虫病,仔猪最易感染。

本病分布广泛,特别在不卫生的猪场和营养不良的猪群中感染率很高,可达 50%以上。仔猪常因感染蛔虫而生长发育不良,形成"僵猪"。猪出栏期推迟,饲料浪费,甚至死亡等,造成较大的经济损失。

1.病原

本病的病原为蛔虫,是一种大型线虫,呈圆柱形,淡红色或淡黄色,口孔周围有 3 片唇。雄虫长15~25 cm,尾端向腹面弯曲,形似鱼钩,泄殖腔开口在尾端附近,有一对小的交合刺。雌虫比雄虫粗大,长 20~40 cm,尾直(图 2-7-10)。虫卵为椭圆形,大小为 60 μm,卵壳厚,呈黄褐色,最外层为呈波浪形蛋白质膜,内容物为卵黄颗粒和空泡(图 2-7-11)。

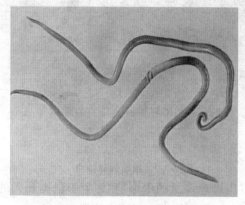

图 2-7-10　猪蛔虫雌雄虫体

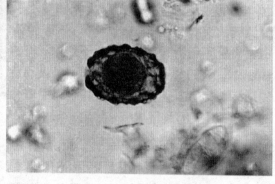

图 2-7-11　猪蛔虫虫卵

2.流行病学

猪蛔虫病的流行十分广泛,不论是规模化饲养的猪,还是散养的猪都有发生,这与猪蛔虫产卵量大、虫卵对外界抵抗力强及生活史简单有关。

3.生活史

寄生在猪小肠中的雌虫平均每天可产卵 10 万~20 万个,产卵旺盛时每天可达 100 万~200 万个,虫卵表面有一层厚厚的蛋白膜,具有很强的黏附性,并可增强对外界环境的抵抗力。虫卵随粪便排出,在适宜的条件下,经 11~12 d 发育成具有感染性的虫卵。感染性虫卵随饲料或饮水被猪吞食后,在小肠中孵出幼虫,并进入肠壁血管,随血液进入肝脏,再继续经心脏而移行至肺脏。幼虫由肺毛细血管进入肺泡,以后再沿呼吸道上行至咽,后随黏液进入会厌,经食道而至小肠。从感染开始到在小肠发育为成虫,共需 2~2.5 个月。

4.临床症状

幼虫移行至肺脏时,引起蛔虫性肺炎。临床表现为咳嗽、呼吸加快、体温升高、食欲减退和精神沉郁。病猪趴卧在地,不愿走动。幼虫移行时还可导致荨麻疹和某些神经症状。

成虫寄生在小肠时可引起小肠卡他性炎症,争夺宿主大量的营养。病猪表现食欲不振或时好时坏、消瘦贫血、生长缓慢、有异食癖。蛔虫数量多时常聚集成团,堵塞肠道,引起腹痛,严重时因肠壁破裂而致死。有时蛔虫可进入胆管,造成胆管堵塞,病猪剧烈腹痛。

5.病理变化

虫卵被猪吞食后可随门脉循环移行至肝脏,引起肝组织出血、变性和坏死,肝小叶的间质及被膜的结缔组织增生,形成云雾状的蛔虫斑(或称乳斑肝)。幼虫移行至肺脏时,可见肺炎病变,局部肺组织致密,表面有大量出血点或暗红色斑点。

6.诊断

根据仔猪多发,表现消瘦贫血、生长缓慢;初期有肺炎症状,抗生素治疗无效时可怀疑本病。主要诊断方法是生前粪便虫卵检查和死后尸体剖检,在小肠发现大量虫体,可确诊。幼虫寄生期可用血清学方法诊断,目前已研制出特异性强的 ELISA 检测法。

7.防制

(1)治疗

①伊维菌素,每千克体重 0.3 mg,一次皮下注射;口服,20 mg/kg,连喂 5～7 d。

③阿维菌素,用法同伊维菌素。

③左旋咪唑,每千克体重 10 mg,喂服或肌肉注射。

(2)预防 规模化猪场,对全群驱虫后,以后每年对公猪至少驱虫 2 次,母猪产前 1～2 周驱虫 1 次,仔猪转入新圈驱虫 1 次,新引进猪要驱虫后方可合群饲养。注意猪舍的清洁卫生,并加强仔猪的饲养管理。

为减少蛔虫卵对环境的污染,尽量将猪的粪便和垫草在固定地点堆积发酵。日本已有报道,猪蛔虫幼虫能引起人的内脏幼虫移行症,因此,杀灭虫卵不仅能减少猪的感染,而且对公共卫生也十分有益。

六、猪后圆线虫病

猪后圆线虫病是由后圆线虫寄生于猪的支气管和细支气管引起的寄生虫病,又称猪肺线虫病。本病分布于世界各地。猪的感染一般为 20%～30%,高的可达 50.4%。主要危害幼猪,引起支气管炎和肺炎,严重时造成仔猪大批死亡。若发病不死,也严重影响仔猪的生长发育和降低肉品质量,给养猪业带来一定的损失。常见的有长刺后圆线虫和复阴后圆线虫,而萨氏后圆线虫较少见。

1.病原

本病的病原为后圆线虫,属后圆科、后圆属,成虫纤细、白色,长刺后圆线虫雌虫长 20～50 mm,雄虫长 12～26 mm;复阴后圆线虫雌虫长 19～37 mm,雄虫长 16～18 mm;萨氏后圆线虫雌虫长 30～45 mm,雄虫长 17～18 mm(图 2-7-12)。3 种后圆线虫的虫卵相似,卵内含幼虫,卵壳厚,大小为 40～50 μm(图 2-7-13)。

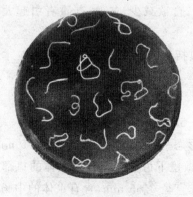

图 2-7-12 猪后圆线虫成虫

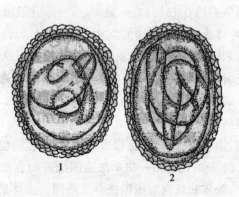

图 2-7-13 后圆线虫卵

1.长刺后圆线虫卵 2.复阴后圆线虫卵

2.流行病学

后圆线虫的发育是间接的,需以蚯蚓作为中间宿主。故本病多在夏秋季节发生。

3.生活史

雌虫在猪的气管和支气管中产卵,随咳嗽排出体外。卵在外界孵出第1期幼虫,第1期幼虫或虫卵被蚯蚓吞食后,在其体内发育至感染性幼虫,猪吞食了带有感染性幼虫的蚯蚓或由蚯蚓体内释出的感染性幼虫引起感染。感染性幼虫在小肠内被释放出来,进入肠系膜淋巴结中,随血流进入肺脏,再到支气管和气管发育为成虫。感染后25～35 d发育为成虫。感染后5～9周排卵最多。

4.临床症状

轻度感染时症状不明显,但影响生长发育。严重感染时,表现强有力的阵咳,呼吸困难,特别在运动或采食后更加剧烈;病猪贫血,食欲丧失,即使病愈,生长缓慢。

5.病理变化

剖检时,膈叶腹面边缘有楔状肺气肿区,支气管增厚,扩张,靠近气肿区有坚实的灰色小结。支气管内有虫体和黏液。肺切面,支气管腔中有许多大型肺线虫。

6.诊断

根据流行病学、症状可怀疑本病。进行粪便检查发现虫卵,剖检病猪发现虫体即可确诊。检查虫卵用饱和盐水飘浮法效果较好(见岗位三)。

7.防制

(1)治疗　可使用左旋咪唑、伊维菌素、丙硫咪唑等药物驱虫。

(2)预防　猪场应注意排水畅通,保持干燥,铺水泥地面,防止蚯蚓进入猪舍和运动场;墙角、墙边泥土要夯实,或换上沙质土,从而不利于蚯蚓的滋生繁殖;猪舍、运动场定期消毒(1%火碱水或30%草木灰水喷洒),及时清除粪便并做发酵处理,流行区猪群进行定期的预防性驱虫,春、秋季节各1次。

七、猪毛首线虫病

猪毛首线虫病是由猪毛首线虫寄生于猪的大肠(主要是盲肠)引起的一种寄生虫病,又称猪毛尾线虫病、猪鞭虫病。分布遍及世界各地,我国各地猪均有此寄生虫病,对仔猪危害很大,小猪感染率约有75%,成年猪13.9%。引起肠炎,腹泻,食欲减少,贫血,严重者引起大批死亡,给养猪业造成较大损失。

猪和野猪是猪毛首线虫的自然宿主,灵长类动物(包括人)也可感染猪毛首线虫。本病分布广泛,长期以来一直是影响养猪业的一个普遍问题。

1.病原

本病的病原为猪毛线虫,属毛首科,成年雌虫长39～53 mm,雄虫长20～52 mm,一端粗、一端细,像鞭子一样,故称鞭虫(图2-7-14)。此类线虫形态一致,虫体前部直径≤0.5 mm,约为体长的2/3,内为由一串单细胞围绕着的食道。在显微镜下可见到在各期虫体的口部突出一根刺,腺体和肌肉组织围绕食道周围。虫体后部短粗,直径0.65 mm,含有虫体的中肠和泄殖腔。虫卵呈腰鼓形,卵壳厚,卵大小为60 μm×25 μm,呈棕黄色,处于单细胞阶段,可在雌虫的子宫内发现(图 2-7-15)。

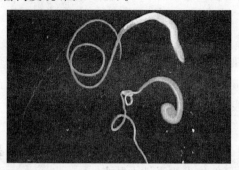

图 2-7-14 猪毛首线虫雌雄虫体

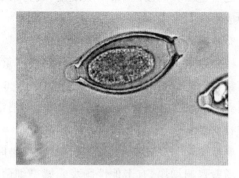

图 2-7-15 猪毛首线虫虫卵

2.流行病学

一般 2~6 月龄小猪易感,4~6 月龄感染率最高,可达 85%,以后逐渐下降。多发生于与土壤、垫料有接触机会的猪。常与其他蠕虫、特别是猪蛔虫混合感染。一年四季均可感染,以夏季感染率高。

3.生活史

猪毛首线虫的虫卵随猪粪便排出,发育为感染性虫卵,猪随饲料、饮水或掘土时吞食此种虫卵经口感染。在猪体内经 41~51 d 发育为成虫,以头部固着于肠黏膜上发育。

4.临床症状

轻度感染症状不明显。严重感染时虫体达数千条,病猪表现消瘦,贫血,腹泻,粪中带黏液和血液,生长缓慢,发育受阻。

5.病理变化

毛首线虫的头部深入盲肠及结肠黏膜内寄生,少数寄生时仅寄生部位引起充血、出血,多数寄生时可见黏膜充血、水肿、糜烂。

6.诊断

根据临床表现主要危害幼猪,病猪表现消瘦、贫血、腹泻、粪中带黏液和血液,可怀疑本病。虫卵检查及剖检时在盲肠发现病变或虫体也可确诊。

7.防制

防制参见猪蛔虫病,用左旋咪唑、丙硫咪唑等药物驱虫。

八、猪食道口线虫病

食道口线虫病是由食道口属的多种线虫寄生于猪结肠内引起的疾病,又称为"结节虫病"。主要特征为严重感染时肠壁形成结节,破溃后形成溃疡而致顽固性肠炎。

1.病原

本病的病原为虫体乳白色或暗灰色的小线虫。雄虫长 6.2~9.0 mm,雌虫长 6.4~11.3 mm。虫卵随粪便排出体外,发育成感染性幼虫,猪吞食后受到感染。

2.生活史

虫卵随猪的粪便排出体外,经 6~8 d 发育为带鞘的感染性幼虫,被猪吞食后,幼虫在小肠内脱鞘,然后移行到结肠黏膜深层,在肠壁形成结节,幼虫在结节内蜕第 3 次皮,成为第 4 期幼虫。之后返回大肠肠腔,第 4 次蜕皮,成为第 5 期幼虫。感染后 38 d(幼猪)或 50 d(成年猪)发育为成虫。

3.临床症状

线虫致病力虽弱,但感染哺乳仔猪或严重感染时引起结肠炎,表现腹泻、下痢,粪便中带有黏膜。特别是幼虫寄生在大肠壁上形成 1～6 mm 的结节,破坏肠壁的结构,使肠管不能正常吸收养分和水分造成患猪营养不良、贫血、消瘦、发育不良、衰弱。

4.病理变化

典型变化为在肠壁形成结节。初次感染时很少有结节,但多次感染后,肠壁形成粟粒状结节。肠壁普遍增厚,有卡他性肠炎。感染细菌时,可能继发弥漫性大肠炎。

5.诊断

粪便检查虫卵或发现自然排出的虫体,即可确诊。粪便检查用饱和盐水漂浮法(见岗位三)。

6.预制

(1)治疗　可用左旋咪唑、噻苯唑、康苯咪唑或伊维菌素等药物进行治疗。

(2)预防　猪结节虫在哺乳后期和保育期就造成危害,因此,防制关键期是抓好母猪配种前、产仔前、哺乳仔猪和保育猪 4 个阶段的驱虫。每个阶段内服伊维菌素或阿维菌素,猪每千克体重用药 0.3 mg,连服 5～7 d。

九、猪肾虫病

猪肾虫病是由猪肾虫寄生于猪的肾盂、肾周围脂肪和输尿管等处引起的一种寄生虫病,又称冠尾线虫病。主要特征为仔猪生长迟缓,母猪不孕或流产。

1.病原

本病的病原为猪肾虫,虫体较粗大,两端尖细,体壁厚(图 2-7-14)。活的虫体呈浅灰褐色。雄虫长 21～33 mm,雌虫长 24～52 mm。虫卵为椭圆形,卵较大,肉眼可见。刚排出的虫卵中有胚细胞 32～64 个。

2.生活史

猪肾虫虫卵随尿液排出,在外界发育成感染性幼虫,经口腔、皮肤进入猪体,在肝脏发育后进入腹腔,移行到肾、输尿管等处组织中形成包囊,发育为成虫。

3.临床症状

初期病猪出现皮肤炎,皮肤上有丘疹和红色小结节,体表淋巴结肿大,消瘦,行动迟缓。随着病程的发展,后肢无力,腰背软弱无力,后躯麻痹或后肢僵硬,跛行,喜卧。尿液中有白色黏稠絮状物或脓液。公猪不明原因的跛行,性欲减退或无配种能力。母猪流产或不孕。

4.病理变化

常见肾髓质、输尿管壁有包囊,结缔组织增生,内有成虫。

5.诊断

根据流行病学、临床症状、尿液检查和病理变化进行综合诊断。对 5 月龄以上的猪,可在尿沉渣中检查虫卵。方法是用大平皿或大烧杯接尿(早晨第 1 次排尿的最后几滴尿液中含虫量最多），放置沉淀 20～30 min 后，倒去上层尿液，再将平皿摆在平正的黑色纸面上，在光线充足处即可查到沉至底部的无数白色细小卵粒黏附凸出在皿底表面的虫卵，即可镜检确诊。5月龄以下的仔猪，只能在剖检时，在肝、肺、脾等处发现幼虫。

6. 防制

按猪蛔虫病的防制措施处理。

十、猪旋毛虫病

猪旋毛虫病是由旋毛虫寄生于人和猪等多种动物引起的疾病。成虫寄生在肠道，称为肠旋毛虫；幼虫寄生在肌肉，称为肌旋毛虫。是重要的人畜共患病，是肉品卫生检验的重点项目之一，在公共卫生上具有重要意义。

1. 病原

本病的病原为旋毛虫，属毛形科、毛形属。成虫细小，前部较细，较粗的后部含有肠管和生殖器官。雄虫长 1.4～1.6 mm，尾端有泄殖孔，有 2 个呈耳状悬垂的交配叶。雌虫长 3～4 mm，阴门位于身体前部的中央，胎生(图 2-7-16)。幼虫长 1.15 mm，蜷曲在由机体炎性反应所形成的包囊内，包囊呈圆形、椭圆形，连同囊角而呈梭形，长 0.5～0.8 mm(图 2-7-17)。

图 2-7-16　旋毛虫成虫

1.雌虫　2.雄虫

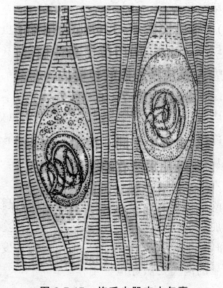

图 2-7-17　旋毛虫肌肉中包囊

2. 流行病学

旋毛虫病属世界性分布，宿主范围广，有近 50 种动物，包括人、猪、鼠、犬、猫、熊、狼等。

3. 生活史

人和猪摄食含有感染性幼虫包囊的动物肌肉而感染，包囊进入胃内被消化溶解，幼虫在小肠经 2 d 发育为成虫。雌、雄虫交配后，雄虫死亡，雌虫钻入肠黏膜深部肠腺中产出幼虫，幼虫随淋巴管进入血液循环散布到全身。到达横纹肌的幼虫，在感染后 17～20 d 开始蜷曲，逐渐形成包囊，到第 7～8 周时包囊完全形成，此时的幼虫具有感染力。每个包囊一般只有 1 条虫体,偶有多条。到6~9个月后,包囊从两端向中间钙化,全部钙化后虫体死亡。否则,幼虫可保持生命力数年至25年之久。

4.临床症状

猪有很强的耐受力,少量感染时无症状。严重感染时,通常在3~5 d后体温升高,腹泻,腹痛,有时呕吐,食欲减退,后肢麻痹,长期卧睡不起,呼吸减弱,发声嘶哑。有的眼睑和四肢水肿,肌肉发痒、疼痛。有的发生强烈性肌肉痉挛,死亡很少,多于4~6周后康复。血液检查嗜酸性粒细胞显著增多。

5.病理变化

成虫在胃肠道引起急性卡他性肠炎,病变轻微。可见黏膜肿胀,充血,出血,黏液分泌增多。幼虫寄生部位可见肌纤维肿胀变粗,肌细胞横纹消失,萎缩。组织学检查可见与肌纤维长轴平行的具两层囊壁的幼虫包囊,眼观呈白色针尖状。

6.诊断

生前诊断困难,常在宰后检出。从膈肌脚取小块肉样,去掉肌膜和脂肪,在不同肉样处取24个麦粒大小的肉块,用玻板压片镜检或旋毛虫投影器检查,如有包囊即可做出诊断。

目前国内外用 ELISA、间接血凝试验等方法做为猪的生前诊断手段之一。

7.防制

(1)治疗　各种苯丙咪唑类药物对旋毛虫成虫、幼虫均有良好的作用,且对移行期幼虫的敏感性较成虫更大。

①噻苯唑。每千克体重25~50 mg,口服,治疗5 d 或10 d,肌肉幼虫减少率分别为82%和97%。

②康苯咪唑。对旋毛虫成虫和各期幼虫效果分别较噻苯唑大10倍和2倍。

③丙硫咪唑。按0.03%比例加入饲料充分混匀,连喂10 d,有良好的驱虫效果。

(2)预防

①灭鼠,扑杀野犬。

②改变猪的饲养管理习惯,管好粪便,保持圈舍清洁,严禁用洗肉水喂猪。

③加强屠宰场及集市肉品的兽医卫生检验,严格按《肉品卫生检验试行规程》处理带虫肉(高温加工、工业用或销毁)。在旋毛虫病多发地区要改变生食肉类的习俗,对制作的一些半熟风味食品的肉类要做好检查工作。

十一、猪棘头虫病

猪棘头虫病是由蛭形巨吻棘头虫寄生于猪的小肠内引起的一种寄生虫病。该病主要发生在农村散养的猪呈地方性流行,主要特征为下痢,粪便带血,腹痛。

1.病原

本病的病原为蛭形巨吻棘头虫,属巨吻属。虫体呈乳白色或淡红色,长圆柱形,前部较粗,后部逐渐变细。体表有横皱纹。头端有1个可伸缩的吻突,上有5~6行小棘,每列6个。雄虫长7~15 cm,雌虫长30~68 cm。虫体无消化器官,主要依靠体表的微孔吸收营养。虫卵呈长椭圆形,深褐色,两端稍尖,卵内含有棘头蚴。

2.流行病学

本病呈地方性流行,8～10月龄猪感染率最高,在流行严重的地区感染率可高达60％～80％。金龟子等一类甲虫是猪棘头虫发育的中间宿主,也是仔猪感染的重要来源。金龟子幼虫出现于早春至6,7月份并存在于12～15 cm深的土壤中,仔猪拱土的力度差,故感染机会少,后备猪拱土力强故感染率高。放牧猪比舍饲的猪感染率高。感染率和感染强度与地理、气候条件、饲养管理方式等都有密切关系。如气候温和,适宜于甲虫和棘头虫幼虫的发育,则感染率高和强度大。

3.生活史

猪棘头虫寄生于猪的小肠,主要是空肠。感染后2～3个月雌虫即开始产出大量的虫卵(约25万个/d),持续约10个月。虫卵被金龟子及其他甲虫的幼虫吞食后,棘头蚴即在中间宿主的肠内孵化,然后穿过肠壁进入体腔,发育为棘头体。如6月份前感染,需经3.5～4个月发育为棘头体;若7月份后感染,则经过12～13个月才能发育为棘头体,并形成棘头囊。当中间宿主甲虫发育为蛹和成虫时,棘头囊仍留在体内,终宿主猪吞食带有棘头囊的甲虫幼虫、蛹和成虫即可引起感染。棘头囊进入猪体内,棘头体从囊中逸出,以吻突叮在小肠壁上,经3～4个月发育为成虫。棘头虫在猪体内可存活10～24个月。

4.临床症状

临诊表现随感染强度和饲养条件的不同而不同。感染虫体数量不多时症状不显著。若感染较多时,可见食欲减少、下痢、粪便带血、腹痛。严重者可形成肠结节状化脓灶。如果吻突钻的太深,可发生肠穿孔,诱发腹膜炎,则体温升高(41～41.5℃),腹部异常,疼痛,不食,起卧抽搐,多以死亡告终。

5.病理变化

剖检病猪可见尸体消瘦,黏膜苍白。在肠道主要是空肠和回肠浆膜面上有灰黄色或暗红色小结节,其周围有红色充血带;肠黏膜发炎,重者肠壁穿孔,吻突穿过肠壁吸附在附近浆膜形成粘连;肠壁肥厚,有溃疡病灶。严重感染时,肠道塞满虫体,可出现肠壁穿孔而引起腹膜炎。

6.诊断

结合流行病学和临床症状,以猪粪直接涂片或用沉淀法检查虫卵诊断该病。

7.防制

①不放养猪,圈养者要防止猪吃到金龟子及其幼虫。

②勤清粪便,并堆集发酵处理。

③定期驱虫,最佳时间是每年的9～10月份。对棘头虫目前尚无特效药,可试用左旋咪唑,每千克体重8 mg,口服;敌百虫,每千克体重0.1～0.15 g,口服;丙硫咪唑,按0.03％比例加入饲料充分混匀,连喂10 d,有较好的驱虫效果。

十二、猪疥螨病

猪疥螨病由疥螨科的猪疥螨寄生于猪的皮内引起皮肤发生红点、脓疱、结痂、龟裂等的外寄生虫病。该病分布很广,是猪最重要的一种外寄生虫病。

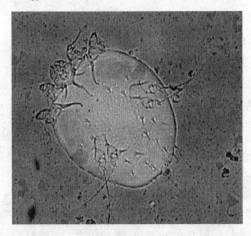

图 2-7-18 疥螨腹面

1.病原

本病的病原为疥螨,成虫呈圆形,浅黄色或灰白色,长 0.5 mm 左右,在黑色背景下肉眼可见。解剖镜下可见螨虫爬向远离光线处。成虫有 4 对短粗的足,2 对伸向前方,另外 2 对伸向后方,均粗短,不超过体缘(图 2-7-18)。

2.流行病学

我国 100% 的猪场均有猪疥螨感染,感染率极高。在阴湿寒冷的冬季,因猪被毛较厚,皮肤表面湿度较大,有利于疥螨发育,病情较严重。在夏季,天气干燥,空气流通,阳光充足,病势即随之减轻,但感染猪仍为带虫者。

3.生活史

疥螨的发育过程包括虫卵、幼虫、若虫和成虫 4 个阶段。猪疥螨的幼虫、若虫和成虫均寄生于皮内,生活史都是在皮内完成的。从卵发育为成虫需 8～22 d。雌虫的寿命为 4～5 周。

4.临床症状

猪疥螨感染通常起始于头部、眼下窝、面颊及耳部等毛少皮薄的部位,以后蔓延到背部、躯干两侧及后肢内侧,尤以仔猪的发病最为严重。患猪局部发痒,常在墙角、饲槽、柱栏等处摩擦。可见皮肤增厚,粗糙和干燥,表面覆盖灰色痂皮,并形成皱褶。极少数病情严重者,皮肤的角化程度增强、干枯,有皱纹或龟裂,龟裂处有血水流出。病猪逐渐消瘦,生长缓慢,成为僵猪。

5.诊断

根据症状可初步诊断。确诊需进行实验室诊断,对有临床症状表现的猪只,刮取病变交界处的新鲜痂皮直接检查。或放入培养皿中,置于灯光下照射后检查。虫体较少时,可将刮取的皮屑放入试管中,加入 10% 氢氧化钠(或氢氧化钾)溶液,浸泡 2 h,或煮沸数分钟,然后离心沉淀,取沉渣镜检虫体。

6.防制

(1)治疗

①烟叶水液疗法。取烟叶或烟梗 1 份,加水 20 份,浸泡 24 h,再煮 1 h 后涂搽患部。

②除癞灵适量加入废机油中涂搽患部。

③伊维菌素或阿维菌素,每千克体重 0.3 mg,皮下注射;口服每千克体重 20 mg,连用 5～7 d。

(2)预防

要定期按计划驱虫。首先要对猪场全面用药,以后公猪每年至少用药 2 次,母猪产前 1～2 周应用伊维菌素或阿维菌素进行驱虫。仔猪转群时用药 1 次,后备猪于配种前用药 1 次,新引进的猪用药后再和其他猪并群。分娩舍及其他猪舍在进猪前要进行彻底清扫和消毒。

十三、猪血虱病

猪血虱病是由猪血虱引起的体外寄生虫病,又称吸血虱病。主要特征为猪体瘙痒。本病分布广泛,各地均有报道,特别是饲养管理不良的猪场,容易感染,使猪的生长发育受到影响。

1.病原

本病的病原为猪血虱,属昆虫纲、虱目、血虱科、血虱属。体扁无翅,头部较胸部为窄,呈圆锥形。口器刺吸式。有触角 1 对,分 5 节。胸部较宽,分为 3 节,无明显界限。腹部卵圆形,比胸部宽,分为 9 节。虫体胸、腹每节两侧各有 1 个气孔。足粗短,3 对,中、后腿比前腿大得多(图 2-7-19)。

2.生活史

猪血虱属不完全变态发育,有卵、若虫和成虫 3 个阶段。家畜直接接触或间接接触传染。吸血,唾液内含有毒素,使吸血部发痒,影响猪采食和休息。

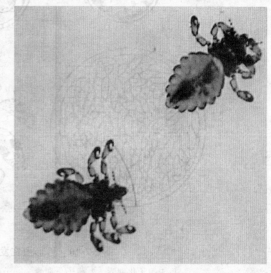

图 2-7-19 猪血虱

3.临床症状

病猪表现消瘦、脱毛、贫血、生长发育不良、乳量减少,甚至皮肤继发感染。在皮肤上检查到虱或虱卵即可确诊。

4.防制

(1)治疗 用杀虫剂喷洒动物躯体。药物有溴氰菊酯、氰戊菊酯、蝇毒磷、倍硫磷等,伊维菌素皮下注射效果也很好。

(2)预防 应搞好畜舍及畜体的清洁卫生,保持通风干燥及定期消毒。

十四、猪弓形虫病

猪弓形虫病由龚地弓形虫引起的一种寄生虫病。虫体寄生于猪的细胞内,引起发热、呼吸困难、腹泻、皮肤出现红斑、妊娠母猪流产或分娩虚弱小猪及死胎。广泛流行于人、畜及野生动物中,是人畜共患病。

1.病原

本病的病原为龚地弓形虫,属弓形虫科、弓形虫属。各型虫体形态:滋养体呈香蕉形,其形态大小为 $(4\sim7)$ $\mu m \times (2\sim4)$ μm,胞核位于中央偏钝端,见于急性病例的肝、脾、肺和淋巴结等细胞内或腹水中;包囊呈球形,直径 $20\sim40$ μm,见于慢性或耐过急性期的病例的脑、眼和肌肉组织中;卵囊呈圆形,直径为 $10\sim12$ μm,淡绿色,见于终末宿主的肠细胞或粪便中。弓形虫在发育过程中各种类型见图 2-7-20。

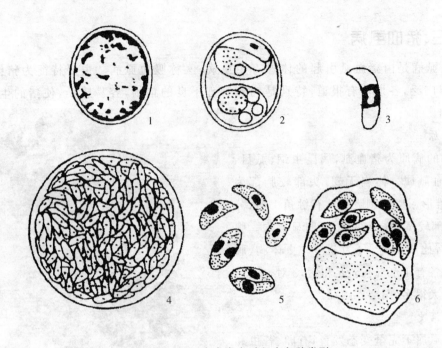

图 2-7-20 弓形虫在发育过程中各种类型

1.未孢子化卵囊 2.孢子化卵囊 3.子孢子 4.包囊 5.滋养体 6.假囊

2.流行病学

当人和动物摄食含有包囊或滋养体的肉食和被感染性卵囊污染的食物、饲草、饮水而感染;滋养体还可经口腔、鼻腔、呼吸道黏膜、眼结膜和皮肤感染;母体还可通过胎盘感染胎儿。

各种品种、年龄的猪均可感染本病,但常发于 3～5 月龄的猪。可以通过胎盘感染,引起怀孕母猪流产、早产。

3.生活史

在整个发育过程中分 5 种类型,即滋养体(速殖子)、包囊、裂殖体、配子体和卵囊。弓形虫发育过程需要 2 个宿主,其中滋养体和包囊是在中间宿主(人、猪、犬、猫等)体内形成的,裂殖体、配子体和卵囊是在终末宿主(猫)体内形成的。猫既是终末宿主也是中间宿主。虫体在猫的肠上皮细胞内进行裂殖生殖,重复几次裂殖生殖后,形成大量的裂殖子,末代裂殖子重新进入上皮细胞,经过配子生殖,最后形成卵囊。卵囊随粪便排出体外,在外界适宜的温度、湿度和氧气条件下,经过孢子化发育为感染性卵囊。从终末宿主排出的卵囊在外界可存活 100 d 至 1.5 年,一般消毒药无作用。速殖子的抵抗力弱,在生理盐水中几小时就丧失感染力,各种消毒药均能将其迅速杀死。

4.临床症状

猪弓形虫病的临床症状与猪流感、猪瘟相似。猪病初体温可升高到 40～42℃,稽留 7～10 d。食欲减少或完全不食,吻突干燥,大便干燥,耳、唇、阴户、四肢下部等皮肤发绀或淤血。呼吸加快、咳嗽,常因呼吸困难、口鼻流白沫,窒息而死亡。耐过猪长期咳嗽及神经症状,有的耳边干性坏死,有的失明。母猪流产多发生于妊娠的早期,如果早产产出发育全的仔猪或死胎,胎盘上有圆形或圆圈样坏死灶。

5.病理变化

剖检可见病猪全身各脏器有出血斑点,全身淋巴结肿大,有大小不等的出血点和灰白色坏死灶,尤以肺门淋巴结、腹股沟淋巴结和肠系膜淋巴结最为显著。肺高度水肿,呈暗红色,小叶间质增宽,半透明胶冻样,气管和支气管内有大量黏液性泡沫,有的并发肺炎。肝脏灰红色,有散在灰白色或黄色小点状坏死灶。脾脏早期肿大呈现棕红色,有少量出血点及灰白色小坏死灶。肾常见有针尖大出血点和坏死灶。

6.诊断

(1)直接镜检 取肺、肝、淋巴结做涂片,用姬姆萨氏液染色后检查;或取患畜的腹腔液、脑脊液做涂片染色检查;也可取淋巴结研碎后加生理盐水过滤,经离心沉淀后,取沉渣做涂片染色镜检。此法简单,但有假阴性,必须对阴性猪做进一步诊断。

(2)动物接种 取肺、肝、淋巴结研碎后加10倍生理盐水,加入双抗后,室温放置1 h。接种前摇匀,待较大组织沉淀后,取上清液接种小鼠腹腔,每只接种0.5~1.0 mL。经1~3周,小鼠发病时,可在腹腔中查到虫体。或取小鼠肝、脾、脑做组织切片检查,如为阴性,可按上述方式盲传2~3代,可能从病鼠腹腔液中发现虫体也可确诊。

(3)血清学诊断 国内外已研究出许多种血清学诊断法供生前诊断用。目前国内常用的有弓形虫胶体金诊断法、IHA法和ELISA法。间隔2~3周采血,IgG抗体滴度升高4倍以上表明感染处于活动期;IgG抗体滴度不升高表明有包囊型虫体存在或过去有感染。

(4)PCR方法 提取待检动物组织DNA,以此为模板,按照发表的引物序列及扩增条件进行PCR扩增,如能扩出已知特异性片段,则表示待检猪为阳性,否则为阴性。但必须设阴性、阳性对照。

在鉴别诊断上易与急性猪瘟、猪副伤寒和急性猪丹毒病等相混淆,故应注意鉴别。

(1)急性猪瘟 猪瘟的皮肤常散发斑点状出血;肺脏缺乏肺水肿变化,触片和切片检不出弓形虫的滋养体和假囊(众多速殖子集聚在宿主细胞内,被宿主细胞膜包围);全身淋巴结严重出血,切面呈大理石样外观,但缺乏猪弓形虫病的坏死性淋巴结炎的变化;脾脏不肿大,常有出血性梗死灶,而猪弓形虫病脾脏多肿大,有点状出血和坏死灶;胃肠道的坏死多局限于大肠,而猪弓形虫病多呈现明显的出血性胃肠炎并伴发灶状坏死。

(2)猪副伤寒 全身淋巴结虽然有充血和出血变化,但主要表现为淋巴组织的增生,故切面呈灰白色脑髓样,而缺乏本病的坏死变化;肺脏缺乏水肿变化,触片中检不出弓形虫的滋养体或假囊;肝脏的副伤寒结节虽与本病的坏死灶相似,但结节的数量少,也无本病的原虫存在;盲肠和结肠有局灶性或弥漫性纤维素性坏死性肠炎变化,但缺乏本病的胃和小肠的出血性炎症并伴发灶状坏死的变化。

(3)急性猪丹毒 皮肤出现的丹毒性红斑,为微血管充血,指压时退色,且有一定的形态,稍隆突于皮肤表面,而本病的多为淤血伴发点状出血;全身淋巴结有出血变化,但不发生坏死性淋巴结炎;肺淤血、水肿,但无增生性肺泡隔炎的变化;脾脏肿大较本病严重,呈樱桃红色,切面在白髓周围有红晕变化,而缺乏本病的坏死性变化;肝脏中不见坏死和增生性结节。

7.防制

(1)治疗　磺胺类药对本病有较好的疗效。

①常用磺胺嘧啶＋甲氧苄氨嘧啶或二甲氧苄氨嘧啶,磺胺嘧啶每千克体重70 mg,甲氧苄氨嘧啶或二甲氧苄氨嘧啶每千克体重14 mg,每天2次口服,连用3～5 d。

②磺胺氨苯砜,每天每千克体重10 mg,给药4 d,对急性病猪有效。

③磺胺六甲氧嘧啶,每千克体重60～100 mg,单独口服,或配合甲氧苄氨嘧啶,每千克体重14 mg,口服,每天1次,连用4 d。

(2)预防

①定期对种猪场进行流行病学监测。用血清学检查,对感染猪隔离,或有计划淘汰,以清除传染源。

②饲养场内灭鼠、禁止养猫,被猫食或猫粪污染的地方可用热水或7％氨水消毒。

③保持猪舍(栏)卫生,经常及时清除粪便,发酵处理。猪场定期消毒。

④已流行的猪群,可用磺胺类药物连服数天,有预防效果。

十五、肉孢子虫病

肉孢子虫病是由肉孢子虫科肉孢子虫属的肉孢子虫寄生于猪等多种动物和人横纹肌引起的疾病,是重要的人畜共患病。肉孢子虫病的主要特征为隐性感染,严重感染时症状亦不明显,但使胴体肌肉变性变色。

1.病原

本病的病原为肉孢子虫,其寄生在宿主的肌肉,形成与肌纤维平行的包囊(米氏囊),乳白色,多呈圆柱形、纺锤形,也有椭圆形或不规则形,最大可达10 mm,小的需在显微镜下才可见到。包囊壁由2层组成,内层向囊内延伸,将囊腔间隔成许多小室。发育成熟的包囊,小室中包藏着许多肾形或香蕉形的慢殖子,又称为雷氏小体(图2-7-21),长10～12 μm,宽4～9 μm,一端稍尖,一端稍钝。

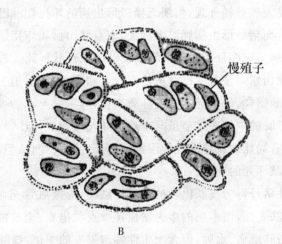

慢殖子

A

B

图2-7-21　肉孢子虫

A. 包囊全形　B. 包囊部分结构放大

2.流行病学

各种年龄和品种的动物都易感,而且随着年龄的增长,感染率增高。感染来源:终末宿主粪便中的孢子囊和卵囊可直接感染中间宿主,中间宿主还可以通过鸟类、蝇和食粪甲虫等而散播。孢子囊的抵抗力强,在适宜的温度下,可存活 1 个月以上。对高温和冷冻敏感,60～70℃经 10 min,冷冻 1 周或－ 20℃存放 3 d 可灭活。

3.生活史

哺乳类、禽类、鸟类、爬行类和鱼类是肉孢子虫的中间宿主,人偶尔也被寄生。犬等肉食动物、猪、猫和人是其终末宿主。

终末宿主吞食含有包囊的中间宿主肌肉后,包囊被消化,慢殖子逸出,侵入小肠上皮细胞发育为大配子体和小配子体,小配子体又分裂成许多小配子,大、小配子结合为合子后发育为卵囊,在肠壁内发育为孢子化卵囊。成熟的卵囊多自行破裂,因此随粪便排到外界的卵囊较少,多数为孢子囊。孢子囊和卵囊被中间宿主吞食后,脱囊后的子孢子经血液循环到达各脏器,在血管内皮细胞中进行 2 次裂殖生殖,然后进入血液或单核细胞中进行第 3 次裂殖生殖,裂殖子随血液侵入横纹肌纤维内,经 1～2 个月或数月发育为成熟包囊。

4.临床症状

成年动物多为隐性经过。幼年动物感染后,经 20～30 d 可能出现症状。仔猪表现精神沉郁、腹泻、发育不良。严重感染时(1 g 膈肌有 40 个以上虫体),表现腰无力,肌肉僵硬和短时间的后肢瘫痪等。怀孕动物易发生流产。另一个危害是因胴体有大量虫体寄生,使局部肌肉变性变色而不能食用。

人作为中间宿主时症状不明显,少数病人发热,肌肉疼痛。人作为终末宿主时,有厌食、恶心、腹痛和腹泻症状。

5.病理变化

后肢、侧腹、腰肌、食道、心脏、膈肌等处可见顺着肌纤维方向有大量的白色包囊。显微镜检查时可见到肌肉中有完整的包囊,也可见到包囊破裂释放出的慢殖子。在心脏时可导致严重的心肌炎。

6.诊断

生前诊断困难,可用间接血凝试验,结合临床症状和流行病学进行综合诊断。慢性病例死后剖检发现包囊即可确诊。最常寄生的部位是猪的心肌和膈肌,取病变肌肉压片,检查香蕉形的慢殖子,也可用姬姆萨氏染色后观察。注意与弓形虫区别,肉孢子虫染色质少,着色不均;弓形虫染色质多,着色均匀。

7.防制

目前尚无特效药物。可试用抗球虫药如盐霉素、莫能菌素、氨丙啉、常山酮等预防。

加强肉品卫生检验,带虫肉应无害化处理;严禁用病肉喂犬、猫等;防止犬、猫粪便污染饲料和饮水;人要注意饮食卫生,不吃生肉或未熟的肉类食品。

◈ 拓展知识

猪寄生虫剖检技术。

（一）材料准备

1. 器材

大动物解剖器材（解剖刀、解剖斧、解剖锯、骨钳）、小动物解剖器材（手术刀、剪子、普通镊子、眼科镊子）、大瓷盆、小瓷盆、提水桶、黑色浅盘、手持放大镜、显微镜、平皿、酒精灯、铅笔、标本瓶、青霉素瓶、载玻片、盖玻片等。

2. 药品

食盐。

（二）猪寄生虫剖检

1. 宰杀与剥皮

放血宰杀动物。动物放血前应采血涂片，剥皮前检查体表、眼睑和创伤等，发现体外寄生虫随时采集，遇有皮肤可疑病变则刮取材料备检。

2. 采取脏器

切开腹壁后注意观察内脏器官的位置和特殊病变，吸取腹腔液体，用生理盐水稀释以防凝固，随后用实体显微镜检查，或沉淀后检查沉淀物。腹腔脏器是在结扎食管末端和直肠后，切断食管、各部韧带、肠系膜和直肠末端后一次采出。然后切取腹腔大血管，采出肾脏。应注意观察和收集各脏器表面虫体，最后收集腹腔内的血液混合物，并观察腹膜上有无病变和虫体。盆腔脏器亦以同样方式全部取出。

切开胸腔以后，除注意观察脏器的自然位置和状态外，还要收集胸腔液体进行检查，然后连同食管和气管把胸腔器官全部摘出，再收集遗留在胸腔内的液体，留待详细检查。

3. 各脏器的检查

①食管：沿纵轴剪开，仔细观察浆膜和黏膜表层，压在两块载片之间镜检，当发现虫体时，揭开载片，用分离针将虫体挑出。

②胃：剪开后将内容物倒入大盆内，检出较大的虫体。在桶内将胃壁用生理盐水洗净，取出胃壁，使液体自然沉淀。将洗净的胃壁平铺在搪瓷盘内，刮取黏膜表层，将刮下物浸入另一容器的生理盐水中搅拌，使之自然沉淀。以上两种材料都应在沉淀若干时间后，倒出上层液体，加入生理盐水，重新静置，如此反复进行，直到上层液体透明无色为止。然后收集沉淀物，放在培养皿或黑色浅盘内逐步观察，取出虫体。刮下的黏膜块应夹在两块载片之间镜检。

③小肠：分离以后放在大盆内，由一端灌入清水，使全部肠内容物随水流到桶内，取出肠管和大型虫体（如绦虫等），在桶内加多量生理盐水，按上述方法反复沉淀，检查沉淀物。肠壁用玻璃棒翻转，在水中洗下黏液，也用水反复洗涤沉淀。最后刮取黏膜表层，压薄镜检。肠内容物和黏液在沉淀过程中往往出现上浮部分，其中也含有虫体，所以在换水时应收集上浮的粪渣，单独进行水洗沉淀后检查。

④大肠：分离以后在肠系膜附着部沿纵轴剪开，倾出内容物。加少量水稀释后检查虫体，按上述方法进行肠内容物和黏液的水洗沉淀，黏膜刮下物也按上述方法压薄镜检。

⑤肠系膜:分离以后将肠系膜淋巴结剖开,切成小片压薄、镜检,然后提起肠系膜,迎着光线检查血管内有无虫体。最后在生理盐水内剪开肠系膜血管,洗净后取出肠系膜,加水进行反复沉淀后检查沉淀物。

⑥肝脏:分离胆囊,把胆汁压出盛在烧杯中,用生理盐水稀释,待自然沉淀检查沉淀物;将胆囊黏膜刮下、压薄、镜检;发现坏死灶剪下,压片检查。沿胆管将肝脏剪开,检查虫体,然后将肝脏撕成小块,浸在多量水内,洗净后取出肝块,加水进行反复沉淀,检查沉淀物。

⑦胰脏:检查方法与肝脏相同。

⑧肺脏:沿气管、支气管剪开,检查虫体,用载玻片刮取黏液,加水稀释后镜检。将肺组织撕成小块按肝脏检查法处理。

⑨脾和肾脏:检查表面后切开进行眼观检查,然后切成小片、压薄、镜检。

⑩膀胱:检查方法与胆囊相同,并按检查肠黏膜的方法检查输尿管。

⑪生殖器官:检查其内腔,并刮取黏膜、压薄、镜检。

⑫脑与脊髓:眼观检查后切成薄片,压薄、镜检。

⑬眼:将眼睑黏膜及结膜在水中刮取表层,沉淀后检查。剖开眼球将眼房液收集在培养皿内镜检。

⑭鼻腔及额窦:由鼻孔后方,向后沿水平线锯开,再由两眼内角连接线向下垂直锯开后,检查虫体,然后在水中冲洗,沉淀后检查沉淀物。

⑮心脏及大血管:剪开后观察内膜,再用水漂洗内容物,沉淀后检查。将心肌切成薄片,压片后镜检。

⑯肌肉:切开猪咬肌、腰肌和臀肌检查囊尾蚴;采取猪、犬膈肌检查旋毛虫,采猪膈肌检查肌旋毛虫,采猪膈肌和心肌检查肉孢子虫。

各器官内容物不能立即检查完毕,可以反复洗涤沉淀后,在沉淀物中加福尔马林溶液保存,待以后再进行详细检查。

4.登记

寄生虫病学的剖检结果,要记录在寄生虫病学剖检登记表中,对于发现的虫体,应按种分别计算,最后统计寄生虫的总数、各种(属、科)寄生虫的感染率和感染强度。

(三)记录寄生虫剖检结果

对于发现的虫体,要按种类分别计数,统计其感染率和感染强度。将剖检结果填入寄生虫剖检记录表(表 2-7-2)。

表 2-7-2 寄生虫剖检记录表

日期		编号		畜种	
品种		性别		年龄	
动物来源		动物死因		剖检地点	

续表 2-7-2

主要病理变化			寄生虫总数	吸虫	
				绦虫	
				线虫	
				棘头虫	
				昆虫	
				蜱、螨	
寄生虫种类和数量	寄生部位	虫名	数量	寄生部位	虫名	数量
备注						

◆职业能力训练

(一)病例分析

北京某猪场采用发酵床饲养培育仔猪和生长育肥猪两年之后,陆续有猪出现腹泻和消瘦现象(图 2-7-22)。2012 年 10 月份,从饲养的 800 多头育肥猪中,挑出 10 多头 90 日龄极度消瘦生长育肥猪进行隔离,请问该猪场可能发生什么疾病?

(二)诊断过程

1.问诊

深入现场,通过问诊和观察猪群发病情况,获取猪场信息(表 2-7-3)。

图 2-7-22　生产育肥猪消瘦、腹泻

表 2-7-3　问诊表

问诊内容	获取信息	综合分析
疾病发生情况	①猪场发病时间、发病日龄、发病猪的数量； ②发病率、死亡率； ③疾病的初期症状、后期症状； ④疾病的治疗效果； ⑤附近及其他猪场的发病情况	①发病持续近半年多时间； ②发病率11.27%； ③死亡率低； ④部分生长肥育猪消瘦、生长停滞； ⑤饲养密度较高，饲喂情况未改变； ⑥全场猪接种猪瘟、猪伪狂犬病、口蹄疫等疫苗； ⑦肌肉注射抗生素不见效果
过去的发病情况	本场、本地及邻近地区是否有类似疾病发生	
免疫接种及药物情况	①猪群免疫情况，免疫接种所用疫苗的厂家、种类、来源、运输及贮存方法； ②免疫接种时间及剂量； ③免疫前后有无使用抗生素及抗病毒药物； ④免疫后是否进行免疫抗体监测	
饲养管理情况	①饲料种类，饲喂情况； ②饲养密度是否适宜； ③猪舍的通风换气情况； ④猪舍的环境卫生情况； ⑤是否由其他猪场引进动物、动物产品及饲料	

2.临床症状（表2-7-4）

表 2-7-4　临床症状

临床症状	症状特点	提示疾病
病猪体温不高，精神委顿，食欲减退，表现消瘦，生长受阻，被毛粗乱，排灰色带血稀便，便中可见部分脱落肠黏膜。个别猪眼结膜苍白，咳嗽，弓背	①病猪体温不高； ②排灰色带血稀便	猪寄生虫病 细菌性传染病 病毒性传染病 中毒 衣原体 猪痢疾密螺旋体病

3.病理剖检（表2-7-5）

表 2-7-5　病理剖检

剖检病理变化	剖检特征	提示疾病
取2头猪宰杀剖检，一头猪结肠浆膜面有散在粟粒样结节(图2-7-23,参见彩插)，盲肠黏膜呈卡他性炎症，有明显出血点，可见零星几条猪鞭虫虫体，不仔细观察容易漏诊。另一头猪结肠浆膜面多处可见灰白色、灰黄色粟粒样结节。盲、结肠黏膜出血性坏死、水肿、溃疡灶，肠内寄生大量具明显特征一端粗一端细的猪鞭虫(图2-7-24,参见彩插)。2头猪的直肠黏膜出血都较重	①盲、结肠黏膜有出血性坏死、水肿、溃疡灶； ②肠内寄生大量具明显特征一端粗一端细的猪鞭虫，肝肿大，暗红色； ③直肠黏膜出血都较重； ④其他脏器未发生病变	猪结节虫 猪鞭虫

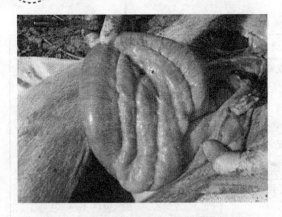

图 2-7-23　结肠浆膜有较多灰白色结节

图 2-7-24　盲肠内有大量猪鞭虫虫体

4. 实验室检测

将肠内容物用水漂洗、75％酒精固定后,可见具有典型特征的猪鞭虫(图 2-7-25,参见彩插)。雄虫长约 30 mm,镜检尾端有 1 根交合刺。雌虫体长约 43 mm,前端细处为食道部,约 34 mm;后端短粗,内有肠道和生殖器,约 8 mm。镜下可见雌虫阴门位于粗细交界处,有许多虫卵排出。子宫内充满大量虫卵。将雌虫虫体剪碎,压片镜检,明显可见具有典型特征的鞭虫卵,虫卵呈黄褐色,腰鼓状,两端有塞状构造,内含未发育卵胚(图 2-7-26,参见彩插)。蘸取盲结肠粪便饱和盐水漂浮液置于载玻片上,盖上盖玻片,400 倍显微镜观察到腰鼓状鞭虫卵形态。另外,在发酵床垫料中也查到了大量的鞭虫卵。

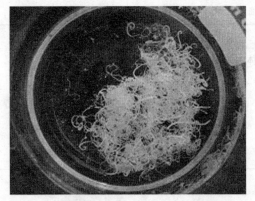

图 2-7-25　盲结肠中收集到大量猪鞭虫

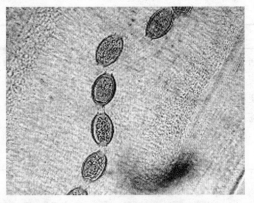

图 2-7-26　子宫碾压后镜检腰鼓状
鞭虫卵,400 倍显微镜

5. 诊断

猪鞭虫与猪结节虫混合感染。

(三)防制

基于发酵床这样的饲养条件,所有猪只饲料中连续 7 d 添加新型、广谱、高效、安全的阿苯达唑等驱虫药物,对结节虫和鞭虫移行期的幼虫及虫卵都有较强的驱杀作用。同时,结合使用伊维菌素、芬苯达唑和增效剂等复方驱虫药轮换进行驱虫,使猪群腹泻现象得以缓解。

通过该病例分析,提示发酵床养猪户,使用垫料前应进行前处理,如暴晒或熏蒸消毒以减少虫卵带入的机会;猪群进入发酵床饲养之前必须彻底驱虫;注意水源管理,防止寄生虫虫卵污染;饲养猪群的密度要适合,不宜超过发酵床的最高饲养密度等。一旦有虫卵污染,其床内30~50℃的温度便给虫卵发育提供了温床,较难根除。若发酵床长期使用,垫料不能进行定期更换,则需进行垫料和粪便的虫卵检查,并根据猪场情况适量增加驱虫药量和驱虫次数,轮换使用多种驱虫药物,增加驱虫效果。

◈ **技能考核**

教师从发酵床猪场取回垫料,让学生用粪便沉淀法和粪便饱和盐水漂浮法进行垫料中的虫卵检查,并结合学生操作情况填写技能考核表(表2-7-6)。

表2-7-6 技能考核表

序号	考核项目	考核内容	考核标准	参考分值
1	过程考核	操作态度	精力集中,积极主动,服从安排	10
2		协作意识	有合作精神,积极与小组成员配合,共同完成任务	10
3		实训准备	能认真准备实训材料,完成任务过程积极主动	10
		对猪场寄生虫病诊断	对猪场发生的寄生虫病能够及时做出诊断	20
4		对寄生虫病的剖检	积极、主动、认真,操作准确,并对剖检过程中遇到的问题进行分析和解决	30
5 6	结果考核	操作结果 综合判断	准确	10
7		工作记录和总结报告	有完成全部工作任务的工作记录,字迹整齐;总结报告结果正确,体会深刻,上交及时	10
		合计		100

◈ **自测训练**

一、选择题

1.猪囊尾蚴在猪体内的主要寄生部位是 （　　）

A.肠道 　　　　　　B.肝脏 　　　　　　C.肾脏

D.肌肉 　　　　　　E.胃

2.某猪群,部分3~4月龄生长育肥猪出现消瘦,顽固性腹泻,用抗生素治疗效果不佳,剖检死亡猪在结肠壁上见到大量结节,肠腔内检出长为8~11 mm的线状虫体。可能发生的寄生虫病是 （　　）

A.蛔虫病 　　　　　　B.肾虫病 　　　　　　C.旋毛虫病

D.后圆线虫病 　　　　E.食道口线虫病

3.某农户养的猪精神沉郁,虚弱,消瘦,黄疸和体温升高等症状,经磺胺药物治疗无效。剖检病猪发现肝脏肿大,有小出血点,且肝脏和肠系膜上有黄豆至鸡蛋大的白色囊泡。经镜检囊泡内含有透明的液体和一个向内凹入具有细长颈部的头节。可判断该猪可能感染有 （　　）

A.豆状囊尾蚴病 　　　　B.旋毛虫病 　　　　　C.细颈囊尾蚴病

D.蛔虫病 　　　　　　　E.胎生网尾线虫病

4.某农户养的猪出现精神沉郁,虚弱,消瘦,黄疸和体温升高等症状,经磺胺药物治疗无效。剖检病猪发现肝脏肿大,有小出血点,且肝脏和肠系膜上有黄豆至鸡蛋大的白色囊泡。经镜检囊泡内含有透明的液体和一个向内凹入具有细长颈部的头节。下列不属于预防该寄生虫的措施是 ( )

A.严禁犬类进入屠宰场　　　B.对犬定期驱虫　　　　　　C.防止犬粪污染饲料及水源

D.捕杀野犬　　　　　　　　E.消灭中间宿主淡水螺

5.猪蛔虫幼虫移行期引起的主要症状是 ( )

A.流泪　　　　　　　　　　B.便秘　　　　　　　　　　C.尿频

D.咳嗽　　　　　　　　　　E.血尿

6.蛭形巨吻棘头虫在猪体内的寄生部位是( )

A.胃　　　　　　　　　　　B.食道　　　　　　　　　　C.小肠

D.大肠　　　　　　　　　　E.肾脏

7.猪毛尾线虫在猪体内的寄生部位是 ( )

A.食道　　　　　　　　　　B.胃　　　　　　　　　　　C.小肠

D.盲肠　　　　　　　　　　E.大肠

二、看图题

看图说出是什么寄生虫引起的病理变化(图 2-7-27 至图 2-7-30,参见彩插)。

图 2-7-27　病变 A

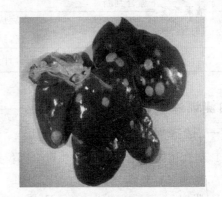

图 2-7-28　病变 B

图 2-7-29　病变 C

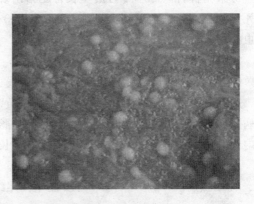

图 2-7-30　病变 D

三、病例分析

2013年1月1日,在扑杀气喘病患猪时,在数头6月龄的种猪小肠中发现大量虫体,虫体长24.5~34.0 cm,呈乳白色,长圆柱形,体表有横皱纹(图2-7-31,参见彩插),以吻突和角质小钩(图2-7-32,参见彩插)牢牢地叮在肠黏膜上,使肠壁形成火山口状的坏死、溃疡灶,问猪患有什么寄生虫病?

图2-7-31 虫体A

图2-7-32 虫体B

四、简答题

1. 规模化猪场常见哪些寄生虫病?

2. 猪常见寄生虫病病原形态有哪些?

3. 猪寄生虫病常用哪些药物?

学习任务四 猪中毒病的诊断与防制

◆学习目标

1. 熟悉猪常见中毒病的种类。如亚硝酸盐中毒、有机磷中毒、食盐中毒、霉菌毒素中毒、棉籽饼(粕)中毒、马铃薯中毒、黑斑病甘薯中毒、磷化锌中毒、敌鼠钠盐中毒、磺胺类药物中毒、克仑特罗中毒等。

2. 掌握上述猪常见中毒病临床症状、病理变化及部分中毒病的发病机理。

3. 结合发病原因、临床症状和病理变化对猪常见中毒病进行诊断和治疗。

◆病例分析

2012年8月份,北京某猪场饲喂长大商品猪132头,到10月份所有猪只表现生长缓慢,皮肤苍白发黄,小猪外阴红肿,成年公猪包皮肿大、红肿,成年母猪子宫脱垂,并陆续出现死亡,到动物医院就诊,初步诊断是什么病?

◆相关知识

一、亚硝酸盐中毒

青绿饲料调制方法不当,如慢火焖煮、堆积存放、霉烂变质等,在硝酸盐还原菌作用下产生剧毒的亚硝酸盐。亚硝酸盐被猪体吸收后,能使血液中正常的氧合血红蛋白氧化成高铁血红蛋白。高铁血红蛋白与氧牢牢结合,使血红蛋白失去携氧能力,导致组织缺氧,猪体发生中毒。临床上表现为皮肤、黏膜呈蓝紫色及其他缺氧症状,俗称"饱潲病"或"饱潲瘟"。

1.临床症状

中毒病猪常在采食后的 15 min 至数小时内发病。最急性者可能仅稍显不安,站立不稳,即倒地而死。但这些严重中毒病例生前却多是精神良好、食欲旺盛者,故有人形象地将本病称为"饱潲瘟",意指刚吃饱了潲(饲料),即发作的瘟疫,可见其发病急、病程短及救治困难。急性型病例除表现不安外,还呈现严重的呼吸困难,脉搏疾速细弱,全身发绀,体温正常或偏低,躯体末梢厥冷。耳尖、尾端在刺破或截断时仅渗出少量黑褐红色血液。肌肉战栗或衰竭倒地。末期则出现强直性痉挛。

2.病理变化

中毒病猪的尸体腹部多较胀满,口鼻呈乌紫色,并流出淡红色泡沫状液体。眼结膜可能带棕褐色。血液暗褐如酱油状,凝固不良,长时间暴露在空气中仍不转成鲜红。各脏器的血管淤血。胃肠道各部有不同程度的充血、出血,黏膜易脱落,肠系膜淋巴结轻度出血。肝、肾呈暗红色。肺充血,气管和支气管黏膜充血、出血,管腔内充满红色的泡沫状液体。心外膜、心肌有出血斑点。

3.诊断

根据患猪病史,结合饲料状况和血液缺氧为特征的临诊症状,可作为诊断的重要依据。亦可做亚硝酸盐检验和变性血红蛋白检查来确诊(见岗位三)。

4.防制

(1)预防　主要在于改善饲养管理,使用白菜叶、甜菜叶等青绿饲料喂猪时,最好新鲜生喂。贮存青饲料应摊开存放,不要堆积,以免腐烂发酵而产生大量亚硝酸盐。

(2)治疗　发现亚硝酸盐中毒,应迅速抢救,特效解毒药为美蓝和甲苯胺蓝。同时配合应用维生素 C 和高渗葡萄糖溶液,效果较好。

症状重者,尽快剪耳、断尾放血;静脉或肌肉注射 1%美蓝溶液,每千克体重 0.1 mL,或注射甲苯胺蓝,每千克体重 5 mg,内服或注射大剂量维生素 C,每千克体重 10～20 mg,以及静脉注射 10%～25%葡萄糖液 300～500 mL。

症状轻者,仅需安静休息,投服适量的糖水或牛奶、蛋清、水等。

对症治疗:对呼吸困难、喘息不止的病猪,可注射山梗菜碱、尼可刹米等呼吸兴奋剂;对心脏衰弱者可注射安钠咖、强尔心等;对严重溶血者,适量放血后输液并口服或静脉滴注肾上腺皮质激素,同时内服碳酸氢钠等药物,使尿液碱化,以防血红蛋白在肾小管内凝集。

二、有机磷中毒

有机磷农药种类很多,对猪的毒性差异也很大。常见的有机磷农药有对硫磷(1605)、甲基对硫磷(甲基 1605)、内吸磷(1059)、甲基内吸磷(甲基 1059)、乐果、敌百虫等。当猪采食喷洒过有机磷农药的蔬菜或其他作物或外用敌百虫治疗疥癣被猪舔食时,都可引起中毒。有机磷农药具有高度的脂溶性,可经皮肤、黏膜、消化道及呼吸道进入体内。并通过血液及淋巴至全身各器官。

1.临床症状

猪中毒通常死于呼吸道分泌物过多、支气管狭窄、心跳徐缓和不规则引起的缺氧。严重急性中毒在几分钟内即可出现临床症状,轻者则在几小时内出现。

有机磷农药中毒时,因制剂的化学特性及造成中毒的具体情况等不同表现的症状及程度差异较大。但基本上都表现为胆碱能神经受乙酰胆碱的过度刺激而引起的过度兴奋。临诊上出现的症状为食欲不振、流涎、呕吐、腹痛、多汗、尿失禁、瞳孔缩小、可视黏膜苍白、眼球震颤、肌纤维性震颤、血压上升、肌紧张度减退(特别是呼吸肌)、脉搏频数,或者表现为兴奋不安,体温升高,抽搐,甚至陷于昏睡等。

2.病理变化

有机磷急性中毒时,一般没有特征性病变,通常可见呼吸道内有大量的液体以及肺水肿。一般认为,有机磷农药中毒的病猪尸体,除其组织中可检出毒物和胆碱酯酶的活性降低外,缺少特征性的病变。仅在迟延死亡的尸体中可见到有肺水肿、胃肠炎等继发性病理变化。经消化道吸收中毒在 10 h 以内的最急性病例,除胃肠黏膜充血和胃内容物可能散发蒜臭味外,常无明显变化;经 10 h 以上者则可见其消化道浆膜散在有出血斑,黏膜呈暗红色,肿胀,且易脱落,肝、脾肿大,肾混浊肿胀,被膜不易剥离,切面呈淡红褐色而境界模糊,肺充血,支气管腔内有白色泡沫,心内膜可见有不规则形的白斑。

3.诊断

有与有机磷和氨基甲酸酯类杀虫剂的接触史以及副交感神经系统兴奋为特征的临床症状及病理变化,可作为初步诊断此类中毒的依据。

对呈现过度兴奋现象的病例,特别是表现为流涎、瞳孔缩小,肌纤维震颤,血压升高等综合症状者,可列为疑似。在仔细查清其与有机磷农药接触史的同时,亦应测定其胆碱酯酶活性,必要时更应采集病料进行毒物鉴定,以建立诊断。同时也应根据本病的病史、症状、胆碱酯酶活性降低等变化特点与其他疑似病例相区别。

必要时采集病猪的呕吐物、胃内容物及吃剩的饲料及饮水作为检验样品进行实验室检测,具体方法见岗位三中的学习情境六的学习任务二。

4.防制

(1)预防　健全对农药的购销、保管和使用制度,落实专人负责。不要使用农药驱除猪体内外寄生虫。

(2)治疗

①一般急救处理。

a.应立即切断毒源。停止使用疑为有机磷农药来源的饲料或饮水;离开有毒环境,移至空气新鲜处。如系外用药引起的,像敌百虫涂抹过多等,应充分用清水洗患部、勿用碱性制剂和热水。

b.若是口服敌百虫中毒,则不能用碱性溶液(如洗衣粉、肥皂等)洗胃,因为敌百虫在碱性条件下可转化成毒性更强的敌敌畏,可用清水或生理盐水。若是对硫磷中毒,则禁用高锰酸钾洗胃,因为能将其氧化成毒性更强的对氧磷。洗胃有困难应催吐。

c.催吐:病畜不能配合时,不用此法,禁用阿扑吗啡催吐,因为此药会抑制神经中枢。

②特效解毒剂。在采取紧急处理的同时,应尽快用药物救治。常用的特效解毒药有硫酸阿托品和解磷定、氯磷定、双复磷等胆碱酯酶复活剂。阿托品配合解磷定进行治疗效果较好。

阿托品的用量是 5～10 mg 皮下注射,严重时可耳静脉注射。早期,阿托品用量可加大 4～5倍。解磷定的首次用量可按 0.8～1 g,溶于 5％葡萄糖或生理盐水中,静脉或皮下注射。以后按每千克体重 20～50 mg,2 h 注射 1 次或与阿托品给药次数一致。氯磷定的用法和用量可参考解磷定,其毒性小,但对乐果中毒效果差,且对敌百虫、敌敌畏、对硫磷、内吸磷等中毒经48～72 h 后的病例无效。双复磷对各种有机磷都有良好的解毒效果,按每千克体重 40～60 mg 给药。本药还能通过血脑屏障,对中枢神经系统的症状有良好的缓解作用;其水溶性较高,可供皮下、肌肉和静脉注射。

③对症辅助疗法。强心补液,解毒保肝。应及时准确地补液,静脉或腹腔注射复方生理盐水、葡萄糖盐水、葡萄糖溶液等。对心脏功能衰竭的,可用安钠咖、樟脑磺酸钠等。

有抽搐症状者,可用水合氯醛灌肠或用其他镇静剂。重危病猪还可考虑应用肾上腺皮质激素。但强心类药物应慎用,肾上腺素、洋地黄类药物应禁忌,以免加重心脏负荷。

三、食盐中毒

食盐中毒又称钠离子中毒以及缺水症,由钠离子摄入过量或缺乏饮水引起。食盐对猪的致死量为每千克体重 2.2 g。

1. 临床症状

初期表现为干渴和便秘,随后出现中枢神经系统症状。病猪不安,兴奋,转圈,前冲,后退,肌肉痉挛,身体震颤,齿唇不断发生咀嚼运动,口角出现少量白色泡沫。口渴增加,常找水喝,直至意识混乱而不饮水。体温常升高(在兴奋发作时有轻度升高),同时眼和口腔黏膜充血、发红,少尿。嗜酸性粒细胞增多。最后昏迷,1～2 d 内死亡。

2. 病理变化

中毒病猪也可能有胃肠炎变化,胃黏膜充血、出血,有的可见溃疡。脑脊髓各部位可能有不同程度的充血、水肿,尤其在急性病例的软脑膜和大脑实质(特别是皮质)最为明显,以致脑回展平和发生水样光泽。切片镜检时可见有特征性病变,即软脑膜和大脑皮层充血、水肿,在血管周围出现有多量嗜酸性粒细胞和淋巴细胞聚集,故曾称为"嗜酸性粒细胞性脑膜脑炎"。小静脉和微血管的内皮细胞肿大、增生,呈现脑灰白质软化灶;脑实质中有筛网状的局部性水肿或弥漫性水肿,嗜酸性粒细胞游走于脑实质中,锥束细胞稍有变性;中枢神经系统的其他部位则仅见较轻微的类似病变。

3. 诊断

根据有采食过量食盐的病史,不发热而有突出的神经症状可确诊。应同其他疑似疾病相区别,如伪狂犬病、李氏杆菌病、脑膜炎型链球菌病和传染性脑脊髓炎等。

在病史资料不明或症状表现不典型时,可按下述方法检测。将胃肠内容物连同黏膜取出,加多量的水使食盐浸出后滤过,将滤液蒸发至干,可残留呈强碱味的残渣,其中可能有立方形的食盐结晶。取食盐结晶放入硝酸银溶液中时,可出现白色沉淀,取残渣或结晶在火焰中燃烧时,则见钠盐的火焰呈为黄色。

4. 防制

(1)预防 应控制日粮中盐分的含量。使用含盐农副产品做饲料时,应掌握其含盐量是否过高,同时应经常供给充足清洁的饮水。

(2)治疗 立即停喂含盐过多的饲料。在一般情况下,可供给催吐药。轻度中毒者,可供给充分饮水或灌服大量温水或糖水,但在急性中毒的开始阶段,应严格控制给水,以免促进食盐的吸收和扩散,而使症状加剧。能导胃者,可用清水反复洗胃,洗胃后用植物油导泻。

补液是必需的,但以含少量电解质的液体为宜,每 1 000 mL 5‰葡萄糖溶液中含 200~300 mL 生理盐水,并有适量的钾和钙。因为单纯葡萄糖溶液或含钠过低的溶液补入,使血钠迅速降低。严重高血钠时,可用 5%~7%的葡萄糖溶液按每千克体重 30~40 mL,分次注入腹腔,1 h 后将注入液引出。开始时用 7%的葡萄糖溶液,以后如血浆钠的水平下降,可改用 5%的葡萄糖液。在补液中如肺部出现啰音时,表示可能发生心衰和肺水肿,补液应减速或停止,并可用洋地黄、利尿剂(如双氢克尿噻、速尿)等治疗。

在以镇静、解痉为目的时,可肌肉注射盐酸氯丙嗪、安定,静脉注射硫酸镁或葡萄糖酸钙等溶液。

四、霉菌毒素中毒

由于原料或配合饲料水分含量高及贮藏不当,可使霉菌大量繁殖,造成饲料霉变。霉菌在大量繁殖时,除使饲料适口性下降、营养价值降低外,还会产生多种多样的霉菌毒素,动物采食后可造成霉菌毒素中毒。在我国,特别是长江中下游地区,春末及夏季,气温高,湿度大,有利于霉菌繁殖,因而动物霉菌毒素中毒性疾病常有发生。目前已知的霉菌毒素 200 多种,其中较为常见的有黄曲霉毒素、杂色曲霉毒素、赭曲霉毒素、镰刀菌毒素、岛青霉素、橘青霉素、展青霉素等约 25 种,而其中对猪危害最大的是黄曲霉毒素。

(一)黄曲霉毒素中毒

1.病因及发病机理

黄曲霉毒素主要是由黄曲霉和寄生曲霉产生的有毒代谢产物,根据在紫外线下发生荧光的颜色及 Rf 值(薄层板上移动率)大小,黄曲霉毒素可分为 B_1、B_2、G_1、G_2、M_1、M_2 等,其中以黄曲霉毒素 B_1 含量最多,毒性最大,且有强致癌性。因此,通常所称的黄曲霉毒素中毒主要是指黄曲霉毒素 B_1 中毒。黄曲霉和寄生曲霉可寄生在玉米、花生、棉籽、稻谷、豆类等中,当温度、湿度适宜时能迅速繁殖并产生黄曲霉毒素,动物采食了被黄曲霉毒素严重污染的饲料便可发生中毒。

黄曲霉毒素被动物摄入后,迅速由胃肠道吸收,经门静脉进入肝脏,在摄食后 0.5~1 h,毒素在肝内可达到最高浓度。所以,肝脏含毒量最高,受到的损害也最为严重。

2.临床症状

黄曲霉毒素以肝脏损害为主。急性中毒一般于食入黄曲霉毒素污染的饲料 1~2 周左右发病,主要症状为抑郁、厌食,后躯衰弱,黏膜苍白,粪便干燥或腹泻,有时粪便带血。偶有中枢神经系统症状,呆立墙角,以头抵墙,多于 2 d 内死亡。慢性中毒表现为精神沉郁,食欲不振,被毛粗乱,离群独立,弓背缩腹,体温不升高,体重减轻,黏膜常见黄染。

3.病理变化

(1)急性型 主要病变为贫血和出血。病猪的腹水增多,有时腹腔内蓄积多量血液。胃底部黏膜发生弥漫性出血,肠黏膜呈出血性炎症变化,病变严重时,肠道内有游离的凝血块。病猪的耳、腹下部和四肢内侧皮肤常见出血性紫斑。肝肿大,质脆,苍白或黄色甚至砖红色,呈现急性中毒性肝炎变化。心包积液,呈淡黄或茶褐色。心外膜及心内膜亦有出血等。

(2)慢性型 全身黄疸,肝硬化,有时在肝表面可看到黄色小结节,胆囊缩小,胸腔及腹腔内有大量橙黄色液体,淋巴结充血且水肿,心内外膜出血,大肠黏膜及浆膜有出血斑,结肠浆膜有胶状浸润。显微镜下,可见肝、胆管上皮细胞明显增生。

4.诊断

根据临床症状、饲料霉变情况、结合大体解剖变化及组织病检中胆管增生的特征,建立初步诊断。必要时,测定可疑饲料中黄曲霉毒素 B_1 含量(具体方法见岗位三中的学习情境六的学习任务四)。

5.防制

(1)治疗 目前无特效药物,发病时应立即停喂可疑饲料,给予动物易消化的青绿饲料。注意给动物补充维生素 A、维生素 C,酌情使用止血药物及抗生素类药物,但禁用磺胺类药物。

(2)预防

①在生产配合饲料时,严格控制饲料原料的质量,对明显发霉的饲料原料坚决不用,对可疑霉变原料应进行黄曲霉毒素 B_1 含量测定。我国饲料卫生标准规定,黄曲霉毒素 B_1 在每千克玉米和花生饼(粕)中的含量不得大于 0.05 mg。

②在配合饲料生产时,适当添加防霉剂,特别是在气温较高的春末及夏、秋季节。

③严格执行饲料中黄曲霉毒素容许量标准。我国饲料卫生标准规定,生长育肥猪每千克饲料中黄曲霉毒素 B_1 的含量不得大于 0.02 mg。

④黄曲霉毒素的脱毒方法。

氨水,可用于玉米和粗棉籽的脱毒。将严重污染黄曲霉毒素的棉籽(含黄曲霉毒素 800 $\mu g/kg$)和氨水混合,密封于大塑料袋中,保存于阳光下几周,可使其黄曲霉毒素含量降至食品和药物管理局(FDA)要求的低于 100 $\mu g/kg$ 的水平。

(二)T-2 毒素中毒

1.病因及发病机理

T-2 毒素属镰刀菌毒素类。本病发生的主要原因是动物采食了受 T-2 毒素污染的玉米、麦类等饲料。在生产中,T-2 毒素中毒以猪最为多见。

T-2 毒素有较强的细胞毒性,可使分裂旺盛的骨髓细胞、胸腺细胞及肠上皮细胞核崩解,对骨髓造血功能有较强的抑制作用,并导致骨髓造血组织坏死,引起血细胞,特别是粒细胞减少。T-2 毒素还能引起凝血功能障碍,使凝血时间延长。

T-2 毒素对皮肤和黏膜有强烈刺激作用,引起局部炎症甚至坏死,使猪出现呕吐和腹泻。

2.临床症状

动物采食被 T-2 毒素污染的饲料后约 0.5 h 即可发生呕吐,猪表现为拒食,严重中毒时可见口腔黏膜坏死。慢性中毒主要表现为消化不良,生长停滞。

3.病理变化

主要表现为胃肠道、肝和肾的坏死性损害和出血。胃肠道黏膜呈卡他性炎症,有水肿、出血和坏死,尤以十二指肠和空肠处受损最为明显。心肌变性、出血,心内膜出血,子宫萎缩,脑实质出血、软化。

4.诊断

根据临床症状、病理变化及使用过可疑霉变饲料等进行综合分析,可得出初步诊断。进一步确诊可进行生物测试和毒物含量分析。

生物测试的方法很多,主要是利用 T-2 毒素对皮肤和黏膜有强烈刺激的特性而设计。这里介绍一种较为简单的试验。

取 10~20 g 可疑饲料,分成 4~5 个滤纸包,在脂肪提取器中抽提 5 h,留乙醚浓缩物备用。将浓缩物塞入鸽口中,给予少量水迫其咽下,把鸽子放回鸽笼,观察其反应。如含有 T-2 毒素,在服用后 30~60 min 内出现呕吐。

5.治疗

本病没有有效的治疗方法,发现可疑中毒时应立即停喂发霉饲料,给予动物富含营养且易消化的饲料。同时给予对症治疗,并给予抗菌药物以防止胃肠道继发感染,饲料中增添维生素 K 以防出血。

防止田间和贮藏期间谷粒发生霉变,去除发霉变质的饲料,不使用霉变的玉米、麦类等加工饲料是预防本病的重要措施。

(三)玉米赤霉烯酮中毒

1.病因及发病机理

玉米赤霉烯酮又称 F-2 毒素,首先从赤霉病玉米中分离出来。它主要是禾谷镰刀菌的一种代谢产物,属镰刀菌毒素类。此外,粉红镰刀菌、串珠镰刀菌、三镰刀菌、木贼镰刀菌等也能产生此毒素。猪吃了上述产毒霉菌污染的玉米、小麦、大麦、高粱、稻谷、豆类等就可发生中毒。猪、禽都可发生,但多见于猪。

玉米赤霉烯酮具有雌激素样作用,其强度约为雌激素的 1/10,使动物发生雌激素亢进症。

2.临床症状

(1)急性中毒 主要表现为母猪与去势母猪初似发情现象,阴户红肿,阴道黏膜充血、肿胀,分泌物增加。严重者,阴道和子宫外翻,甚至直肠和阴道脱垂,乳腺增大,哺乳母猪泌乳量减少或无乳。

(2)亚急性中毒 表现为母猪性周期延长,产仔数减少,仔猪体弱,流产、死胎和不育。存活的小公猪出现睾丸萎缩,乳腺增大等雌性化现象。公猪和去势公猪也呈现雌性化现象,表现为乳腺增大,包皮水肿和睾丸萎缩。

3.病理变化

本病主要病理变化发生在生殖器官。母猪阴户肿大,阴道黏膜充血、肿胀,严重时阴道外翻,阴道黏膜常因感染而发生坏死。子宫肥大、水肿,子宫颈上皮细胞呈多层鳞状,子宫角增大、变粗变长。病程较长者,可见卵巢萎缩。乳头肿大,乳腺间质水肿。公猪乳腺增大,睾丸萎缩。

4.诊断

根据临床症状、病理剖检变化和饲喂过霉变饲料的病史可建立初步诊断。确诊需要进行毒素含量测定及生物学测试,目前在临床条件下不容易做到。

5.防制

(1)治疗 目前尚无有效的治疗方法,发现中毒时应立即停喂可疑饲料,更换优质配合料。一般在停喂发霉饲料 7～15 d 后,临床症状即可消失,多不需要药物治疗。对子宫、阴道严重脱垂者,可使用 1/5 000 的高锰酸钾溶液清洗,以防止感染。

(2)预防 不使用发霉变质的玉米、麦类等做饲料原料,不饲喂发霉的饲料是预防本病发生的根本措施。对已被毒素污染的饲料,可加入沸石等吸附剂处理后在小规模下试用,一旦发现不良反应,应立即停喂。

五、棉籽饼(粕)中毒

长期饲喂含有高浓度游离棉酚的棉籽饼(粕)可引起中毒。主要病理变化为实质脏器广泛性充血和水肿,全身皮下组织浆液性浸润。胃肠道黏膜充血、出血和水肿。

棉叶、棉籽及其副产品棉籽饼(粕)的有毒成分在体内排泄缓慢,有蓄积作用。因此,用未经去毒处理的棉叶或棉籽饼(粕)做饲料时,一次大量喂饲或长期饲喂时均可能引起中毒。妊娠母猪和仔猪对游离棉酚特别敏感。

1.临床症状

本病的一般症状是精神沉郁,行动困难,摇摆,易跌倒。病初体温变化不大,后期常升高。结膜初充血、进而黄染,视觉障碍、失明。消化机能紊乱,食欲降低或废绝,胃肠蠕动减弱而便秘,粪球干小并伴有黏液或出血。急性中毒者,特别是仔猪常表现胃肠卡他性炎症或胃肠炎。呼吸急促、增数,常有咳嗽、流鼻涕,后期常发生肺水肿并由此而发生肺源性心力衰竭。有的病例腹下或四肢呈现水肿。红细胞数减少,血红蛋白含量降低,而嗜中性粒细胞数则显著增加,核左移,单核细胞和淋巴细胞数目减少。病猪喜喝水,但尿量少,或排尿困难,常出现血尿或血红蛋白尿。母猪可发生流产。棉酚可通过母乳,间接使哺乳仔猪发生中毒。

严重中毒时,病猪一开始就呈现显著沉郁或兴奋,呻吟磨牙,肌肉震颤,常有腹痛现象。病情严重者,发病后当天或于 2～3 d 内死亡;病程稍长者可延至 15～30 d 死亡。

2.病理变化

病猪呈全身性水肿变化,下颌间隙、颈部及胸腹部皮下组织有胶样浸润。胸腔、腹腔和心包腔蓄积多量淡红色透明液体。肺充血、水肿,肺门淋巴结肿大,气管腔内有血样气泡和出血点。胸腔和腹腔有黄色渗出液,该液体暴露在空气中有蛋白凝块析出。肝充血、肿大。胆囊扩张,充满胆汁,胆囊壁水肿并伴发出血,胃肠黏膜有卡他性或出血性炎症,并常见溃烂性病变。淋巴结肿大出血。

3.诊断

可根据饲喂棉籽饼(粕)史、临床症状及病理剖检变化等进行综合分析,做出诊断。

4．防制

（1）预防

①用棉籽饼（粕）喂猪时，应每天限制喂量。成年猪每天饲喂量不超过日粮的5％，母猪每天不超过250 g。妊娠母猪产前半个月停喂，产后半个月再喂。断奶小猪每天喂量不超过100 g。妊娠母猪、哺乳母猪及小猪如有其他的蛋白质饲料饲喂时，最好不喂给棉籽饼（粕）。

②在喂法上，不应长期连续饲喂棉籽饼（粕）。一般是喂1个月后，停喂7～10 d再喂。

③加热减毒。使游离的棉酚变为结合棉酚，生的棉籽皮、棉籽渣可以蒸煮1 h后再用。

④加铁去毒。据报道，用0.1％或0.2％的硫酸亚铁溶液浸泡棉籽饼（粕），棉酚的破坏率可达到81.81％，也可按铁与游离棉酚1∶1在饲料中加入硫酸亚铁，但注意铁与棉籽饼（粕）要充分混合。猪饲料中铁含量不得超过500 mg/kg。

⑤增加日粮中蛋白质、维生素、矿物质和青绿饲料，对预防棉籽（饼）粕中毒很有好处。如用大豆饼（粕）与棉籽饼（粕）等量混合；或豆饼（粕）5％加鱼粉2％，或鱼粉4％与棉籽饼（粕）混合等。

（2）治疗　目前尚无特效的解毒药剂，主要是采取消除致病因素，加速毒物的排出及对症疗法。

①立即停喂棉籽饼（粕）。

②中毒初期可用0.1％高锰酸钾或3％碳酸氢钠水溶液洗胃，或内服硫酸镁或芒硝等泻剂。

③发生胃肠炎时，内服1％硫酸亚铁溶液100～200 mL或内服磺胺咪5～10 g、鞣酸蛋白2～5 g,肺水肿严重时，不宜灌服药物，因极易导致窒息死亡。

④静脉注射20％～50％葡萄糖液100～300 mL,同时肌肉注射10％安钠咖5～10 mL。

⑤发生肺水肿时，可用10％氯化钙溶液10～20 mL,20％乌洛托品溶液20～30 mL,混合后静脉注射。

⑥对视力减弱的病猪，注射维生素C和维生素A有一定疗效。

⑦当猪有食欲时可多喂一些青绿饲料，并增加饲料中的矿物质，特别是钙的含量，对病的恢复有较好效果。

六、马铃薯中毒

马铃薯中毒是由于马铃薯中含有一种有毒的生物碱马铃薯素（龙葵素）引起的以神经症状、胃肠炎和皮肤湿疹为特征的一种疾病，猪最常见。

1．病因

马铃薯素主要含于马铃薯的花、块根幼芽及其茎叶内，且含量差别很大。完好成熟的马铃薯虽含有马铃薯素，但含量甚微，一般不致引起中毒。当贮存时间过长则马铃薯素含量明显增多。特别是保存不当引起发芽、变质或腐烂时致马铃薯素含量显著增加时，便能引起动物中毒。因此，当用大量贮存过久、特别是发芽的或腐烂的马铃薯，以及由开花到结有绿果的茎叶饲喂猪只时，极易引起中毒。

2.发病机理

马铃薯素主要在胃肠道内吸收,通常在健康完整的胃肠黏膜吸收很慢。但当胃肠发炎或黏膜损伤时,则吸收迅速,从而对胃肠黏膜呈现强烈的刺激作用,引起重剧的胃肠炎(出血性胃肠炎)。马铃薯素被吸收后,作用于中枢神经系统致感觉神经和运动神经末梢发生麻痹。此外,马铃薯素被吸收入血后,能破坏红细胞而呈溶血现象。

3.临床症状

(1)急性中毒 出现狂躁不安、肌肉麻痹、共济失调等神经症状。呼吸无力,心率衰竭,黏膜发绀,瞳孔散大,全身痉挛,2～3 d死亡。

(2)慢性中毒 呈现明显的胃肠炎症状,呕吐、流涎、腹泻,便中带血。病猪精神不振,极度衰弱,妊娠母猪往往流产。

猪的神经症状轻微,明显的胃肠炎,腹部、股内侧皮肤湿疹,头、颈、眼睑部水肿。

4.病理变化

胃肠黏膜充血、潮红、出血、上皮细胞脱落。实质器官也常见出血,心腔充满凝固不全的暗黑色血液。肝、脾肿大、淤血,有时见有肾炎的病理变化。软脑膜和脑实质充血。

5.诊断

根据病史调查,饲料质量分析,发病后的临床症状进行综合分析,建立诊断。

6.防制

(1)治疗 更换饲料,停喂马铃薯。促进毒物排出,用1%硫酸铜20～50 mL内服,催吐。然后灌服油类泻剂,促进肠道内毒物排出。兴奋不安时镇静用10%氨溴注射液20～30 mL,静脉注射。或用2.5%氯丙嗪注射液1～2 mL,肌肉注射。亦可采用对症疗法,并配合葡萄糖溶液、维生素C等药物,增强肝脏解毒能力。

(2)预防 应用马铃薯做饲料时,饲喂量宜逐渐增加。不宜饲喂发芽或霉烂的马铃薯,如必须饲喂时,应去除幼芽,充分煮熟后并与其他饲料搭配饲喂。在贮藏马铃薯时为防止发芽应放于低温、无直射阳光处。

七、黑斑病甘薯中毒

动物采食一定量的黑斑病、软腐病甘薯均可引起中毒。主要特征为呼吸困难,急性肺水肿及间质性肺气肿,并于后期引起皮下气肿。猪偶有发生。

1.病因

动物因直接采食患有黑斑病的甘薯或用薯干酿酒后的酒糟及酒糟水而中毒。甘薯黑斑病菌常寄生在甘薯的幼芽及块根上,表皮破损或薯体开裂,最易感染这种霉菌。常在甘薯表面形成暗褐色斑,遇空气后即转为黑色而得名。味极苦,煮熟后局部发硬,动物食之容易中毒。甘薯贮藏期间患有软腐病,软化部位流出黄色具酒味的液体。

2.发病机理

就目前所知,发病的毒素是一种碳氢化合物,此种化合物进入胃肠道。引起胃及小肠出血和炎症,同时提高胃肠道黏膜感受性,而加速毒物吸收到血液,经门脉到肝脏,引起肝脏机能降低,发生肝肿大。毒素随血液进入大循环,导致心脏出血及心肌变性、心包积液。毒素随血液到延脑呼吸中枢,引起迷走神经抑制,肺泡迟缓,出现肺气肿。由于支气管和肺泡壁的破裂,吸入的气体被排入肺间质的间隙中。并由肺门进入纵隔,从而沿着纵隔结缔组织侵入颈部以及机体上部皮下的疏松结缔组织内,出现皮下气肿。

3.临床症状

仔猪易发生,有的甚至呈暴发。精神委顿,食欲废绝,呼吸困难,气喘,步样不稳,后肢跛行,便秘或下痢。重剧病例有明显的神经症状,盲目前进,头抵墙。后期倒地抽搐而死。

4.病理变化

在早期阶段其特征性病变有肺充血及水肿。多数情况则见到间质性肺气肿,肺间质增宽,灰白色透明而清亮。间质内可因充填大量的气体而呈明显分离状态。严重病例,在肺的表面还可见到若干大小不等的球状气囊,肺表面透明发亮,呈现类似白色塑料薄膜浸水后的外观。胃的病变也较严重,表现为胃黏膜充血、出血,黏膜易剥脱,胃底部黏膜常见溃烂。心脏有出血斑点,胆囊及肝脏肿大,胰脏充血、出血及坏死。

5.诊断

根据病史,结合临床症状不难确诊。本病常以群发为特征,临床上容易误诊为出血性败血症。但病猪体温不高,剖检时在胃内发现黑斑甘薯残渣,即可鉴别。

急性变态反应性肺气肿临床症状及病理学变化亦与本病极为相似,但如能从病史和病原学上调查研究,则不难鉴别。

6.防制

(1)治疗 迅速排出毒物、解毒、缓解呼吸以及对症疗法。

①排出毒物及解毒。如果早期发现,毒物尚未完全被吸收,可用下列方法。

洗胃:用生理盐水灌入胃内。

内服氧化剂:1%过氧化氢溶液100～200 mL,一次灌服。

②缓解呼吸困难。5%～20%硫代硫酸钠注射液20～50 mL,静脉注射。亦可同时加入维生素C。

此外尚可用3%过氧化氢溶液30～50 mL与3倍以上的生理盐水或5%葡萄糖生理盐水溶液混合,缓慢静脉注射。当肺水肿时可用50%葡萄糖溶液100 mL、10%氯化钙溶液30 mL、20%安钠咖溶液5 mL,混合,一次静脉注射。

呈现酸中毒时应用5%碳酸氢钠溶液50～200 mL,一次静脉注射。胰岛素注射液50～100 IU,一次皮下注射。

(2)预防 防止甘薯感染黑斑病。禁止用霉烂甘薯及其副产品喂猪。

八、磷化锌中毒

磷化锌是长期使用的灭鼠药和熏蒸杀虫剂。猪多半是由于误食灭鼠毒饵,或被磷化锌污染的饲料,造成中毒。磷化锌在胃酸的作用下,即释放出剧毒的磷化氢气体,并被消化道吸收。进而分布在肝、心、肾以及横纹肌等组织,引起所在组织的细胞发生变性、坏死等病变,并在肝脏和血管遭受病损的基础上,发展至全身泛发性出血,直至陷于休克或昏迷。

1.临床症状

猪采食后,病初精神委顿,食欲消失,寒战,呕吐,腹泻,腹痛。呕吐物和粪便有大蒜味,于黑暗处可见有磷光。心动徐缓。较重者可出现意识障碍,抽搐,呼吸困难;严重者可呈现昏迷,惊厥,肺水肿,黄疸,血尿,呼吸衰竭及明显的心肌损伤等症状。

2.病理变化

切开胃时,散发出带蒜味的特异臭气。将其内容物置于暗处时,可见有磷光。尸体的静脉扩张,泛发微血管损害。胃肠道呈现充血、出血,肠黏膜有脱落现象。肝、肾淤血,混浊肿胀。肺间质水肿,气管内充满泡沫状液体。

3.诊断

在诊断上仅从临床症状和病理剖检方面较难与其他毒物中毒正确区分,要以毒物化验结果为依据。

4.防制

(1)治疗 磷化锌中毒,没有特效治疗方法,多数是对症治疗。

①如早期排出毒物,可灌服1%~2%硫酸铜溶液20~50 mL,使其催吐的同时,与磷化锌形成不溶性的磷化铜,从而阻滞吸收而降低毒性。或0.1%高锰酸钾20 mL,隔4~5 h服1次。同时应用硫酸镁、芒硝等缓泻剂,忌用油类泻剂。

②静脉注射葡萄糖盐水300~500 mL,同时注射10%安钠咖5~10 mL强心和注射维生素B_1、维生素B_2、维生素C。为防止血液中碱储量降低,可静脉注射5%碳酸氢钠溶液30~50 mL。

(2)预防 猪场用毒饵灭鼠时,应指定专人负责,放置于老鼠常出入活动处,防止被猪误食。同时做好饲料的保管和调制工作,防止将毒药混入饲料中。

九、敌鼠钠盐中毒

敌鼠钠盐为黄色无味结晶,微溶于水,易溶于丙酮、乙醇等有机溶剂。无腐蚀性,为慢性杀鼠剂。可混于玉米面、少量食糖中,制成0.05%的毒饵。本病常见于猪,以全身出血为特征。

1.病因

由于毒饵保管或使用不当,导致动物误食而中毒。

2.发病机理

敌鼠钠盐进入体内后可抑制凝血酶原,干扰凝血因子Ⅱ、凝血因子Ⅴ、凝血因子Ⅶ的合成,干扰维生素K的代谢,因而可产生凝血障碍,血液凝固不良。敌鼠钠盐中毒后,一方面产生血凝障碍,另一方面它可刺激毛细血管,引起血管无菌性炎症。毛细血管通透性升高,引起皮下组织、内脏广泛性出血。

3.临床症状

敌鼠钠盐中毒为慢性经过,一般在采食后2~3 d发病。病猪精神沉郁,食欲减退,呕吐,腹泻,粪中带有血液和黏液。可视黏膜苍白,有出血点或出血斑,有时排血尿,皮肤有紫斑。呼吸迫促,黏膜发绀,四肢末端发凉。后期口、鼻出血,卧地挣扎,极度呼吸困难,终因窒息而死。

4.病理变化

皮下、肌肉出血,肝、肾、脾、肠系膜、浆膜有出血点。胸、腹腔以及心包内积有棕红色液体,心冠脂肪、心肌出血。胃肠黏膜充血、出血、坏死。

5.防制

(1)治疗 治疗原则是止血、缓泻、清理胃肠道、消炎、补液、防止毒血症。维生素 K 每千克体重 0.5～1 mg,肌肉注射,每天 2 次。严重者可加入维生素 C 或氢化可的松至 5%葡萄糖中静脉注射。通常在用药 1～2 次后,尿血、粪血现象停止。用药 2 d 后开始进食,逐渐康复。适当清理肠道,用人工盐或油类泻剂缓泻并配合肠道消炎,应用抗菌药防止并发感染,体况良好者还可用硫酸铜催吐。猪内服 1%～2%硫酸铜 20～50 mL。

(2)预防 加强对鼠药的保管,防止毒饵遗失。灭鼠时,由专人投放毒饵并看管,防止误食。在田间投放毒饵时,应设立标记。

十、磺胺类药物中毒

磺胺类药是以对氨苯磺胺为中心合成的一类广谱抗菌药物,包括氨苯磺胺(SN)、磺胺噻唑(ST)、磺胺嘧啶(SD)、磺胺甲基嘧啶(SM1)、磺胺二甲基嘧啶(SM2)、磺胺喹噁啉(SQ)、磺胺二异噁唑(SIZ)、磺胺甲基异噁唑(SMZ)、磺胺甲氧嗪(SMP)、磺胺-5-甲氧嘧啶(磺胺对甲氧嘧啶、SMD)、磺胺-6-甲氧嘧啶(磺胺间甲氧嘧啶、SMM)和磺胺二甲氧嘧啶(磺胺邻二甲氧嘧啶、SDM)等 20 多种常见药物。这类药物能抑制大多数革兰氏阳性菌和一些阴性菌。对链球菌、肺炎球菌、沙门氏菌、化脓棒状杆菌、大肠杆菌等具有敏感性;对葡萄球菌、产气荚膜杆菌、肺炎球菌、巴氏杆菌、炭疽杆菌、绿脓杆菌及少数真菌具有抑制作用。在临床上,集抗菌增效于一身的磺胺类药物能通过饲料添加给药的途径治疗多种细菌感染病等,为现代集约化猪、禽生产中饲料添加剂的应用创造了有利条件。

1.病因

一次大剂量或长期用药是导致猪只发生程度不同的磺胺类药物中毒的主要原因。

2.发病机理

磺胺类药物主要通过胃肠道吸收进入血液,药物随血液广泛分布到全身组织和体液中。其中以肝脏、肾脏和尿液中的浓度最高,乳腺、胎盘、胸膜、滑膜中也可进入,而脑脊液和房水中浓度较低。磺胺类药物对肾脏的毒性最大,其结晶可形成结石,引起肾小管、肾盏、肾盂、输尿管等处的阻塞。过量的磺胺类药物对各种器官都有毒害损伤作用,其毒性作用的大小与其药物浓度或蓄积量呈正相关关系。剂量或溶解度愈大,毒性作用也愈大。大剂量可导致中毒性肝病。血液病变主要表现为粒细胞减少症、溶血性贫血、再生障碍性贫血、黄疸。磺胺类药物能够与胆红素竞争性地结合血浆蛋白,导致血液内游离胆红素水平增高,会引起黄疸;由于磺胺类药物能够与体内蛋白质结合形成抗原,从而引起过敏反应的发生,导致肾小管和肾组织水肿,肾间质内有嗜酸性粒细胞浸润,肾小管上皮细胞的变性、坏死。还能改变消化器官与中枢神经系统的机能。

动物对磺胺类药物的吸收率取决于动物的种类和药物的化学性质。在动物机体内的吸收率顺序为:SM2>SMZ>SDM>SN>SMP>SD>ST。各种动物对磺胺类药物的吸收率存在一定的差异,猪较敏感。

3.临床症状

(1)急性中毒 主要表现为共济失调,痉挛性麻痹,肌肉无力,惊厥,瞳孔散大,暂时性视力降低,心动过速,呼吸加快,全身大汗等。猪也可出现中枢兴奋,感觉过敏,昏迷,厌食,呕吐或腹泻等症状。

(2)慢性中毒 主要损害泌尿和消化系统,导致功能紊乱。表现为结晶尿、血尿、蛋白尿,甚至尿闭。食欲不振,便秘,呕吐,腹泻等。

4.病理变化

慢性中毒时肾小管、肾盏、肾盂、输尿管等处出现磺胺药物的结晶。肝、脾、肾、肺有灰白色干酪样坏死灶,并有淋巴细胞和巨噬细胞浸润。

5.诊断

根据症状,病理变化,结合生产中磺胺类药物的添加情况,可做出初步诊断。确诊需对用药和饲料添加剂的剂量进行实验室诊断,必要时做药物检测。

6.防制

(1)治疗 立即停止用药,出现结晶尿或血尿时,口服碳酸氢钠或静脉注射 5% 的葡萄糖溶液。

(2)预防 生产中严格控制磺胺类药物的用药或添加剂量,连续用药必须限制在一定的时间内,或采用间隔给药的方法。

十一、克伦特罗中毒

克伦特罗俗名瘦肉精,商品名称为盐酸克伦特罗、盐酸双氯醇胺、克喘素、氨哮素、氨必妥、氨双氯喘通、氨双氯醇胺,是人工合成的一种口服强效 β-肾上腺素激动剂,能激动 $\beta 2$-受体,对心脏有兴奋作用,对支气管平滑肌有较强而持久的扩张作用。其化学名称为 α-[(叔丁氨基)甲基]-4-氨基-3,5-二氯苯甲醇盐酸盐,分子式为 $C_{12}H_{18}Cl_2N_2O \cdot HCl$。

克伦特罗中毒是由于长期采食大量含该类化学物质的饲料而引起的。病猪在临床上以心动过速,皮肤血管极度扩张,肌肉抽搐,运动障碍,四肢痉挛或麻痹为特点;病理学上以肌肉色泽鲜艳,肌间及内脏脂肪锐减,实质器官变化、坏死,脑水肿和神经细胞变性肿大或凝固为特征。

1.病因

克伦特罗为白色或类白色的结晶粉末,无臭、味苦,易溶于水,熔点为 161℃。它既不是兽药,也不是饲料添加剂,而是肾上腺素类神经兴奋剂。20 世纪 80 年代初,有人发现克伦特罗可促进动物机体生长并改变机体胴体组成。于是美国一家公司开始将其添加到饲料中,增加瘦肉率。但如果作为饲料添加剂,使用剂量是人用药剂量的 10 倍以上,才能达到提高瘦肉率的效果。它用量大、使用的时间长、代谢慢,所以在屠宰前到上市的过程中,在猪体内的残留量都很大。这种残留在猪肉中的克伦特罗,被人摄入后就会在人体渐渐地蓄积,导致中毒。如果一次摄入量过大,也会产生中毒现象。由于消费者食用含有此药残留物较多的肉品后在欧美等国家已导致多次集体食物中毒事件,因此促使欧美国家明令禁止使用此药作为饲料添加剂饲喂家畜。我国农业部于 1997 年 3 月以农牧发[1997]3 号文严令禁止其在动物生产中的应用。

2. 发病机制

克伦特罗怎样能提高猪的瘦肉率？研究证明，克伦特罗通过与 β2-肾上腺素能受体专一性结合而使受体活化，激活 Gs 蛋白，进一步激活腺苷酸环化酶，使细胞内第二信使(cAMP)浓度升高。cAMP 激活 cAMP 依赖性蛋白激酶，使参与蛋白质和脂肪代谢的酶磷酸化，改变了酶的生物学活性，从而通过加速蛋白质合成、抑制蛋白质降解的双重作用促进肌肉生长，抑制脂肪合成，提高了猪的瘦肉率。另外，它还可提高有机物、粗纤维和粗蛋白质的消化率。但是克伦特罗提高猪瘦肉率的前提是只有长期、大量地使用，才能在猪体内实现上述生物转化。由此可知，由于本化学药物具有代谢慢、蓄积作用强的特点，故长期添加必然在肌肉、特别是内脏中大量残留。人对克伦特罗的耐受量远远低于猪，人误食这种肉及内脏后就易发生中毒。

3. 临床症状

猪克伦特罗中毒主要发生于育肥猪，中毒初期，病猪食欲减退，四肢无力，不愿意运动，多爬卧或侧卧在地上。随着病情的加重，病猪食欲大减，体重下降，心跳加快，呼吸增数，体表血管怒张，全身的肌肉震颤或抽搐，出现一些特殊的姿势。有的病猪前肢肌肉强直，不能自由伸屈而侧卧在地；有的病猪前肢屈曲，后肢僵直，运步困难，出现肢体僵硬的强迫性爬卧姿势；还有的病猪四肢肌肉痉挛、强直，四肢伸展，不能屈曲，强迫性侧卧在地。中毒严重时，病猪长时间不能站立，卧地不起，身体着地部位和四肢关节普遍有褥疮，尤以关节部明显，关节肿大变形。病猪最终多因极度消瘦，全身肌肉麻痹、瘫痪，褥疮感染和多病质，全身性衰竭而死。

人中毒的症状，从大量报道来看，主要是食用了含有大量克伦特罗的肝脏和肺脏等内脏器官或大量食肉而引起的，主要表现为面色潮红、心跳加速、心慌、心悸、头晕、胸闷、恶心、呕吐、四肢肌肉颤抖、全身乏力甚至不能站立。原有心律失常的患者更容易发生反应，心动过速，室性早搏，心电图示 S-T 段压低与 T 波倒置。如有高血压、冠心病、甲状腺功能亢进者上述症状更易发生。

4. 病理变化

眼观猪肉颜色鲜艳，后臀肌肉饱满丰厚，脂肪明显变薄，背膘增厚。腹腔脂肪、胃大网膜和肠系膜脂肪、肾周脂肪、肌间脂肪明显减少。病初见心脏扩张，心肌松软。肺脏膨胀，边缘变钝，色泽变淡，呈肺气肿状。病情重时则见心肌萎缩，心脏体积变小，冠状沟和左、右纵沟的脂肪组织明显减少，心尖变长。肺脏膨胀不全，肺边缘变薄，尖叶和心叶部有肺气肿变化。肝脏轻度淤血，并有不同程度的实质变性。脾脏发生不同程度的萎缩。肾肿大，色泽变淡。脑膜血管扩张、充血，脑实质呈水肿状。

5. 诊断

一般根据病猪有饲喂克伦特罗的病史，典型的临床症状和病理变化即可初诊，但确诊须采集病肉或内脏器官样品进行实验室检测。目前，检测克伦特罗残留的方法主要有四种，即高效液相色谱法(HPLC)、气相色谱-质谱法(GC-Ms)、毛细管区带电泳法(CE)和免疫分析技术(IA)，而农业部将 HPLC 法和 GC-MS 法规定为我国实验室检测肉品中克伦特罗含量的标准方法。另外，目前使用的定性的快速检测法还有测定克伦特罗的试纸条。

6.防制

目前尚无特效的解毒药物,只能采取对症治疗。一般而言,猪中毒后其肉尸及其内脏就失去食用价值,因而对中毒的猪无须进行治疗,应立即扑杀,其肉尸和内脏应化制或做工业用,不得做成肉制品而食用,或做成饲料来饲喂其他动物。

人误食发生中毒后目前常用的治疗方法是:洗胃、输液,促使毒物排出;在心电图监测及电解质测定下,使用保护心脏药物如6-二磷酸果糖(FDP)及β2受体阻滞剂倍他乐克等进行对症治疗。

另外,加强法规的宣传,控制饲料源头,禁止任何单位与个人在猪饲料中添加克伦特罗类化学制剂。

◉ 职业能力训练

(一)病例分析

2012年冬季,某猪场饲养的哺乳仔猪表现背毛粗乱,精神不振,食欲减少或不食。有的病猪腹泻,排出白色稀粪,痉挛,后肢无力,后经灌服磺胺类及抗生素类药物,虽有疗效,但仍出现了部分仔猪死亡,请兽医给予诊断?

(二)诊断过程

1.问诊

深入现场,通过问诊和观察猪群发病情况,获取猪场信息(表2-7-7)。

表2-7-7　问诊表

问诊内容	获取信息	综合分析
疾病发生情况	①猪场发病时间、发病日龄、发病猪的数量; ②发病率、死亡率; ③疾病的初期症状、后期症状; ④疾病的治疗效果	①7日龄腹泻,白色稀粪; ②发病率高; ③死亡率低; ④哺乳仔猪腹泻;
过去的发病情况	本场、本地及邻近地区是否有类似疾病发生	⑤圈舍湿度较大;
免疫接种及药物情况	①猪群免疫情况,免疫接种所用疫苗的厂家、种类、来源、运输及贮存方法; ②免疫接种时间及剂量; ③免疫前后有无使用抗生素及抗病毒药物; ④免疫后是否进行免疫抗体监测	⑥全场猪接种猪瘟、猪伪狂犬病、口蹄疫等疫苗; ⑦使用磺胺及抗生素有疗效
饲养管理情况	①饲料种类,饲喂情况; ②饲养密度是否适宜; ③猪舍的通风换气情况; ④猪舍的环境卫生情况; ⑤是否由其他猪场引进动物、动物产品及饲料	

2.临床症状(表2-7-8)

表 2-7-8　临床症状

临床症状	症状特点	提示疾病
病猪精神不振,食欲减少或不食,体温正常,背毛粗乱,皮肤呈紫红色。有的病猪腹泻,排出白色稀粪,痉挛,后肢无力,重症者拖拉着后肢行走	①病猪体温不高; ②排灰白色带稀便	①仔猪黄痢; ②仔猪白痢

3.病理剖检(表2-7-9)

表 2-7-9　病理剖检

剖检病理变化	剖检特征	提示疾病
淋巴结肿大,呈暗红色,切面多汁;肠壁变薄,肠内充满白色稀薄液体(见图2-7-33);肾表面有大量鲜红色出血点,切开可见肾盂、肾乳头周围有大量结石;输尿管有大量结石(见图2-7-34)	①淋巴结肿大; ②肠壁变薄,肠内充满白色稀薄液体; ③肾盂、肾乳头周围有结石; ④输尿管有大量结石	①仔猪黄痢; ②仔猪白痢; ③肾和输尿管结石

图 2-7-33　部分肠段壁薄,内有白色稀薄液体

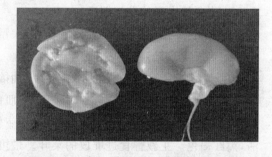

图 2-7-34　肾盂、肾乳头、输尿管有大量结石

4.实验室检测

(1)采集病料　采集小肠内容物,肝、脾、肾等内脏组织,用于涂片镜检。

(2)镜检　以病料涂片,革兰氏染色后镜检,可见革兰氏阴性杆菌。

(3)分离培养　取病料分别接种琼脂平板培养后,挑取菌落涂布于麦康凯琼脂鉴别培养基上形成直径 1～3 mm、红色的露珠状菌落。挑取麦康凯平板上的红色菌落接种三糖铁琼脂斜面进行生化试验鉴定和纯培养。在三糖铁琼脂斜面上生长,产酸,使斜面部分变黄,穿刺培养,于管底产酸产气,使底层变黄且混浊,不产生硫化氢。

5.结论

通过以上程序确诊猪场发生大肠杆菌病。

磺胺类药物中毒引起肾结石。

(三)防制

畜主在治疗哺乳仔猪治疗腹泻,给仔猪投服喹诺酮类药物的同时,又给予了大量磺胺类药物,造成猪肾脏磺胺类药物中毒,故建议畜主立即停用磺胺类药物,同时投服碳酸氢钠,使尿呈碱性,提高药物的溶解速度,再给猪大量饮水,使其尿量增多,降低尿中磺胺类药的浓度,以防形成结石。

◈ 自测训练

一、选择题

1.某小型猪场,部分猪出现极度口渴、黏膜潮红、呕吐、兴奋不安、转圈、肌肉痉挛、全身震颤等症状。这些神经症状周期性发作。此外,病猪呈犬坐姿势,后期四肢瘫痪,昏迷不醒,有的衰竭而死。病猪的嗜酸性粒细胞为 　　　　　(　)

A.2%～3%　　　B.3%～4%　　　C.5%～6%　　　D.6%～10%　　　E.10%～12%

2.临床上可作为一般解毒剂的维生素是 　　　　　　　　　　　(　)

A.维生素 A　　　B.维生素 B₁　　　C.维生素 C　　　D.维生素 D　　　E.维生素 E

3.在畜牧生产中危害最大的霉菌毒素是 　　　　　　　　　　　(　)

A.青霉毒素　　　B.伏马菌素　　　C.呕吐霉素　　　D.黄曲霉毒素

E.玉米赤霉烯酮

4.猪食盐中毒的发作期应 　　　　　　　　　　　　　　　　　(　)

A.禁止饮水　　　B.少量饮水　　　C.大量饮水　　　D.多次饮水　　　E.自由饮水

5.猪发生敌鼠钠盐中毒时主要症状是 　　　　　　　　　　　　(　)

A.黄疸　　　　　B.出血　　　　　C.抽搐　　　　　D.肺水肿　　　　E.瞳孔缩小

6.猪突然出现不安,严重的呼吸困难,肌肉战栗,衰竭倒地,随后出现强制性痉挛等症状。临床检查发现其脉搏疾速细弱,全身发绀,躯体末梢部位厥冷;耳尖、尾端血管中血液量少而凝滞,黑红褐色。主叙曾食过堆放的菜叶。最可能的疾病是 　　　　　　　　(　)

A.氢氰酸中毒　　　　　　　B.菜籽饼(粕)中毒　　　　　　　C.棉籽饼(粕)中毒

D.亚硝酸盐中毒　　　　　　E.有机磷中毒

二、分析题

病猪精神不振,食欲减少或不食,体温正常或略高,背毛粗乱,皮肤部分呈紫红色。有的病猪腹泻,排出灰黄色稀粪,痉挛,后肢无力、跛行或拖拉着后肢行走,重者卧地不起。

剖检病死猪时常见皮下有少量淡黄色液体,皮下与骨骼肌有不同程度的出血斑;淋巴结肿大,呈暗红色,切面多汁;肾肿大,呈淡黄色,肾盂和肾乳头中有大量黄白色结晶。初步诊断什么病?

岗位三　猪场化验员

学习情境一　猪的静脉采血和血清分离

◆ **学习目标**

1. 了解猪静脉采血部位,掌握猪的静脉采血技术。
2. 学会分离血清。

◆ **任务内容**

1. 独立进行耳静脉或前腔静脉采血。
2. 分离血清。

◆ **学习条件**

(1)器材　灭菌的采血针或注射器、离心管、镊子、离心机。
(2)试剂　常用的药品有抗凝剂、2%碘酊、70%酒精。

◆ **相关知识**

一、血液的组成

　　血液由液体成分血浆和有形成分血细胞共同组成,二者合起来称为全血。如果将加有抗凝剂(草酸钾或枸橼酸钠)的血液静置后,能明显地分成 3 层:最上层淡黄色液体为血浆;最下层为深红色的红细胞层;在红细胞与血浆之间有一白色薄层为白细胞和血小板。血液如不做抗凝处理,将很快凝固成胶冻状的血块,并析出淡黄色的透明液体,称为血清。血清与血浆的主要区别在于血清中不含纤维蛋白原。

二、血液的抗凝

　　血检项目需要全血或血浆时,都应加入一定量的抗凝剂,可选用下列抗凝剂。

　　(1)乙二胺四乙酸二钠(EDTA-2Na)　本品可夺取血液中钙离子而阻止血液凝固。并不改变血细胞的形态和体积,最适于血液学检验。配成10%溶液,每 0.1 mL 可使 5 mL 血液不凝固。

　　(2)草酸盐合剂　草酸盐可与血液中钙离子结合,形成不溶性的草酸钙而阻止血液凝固。其配方为草酸铵 6.0 g,草酸钾 4.0 g,蒸馏水加至 100 mL。此液 0.1 mL(约 2 滴)可使 5 mL 血液不凝固。此剂对血细胞体积影响不大,可用于血液学检验。

　　(3)枸橼酸钠　本品与血液中钙离子形成非离子的可溶性化合物而阻止血液凝固。配成

3.8％溶液,每 0.5 mL 可使 5 mL 血液不凝固。但除供血沉检查外,其他项目多不用。

（4）肝素 本品可阻止血液中凝血酶原转变为凝血酶而阻止血凝。配成 0.5％～1.0％溶液,每 0.1 mL 可使 3～5 mL 血液不凝固。适用于血液有机、无机成分的测定。但要在冰箱内保存,每次配量不宜过多。

三、血样的保存

血样采集后,如不能按要求立即检验时,应先涂好血片,并加固定,其全血样在 4℃冰箱内保存。如要分离血清（事前不加抗凝剂）,采血后将试管斜置在装有 25～37℃温水的杯子内,应先离心数分钟,然后斜置于装有温水的杯子内,这样可加快血清析出的时间,保证质量。分离血清后,如不能及时检验,应置于冰箱内保存。

◆ 职业能力训练

给学生提供仔猪和母猪,让学生采用耳静脉和前腔静脉 2 种方法进行采血,分离血清。

(一)耳静脉采血

耳静脉在猪耳背。采血时让猪站立或横卧保定,耳静脉局部按常规消毒处理。

①助手用手指按压耳根部静脉管处或用胶带于耳根部结扎,使静脉怒张（或用酒精棉反复于局部涂擦以引起其淤血）。

②术者用左手把持猪耳,将其托平并使采血部位稍高。

③右手持连接针头的采血器,沿静脉管使针头与皮肤呈 30°～45°角,刺入皮肤及血管内,轻轻抽注射器活塞。如见回血即为已刺入血管,再将针管放平并沿血管方向顺入针头并固定,确保针头位于血管内,防止针头刺透血管。

(二)前腔静脉采血

采血部位在左右第一肋骨与胸骨结合处直前侧方有两个明显的凹陷窝处（图 3-1-1）。由于左侧靠近膈神经而易损伤,故多于右侧进行采血。具体采血方法如下。

①站立保定时,针头刺入部位在右侧由耳根至胸骨柄的连线上,距胸骨端 1～3 cm 处,稍斜向中央并刺向第 1 肋骨间胸腔入口处,见有血液即标志已刺入。

②猪取仰卧保定时,可见其胸骨柄向前突出并于两侧第 1 肋骨与胸骨结合处的直前侧方呈两个明显的凹陷窝,用手指沿胸骨柄两侧触诊时更感明显,多在右侧凹陷处进行穿刺采血。仰卧保定并固定其前肢及头部,消毒后,术者持带针头的采血器,由右侧沿第 1 肋骨与胸骨接合部前侧方的凹陷处刺入,并稍偏斜刺向中央及胸腔方向,刺入过程见回血后即可,采完后拔出针头,局部按常规消毒处理。

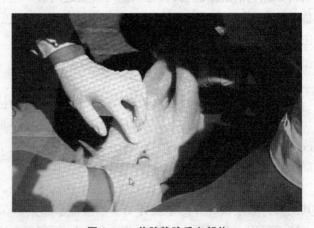

图 3-1-1 前腔静脉采血部位

静脉采血注意事项如下。

①应严格遵守无菌操作规程,对所有采血用具、采血局部,均应进行严格消毒。

②要看清采血局部的血管,明确采血部位,防止乱扎,以免局部血肿。

③要注意检查针头是否通畅,当反复穿刺时常被血凝块堵塞,应即时更换。

④针头刺入脉管后,要再顺入 1～2 cm。

⑤采血过程中,要经常注意动物表现,如有骚动不安、出汗、气喘、肌肉战栗等现象时应及时停止;当发现采血局部明显肿胀时,应检查回血,再用另一只手在血管下部突然加压并随即放开,利用产生的一时性负压,看其是否回血。如针头已滑出血管外,则应理顺或重新刺入。

(三)分离血清

无离心机时,血液采集后立即沿试管壁注入试管内,倾斜放置,使血液面形成斜面,待血液自凝后,收取透明上清液,即血清。有离心机时,静脉采血后不加抗凝剂,以 3 000 r/min 离心 10 min,使红细胞与血清分离。也可将采集的血液放在 37℃ 恒温箱内,加速血液凝固。

◈ **技能考核**

教师对学生的静脉采血和血清分离操作过程填写技能考核表(表 3-1-1)。

表 3-1-1　技能考核表

序号	考核项目	考核内容	考核标准	参考分值
1	过程考核	操作态度	精力集中,积极主动,服从安排	10
2		协作意识	有合作精神,积极与小组成员配合,共同完成任务	10
3		实训准备	能认真查阅、收集资料,完成任务过程中积极主动	10
4		采血	动手积极、认真,操作准确	30
5		血清分离	动手积极、认真,操作准确,并对任务完成过程中的问题进行分析和解决	20
6	结果考核	操作结果综合判断	准确	10
7		工作记录和总结报告	有完成全部工作任务的工作记录,字迹整齐;总结报告结果正确,体会深刻,上交及时	10
合　计				100

学习情境二　实验室检验材料的选取、包装和运送

◈ **学习目标**

掌握病料的采集、固定、送检包装和运送方法。

◈ **任务内容**

1.掌握病料的采集和固定方法。

2.掌握病料的记录包装和运送方法。

◉ 学习条件

（1）器材　剥皮刀、剖检刀、手术剪、肠剪、镊子、手术刀、酒精灯、试管、注射器、针头、青霉素瓶、广口瓶、高压灭菌器、载玻片、灭菌纱布、脱脂棉。

（2）药品　3％来苏儿、0.1％新洁尔灭、5％碘酊、70％酒精。

（3）新鲜动物尸体

（4）其他　工作服、口罩、帽、毛巾、肥皂、脸盆、火柴。

◉ 职业能力训练

病料的采集、固定、送检包装和运送方法见表 3-2-1。

表 3-2-1　病料的采集、固定、送检包装和运送方法

工作程序	操作要求
采样准备	采集病理材料的基本要求是防止被检材料的细菌污染和病原扩散，因此，采集病料时要无菌操作。 ①取料时间要求在病猪死后即行采取，最好不超过 6 h。剖开胸、腹腔后，先取材料，再做检查，因时间拖长后肠道和空气中的微生物都可能污染病料； ②所用的容器和器械都要经过灭菌处理。刀、剪、镊子用火焰消毒或煮沸消毒；玻璃器皿（如试管、吸管、注射器及针头等）要洗干净，用纸包好，高压灭菌
采样操作	采集病料要有一定的目的性，按照怀疑的疾病范围采集病料，否则应尽可能地全面采集病料。取病料的方法如下。 ①实质器官（肝、脾、肾、淋巴结）。先将手术刀在酒精灯上烧红后，烧烙取材器官的表面，再用灭菌的刀、剪、镊从组织深部取病料（1～2 cm），放在灭菌的容器内； ②血液、胆汁、渗出液、脓汁等液体病料。先烧烙心、胆囊或病变处的表面，然后用灭菌注射器插入器官或病变组织内抽取，再注入灭菌的试管或小瓶内，同时应做涂片 2～3 张。猪死后不久血液就凝固，无法采血样，但从心室内尚可取出少量（多数为血浆）。若死于败血症或某些毒物中毒，则血液凝固不良； ③全血。全血是指加抗凝剂的血液。无菌操作法从耳静脉采血 3～5 mL，盛于灭菌的小瓶内，瓶内先加抗凝剂（20％枸橼酸钠或 10％乙二胺四乙酸钠）2～3 滴，轻轻振摇，使血液与抗凝剂充分混合； ④血清。无菌操作法从耳静脉采出 3～5 mL 血液，置于干燥的灭菌试管内，经 1～2 h 后即自然凝固，析出血清。必要时可进行离心，再将血清吸出置于另一灭菌的小管内，冰冻保存； ⑤肠内容物及肠壁。烧烙肠道表面，将吸管插入肠壁，从肠腔内吸取内容物，置于试管内，也可将肠管两端结扎后送检； ⑥皮肤、结痂、皮毛等。用刀、剪割取所需的样品，主要用于真菌、疥螨、痘疮的检查； ⑦脑、脊髓等病料。常用于病毒学的检查，无菌操作法采集病死猪的脑或脊髓，冰冻保存和送检
病料固定	①及时取材，及时固定，以免自溶，影响诊断； ②选取的组织不宜太大，一般为 3 cm×2 cm×0.5 cm 或 1.5 cm×1.5 cm×0.5 cm。尸体检取标本时可先切取稍大的组织块，待固定一段时间（数小时至过夜）后，再修整成适当大小，并换固定液继续固定。常用的固定液是 10％福尔马林，固定液量为组织体积的 5～10 倍。容器可以用大小适宜的广口瓶； ③将固定好的病理组织块，整理好的尸检记录及有关材料一同送检，并在送检单中说明送检的目的和要求

续表 3-2-1

工作程序	操作要求
材料送检的包装和运送要求	①涂片自然干燥,在玻片之间垫上半节火柴棒,避免摩擦,将最外的一张倒过来使涂面朝下,然后捆扎,用纸包好; ②装在试管、广口瓶或青霉素瓶内的病料,均需盖好盖,或塞好棉塞,然后用胶布粘好,再用蜡封固,放入保温箱中。盛病料的容器均应保持正立,切勿翻倒,每件标本都要写明标签; ③病料送检时,远道应航空托运或专人送检,并附带说明。内容包括送检单位、地址、动物种类、何种病料、检验目的、保存方法、死亡时间、剖检取材时间、送检日期、送检者姓名及电话号码,并附上临床病例摘要
病料检材注意事项	①采取病料的工具、刀剪要锋利,切割时应采取切拉法。切勿挤压(可使组织变形)、刮抹(使组织缺损)、冲洗(水洗易使红细胞和其他细胞成分吸水而胀大,甚至破裂); ②所切取的组织,应包括病灶和其邻近的正常组织两部分。这样便于对照观察,更主要的是看病灶周围的炎症反应变化; ③采取的病理组织材料,要包括各器官的主要结构,如肾应包括皮质、髓质、肾乳头及被膜; ④当类似的组织块较多,易造成混淆时,可分别固定于不同的小瓶内,并附上标记

学习情境三　猪病毒性传染病的实验室检测技术

学习任务一　猪瘟的检测技术

◆学习目标

掌握猪瘟实验室诊断方法。如猪瘟荧光抗体试验、猪瘟正向间接血凝试验、猪瘟抗体免疫胶体金层析技术和猪瘟病毒抗体阻断 ELISA 检测方法。

子任务一　猪瘟荧光抗体试验

◆学习条件

(1)器材　荧光显微镜、冰冻切片机、载玻片、盖玻片。

(2)试剂　丙酮、缓冲甘油、猪瘟荧光抗体、伊文思蓝溶液。

0.01 mol/L pH 为 7.2 磷酸盐缓冲液(PBS):NaCl 8 g、KCl 0.2 g、Na_2HPO_4 1.15 g、KH_2PO_4 0.2 g、蒸馏水 1 000 mL。

(3)待检病料　扁桃体或脾、肾、淋巴结等。

◆相关知识

实验的目的:用猪瘟荧光抗体检测猪瘟病毒。该方法检测猪瘟病毒特异性强,快速、准确。但有时易受病料选择和试剂效价等影响,且弱毒疫苗免疫后一段时间也影响检测结果。

◈ **职业能力训练**

猪瘟荧光抗体检测技术。

(一)扁桃体冰冻切片或组织压片的制备

采取活体或新鲜尸体的扁桃体,按常规方法用冰冻切片机制成 4 μm 切片,吹干后在预冷的纯丙酮中于 4℃ 固定 15 min,取出风干。

制作压片时,先切取病猪的扁桃体、淋巴结、脾或其他组织一小块,用滤纸吸去外面的液体,取干净载玻片一张,稍微烘热,将组织小块的切面触压玻片,做成压印片,置室温内干燥。

(二)染色

用 1/40 000 伊文思蓝溶液将荧光抗体做 8 倍稀释,将稀释的荧光抗体滴加到标本片上,于 37℃ 温箱内感作 30～40 min。再用 0.01 mol/L pH 为 7.2 的 PBS 充分漂洗,分别于 2 min、5 min、8 min 更换 PBS,最后用蒸馏水漂洗两次,风机吹干,滴加缓冲甘油数滴,加盖玻片封片,用荧光显微镜检查。

(三)镜检

在腺窝(隐窝)上皮细胞内可见到明显的猪瘟病毒感染的特异性荧光。在 100 倍荧光显微镜观察时能清楚地看到腺窝的横断面,上皮细胞部分呈现新鲜的黄绿色,腺腔呈红色,其他组织呈淡棕色或黑绿色。高倍放大观察时细胞核呈黑色圆形或椭圆形,细胞质呈明亮的黄绿色。

注意废弃物的处理,防止散毒。

子任务二　猪瘟正向间接血凝试验

◈ **学习条件**

试剂和器材

①96 孔 110°V 形医用血凝板与血凝板大小相同的玻板。

②微量移液器(50 μL、25 μL)、移液器吸头。

③微量振荡器。

④猪瘟血凝抗原。

⑤猪瘟阴性对照血清。

⑥猪瘟阳性对照血清。

⑦稀释液。

⑧待检血清:每头猪约 0.5 mL 血清,56℃ 水浴灭活 30 min。

◈ **相关知识**

一、猪瘟正向间接血凝试验原理

用已知致敏抗原检测未知血清抗体的试验,称为正向间接血凝试验(IHA)。

抗原与其对应的抗体相遇,在一定条件下会形成抗原抗体复合物,但这种复合物的分子团很小,肉眼看不见。若将抗原吸附在经过特殊处理的红细胞表面,只需少量抗原就能大大提高抗原和抗体的反应灵敏性。这种经过猪瘟抗原致敏的红细胞与猪瘟抗体相遇,红细胞便出现清晰可见的凝集现象。

二、猪瘟正向间接血凝试验目的

正向间接血凝试验是一种用已知致敏猪瘟抗原检测未知猪瘟血清中抗体的试验方法,它的操作方法相对简单,实验原理也易于理解,在基层实验条件和技术相对落后的情况下经常被应用到,因此,正确熟练地操作应用,在一些动物疫病的免疫抗体检测、疫病诊断上具有现实意义。

◈职业能力训练

猪瘟正向间接血凝试验检测技术。

(一)检查试剂性状

①液体血凝抗原:摇匀呈棕红色(或咖啡色),静置后,红细胞逐渐沉入瓶底。

②阴性对照血清:淡黄色清亮稍带黏性的液体。

③阳性对照血清:微红或淡黄色稍混浊带黏性的液体。

④稀释液:淡黄或无色透明液体,低温下放置,瓶底易析出少量结晶,在水浴中加温后即可全溶,不影响使用。

(二)检查试剂包装

①液体血凝抗原:摇匀后即可使用,5 mL/瓶,每瓶检测 30～40 头份血清。

②阴性血清:1 mL/瓶,直接稀释使用。

③阳性血清:1 mL/瓶,直接稀释使用。

④稀释液:100 mL/瓶,直接使用 4～8℃保存。

(三)具体操作步骤

1.加稀释液

在血凝扳 1～6 排的 1～9 孔;第 7 排的 1～3 孔、5～6 孔;第 8 排的 1～12 孔各加稀释液 50 μL。

2.稀释待检血清

取 1 号待检血清 50 μL 加入第 1 排第 1 孔,并将枪头插入孔底,右手拇指轻压活塞 7 次混匀(避免产生过多的气泡),从该孔取出 50 μL 移入第 2 孔,混匀后取出 50 μL 移入第 3 孔……直至第 9 孔混匀后取出 50 μL 丢弃。此时第 1 排 1～9 孔待检血清的稀释度(稀释倍数)依次为:1∶2(1)、1∶4(2)、1∶8(3)、1∶16(4)、1∶32(5)、1∶64(6)、1∶128(7)、1∶256(8)和 1∶512(9)。

取 2 号待检血清加入第 2 排、取 3 号待检血清加入第 3 排……均按上法稀释,注意每取一份血清时,必须更换一个吸头。

3.稀释阴性对照血清

在血凝板的第 7 排第 1 孔加阴性血清 50 μL,倍比稀释至第 3 孔,混匀后从该孔取出 50 μL丢弃。此时阴性血清的稀释倍数依次为1∶2(1)、1∶4(2)、1∶8(3)。第 5～6 孔为稀释液对照。

4.稀释阳性对照血清

在血凝板的第 8 排第 1 孔加阳性血清 50 μL,倍比稀释至第 12 孔,混匀后从该孔取出

50 μL 丢弃。此时阳性血清的稀释倍数依次为 1：(2～4 096)。

5.加血凝抗原

被检血清各孔、阴性对照血清各孔、阳性对照血清各孔、稀释液对照孔(即1～8排孔)均各加血凝抗原 25 μL(充分摇匀,瓶底应无红细胞沉淀)。

6.振荡混匀

将血凝板置于微量振荡器上振荡 1～2 min,如无振荡器,用手轻轻摇匀亦可,然后将血凝板放在白纸上观察各孔红细胞是否混匀,不出现血细胞沉淀为合格。盖上玻板,室温下或37℃下静置 1.5～2 h判定结果,也可延至次日判定。

7.判定标准

移去玻板,将血凝板放在白纸上,先观察阴性对照血清1：8孔,稀释液对照孔,均应无凝集(红细胞全部沉入孔底形成边缘整齐的小圆点),或仅出现"＋"凝集(红细胞大部沉于孔底,边缘稍有少量红细胞悬浮)。

阳性血清对照 1：(2～256)各孔应出现"＋＋～＋＋＋"凝集为合格(少量红细胞沉入孔底,大部红细胞悬浮于孔内)。

在对照孔合格的前提下,再观察待检血清各孔,以呈现"＋＋"凝集的最大稀释倍数为该份血清的抗体效价。例如 1 号待检血清第 1～第 5 孔呈现"＋＋～＋＋＋＋"凝集,第 6～7 孔呈现"＋＋"凝集,第 8 孔呈现"＋"凝集,第 9 孔无凝集,那么就可判定该份血清的猪瘟抗体效价为 1：128。

接种猪瘟疫苗的猪群免疫抗体效价达到 1：16(即第 4 孔,呈现"＋＋"凝集)为免疫合格。

注意事项如下。

①为使检测获得正确结果,请在检测前仔细阅读本说明书。

②严重溶血或严重污染的血清样品不宜检测,以免发生非特异性反应。

③勿用 90°和 130°血凝板,严禁使用一次性血凝板,以免误判结果。

④用过的血凝板应及时在水龙头下冲净,再用蒸馏水或去离子水冲洗 2 次,甩干水分放37℃恒温箱内干燥备用。检测用具应煮沸消毒,37℃干燥备用。血凝板应定期浸泡在洗液中也可浸泡在 5%盐酸液内,48 h捞出后清水冲净。

⑤每次检测只做一份阴性、阳性和稀释液对照。

"—"表示完全不凝集或0%～10%血细胞凝集。

"＋",表示10%～25%血细胞凝集。

"＋＋",表示50%血细胞凝集。

"＋＋＋"表示75%血细胞凝集。

"＋＋＋＋"表示90%～100%血细胞凝集。

⑥用不同批次的血凝抗原检测同一份血清时,应事先用阳性血清准确测定各批次血凝抗原的效价,取抗原效价相同或相近的血凝抗原检测待检血清抗体水平的结果是基本一致的,如果血凝抗原效价差别很大用来检测同一血清样品,肯定会出现检测结果不一致。

⑦收到本试剂盒时,应立即打开包装,取出血凝抗原瓶,摇动后使黏附在瓶盖上的红血球摇下,否则易出现沉渣,影响使用效果。

⑧注意试剂保存条件及保存期

a.液体血凝抗原:4～8℃保存(切勿冻结),保存期 4 个月。

b.阴性对照血清：－15～－20℃保存,有效期1年。

c.阳性对照血清：－15～－20℃保存,有效期1年。

子任务三 猪瘟抗体免疫胶体金层析检测技术

◈ **学习条件**

"猪瘟抗体"快速检测卡1份（内装干燥剂和吸样管）、检测对照卡、使用说明书。

◈ **相关知识**

一、猪瘟抗体免疫胶体金层析技术检测原理

若样品中有猪瘟病毒抗体,当血清滴入加样孔后,猪瘟病毒抗体会与胶体金包被抗原反应,形成抗原抗体复合物,复合物随溶液一起层析移动。在显示窗口的检测线（T）位置,复合体中的抗体被预先包被的纯化抗原捕获截留,随后复合体中的胶体金颗粒形成一条紫红色线,如此则判定为阳性。

线的颜色深浅直接与抗体量的多少成正比。

若样品中没有猪瘟病毒抗体,则胶体金标记的抗原将直接层析流过检测线（T）位置,检测线（T）位置也就与其他位置一样保持白色,如此则判定为阴性。

溶解在样品溶液中的胶体金标记抗原被携带前往至质控线（C）时,与预先包被的兔抗猪瘟病毒抗体结合,形成一条紫红色线,证明本试纸有效。整个试验仅需20 min。

二、实验的目的

使用"猪瘟抗体"快速检测卡检测猪瘟抗体。

检测抗体阳性表示动物曾感染过病原或进行了疫苗免疫,线条颜色深浅反映了临床治疗中抗体的变化趋势,或疫苗免疫后的抗体保护水平。

◈ **职业能力训练**

猪瘟抗体免疫胶体金层析技术检测方法。

(一)检测步骤

(1)分离血清 取1.5 mL离心管,采血0.5～1 mL,1 000 r/min,离心3 min或静置分离血清。

(2)判定结果 取出测试卡,置于水平桌面,逐滴滴加3滴取样样本（约100 μL）至加样孔,20 min后观察结果,根据显示窗内T线反应情况判定结果（图3-3-1）。

(3)判断抗体效价 反应20 min后,可将检测线（T）色带与对照卡的色带滴度进行对比参照,从而判断抗体效价水平。

①被检样品检测线（T）条带的色泽≥对照卡中1∶16（效价）位置条带色泽时（图3-3-2）,说明样品中猪瘟病毒抗体的滴度较高;1∶32（效价）位置条带色泽时,说明注射猪瘟疫苗产生抗体的滴度可以抵御猪瘟病毒强毒攻击,不用补注疫苗。

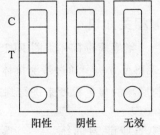

图3-3-1 判定结果

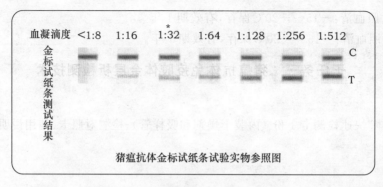

猪瘟抗体金标试纸条试验实物参照图

图 3-3-2　猪瘟抗体金标试纸条比对表

②被检样品检测线(T)条带的色泽＜对照卡中 1∶16(效价)位置条带色泽时,说明样品中猪瘟病毒抗体效价偏低,不够抵御猪瘟病毒强毒攻击的最低保护抗体滴度;

③被检样品检测线(T)处无明显色带出现,说明样品中可能不含猪瘟病毒抗体;

④当被检样品检测线(T)条带的色泽特别深时,被检猪即使接种了疫苗,也可能已被强毒感染。

(二)检验方法的局限性

本试剂是定性筛选试剂,试验结果仅说明被检样品中含有猪瘟抗体,与其他的诊断试验一样,应该由兽医师根据临床诊断及实验室的结果综合评估。使用过程中,不同厂家的操作要求可能有所不同,要看好说明书。

(三)注意事项

①本品如果购买时发现过期,破损,污染,无效的产品,请在购买处进行更换。

②测试样品来自动物,可能有潜在感染性,样品和使用过的试剂应被看做微生物危险品处理。

③所有试纸启封后马上使用,此前不要随意打开;本品为一次性产品,请勿二次使用。

④勿使用水做阴性对照。

子任务四　猪瘟病毒抗体阻断 ELISA 检测方法

◈**学习条件**

猪瘟病毒抗体阻断 ELISA 检测试剂盒、使用说明书。

◈**相关知识**

猪瘟病毒抗体阻断 ELISA 检测原理:用于检测猪血清或血浆中猪瘟病毒抗体的一种阻断ELISA 方法。通过待测抗体和单克隆抗体与猪瘟病毒抗原的竞争结合,采用辣根过氧化物酶与底物的显色程度来进行判定。

◈**职业能力训练**

猪瘟病毒抗体阻断 ELISA 检测方法。

（一）操作步骤

在使用时,所有的试剂盒组分都必须恢复到室温 18～25℃。使用前应将各组分放置于室温至少 1 h。

①分别将 50 μL 样品稀释液加入每个检测孔和对照孔中。

②分别将 50 μL 的阳性对照和阴性对照加入相应的对照孔中,注意不同对照的吸头要及时更换,以防污染。

③分别将 50 μL 的被检样品加入剩下的检测孔中,注意不同检样的吸头要分开,以防污染。

④轻弹微量反应板或用振荡器振荡,使反应板中的溶液混匀。

⑤将微量反应板用封条封闭置于湿箱中(18～25℃)孵育 2 h,也可以将微量反应板用封条置于湿箱中孵育过夜。

⑥吸出反应孔中的液体,并用稀释好的洗涤液洗涤 3 次,注意每次洗涤时都要将洗涤液加满反应孔。

⑦分别将 100 μL 的抗猪瘟病毒酶标二抗(即取即用)加入反应孔中,用封条封闭反应板并于室温下或湿箱中孵育 30 min。

⑧洗板(见 6)后,分别将 100 μL 的底物溶液加入反应孔中,于避光、室温条件下放置 10 min。加完第 1 孔后即可计时。

⑨在每个反应孔中加入 100 μL 终止液终止反应。注意要按加酶标二抗的顺序加终止液。

⑩在 450 nm 处测定样本以及对照的吸光值,也可用双波长(450 nm 和 620 nm)测定样本以及对照的吸光度值,空气调零。

⑪计算样本和对照的平均吸光度值,计算方法如下。

计算被检样本的平均值 OD_{450}（$=OD_{TEST}$）、阳性对照的平均值（$=OD_{POS}$）、阴性对照的平均值（$=OD_{NEG}$）。

根据以下公式计算被检样本和阳性对照的阻断率：

$$阻断率 = \frac{OD_{NEG} - OD_{TEST}}{OD_{NEG}} \times 100\%$$

（二）试验有效性

阴性对照的平均 OD_{450} 应大于 0.50。阳性对照的阻断率应大于 50%。

（三）结果判定

如果被检样本的阻断率大于或等于 40%,该样本被判定为阳性(有猪瘟病毒抗体存在)。

如果被检样本的阻断率小于或等于 30%,该样本被判定为阴性(无猪瘟病毒抗体存在)。

如果被检样本阻断率在 30%～40% 之间,应在数日后再对该动物进行重测。

学习任务二　口蹄疫的检测技术

◆学习目标

掌握口蹄疫多种检测方法。如乳鼠接种试验、中和试验、口蹄疫琼脂扩散试验、猪口蹄疫抗体金标快速检测法。

子任务一 乳鼠接种试验

◈学习条件

(1)器材 1 mL灭菌注射器、灭菌吸管及试管、灭菌滤纸、灭菌剪刀、镊子、橡胶手套等。

(2)药品 青霉素、链霉素、无菌生理盐水或无菌磷酸盐缓冲液。

(3)实验动物 1~2日龄和7~9日龄乳鼠。

(4)病料 病猪水疱皮、水疱液等。

◈相关知识

乳鼠接种试验目的:能依据1~2日龄小鼠和7~9日龄乳鼠发病死亡现象将猪口蹄疫与猪水疱病进行区别。

◈职业能力训练

乳鼠接种试验方法。

(一)被检病毒液的制备

将病猪的水疱皮先用灭菌的生理盐水或磷酸盐缓冲液冲洗两次,并用灭菌滤纸吸去水分,称重,剪碎,研磨,然后用每毫升加青霉素、链霉素各1 000 IU的无菌生理盐水或无菌磷酸盐缓冲液做成10倍稀释乳剂,在4~10℃冰箱中作用2~4 h或37℃温箱中作用1 h,备用。

(二)乳鼠接种病毒液

可在注射前提出母鼠置于另一容器内,选择1~2日龄和7~9日龄乳鼠各4~8只,分为两组。分别于其背部皮下各注射被检病毒液0.1 mL,待全部注射完毕后放回母鼠。注射时须用镊子夹着小鼠的背部皮肤,不要用手接触,如果手碰摸了小鼠,可在注射后于其体表擦少许乙醚以除去气味,以免吃奶小鼠体表因染上人体气味而被母鼠吃掉。

(三)结果判定

注射后观察7 d,乳鼠如发病多在24~96 h死亡,如1~2日龄和7~9日龄乳鼠均死亡,即可认为是口蹄疫;如1~2日龄乳鼠发病死亡,而7~9日龄乳鼠仍健活,即可认为是猪水疱病。

子任务二 口蹄疫中和试验

◈学习条件

药品、口蹄疫A、O、C和Asia型适应毒,标准阳性和阴性血清。

◈相关知识

口蹄疫中和试验原理:病毒与相应抗体结合后,能使其失去对易感动物的致病力或对细胞的感染力,称为中和试验。中和试验不仅可在易感的实验动物体内进行,亦可在细胞培养或鸡胚中进行。该法多用于定性检测,一般不作为定量检测手段。

◆职业能力训练

口蹄疫中和试验检测方法。

(一)体外中和试验

5～7日龄小白鼠对人工接种口蹄疫病毒易感染,产生特征性症状和规律性死亡。因此利用这一特性进行乳鼠中和试验。操作步骤如下。

①将待检血清用生理盐水或pH为7.6的0.1 mol/L PBS稀释成1∶4、1∶8、1∶16、1∶32、1∶64,分别与等量的10^{-3}口蹄疫乳鼠适应毒混合,37℃水浴保温60 min。

②每次试验应设阴性血清(1∶8)与10^{-3}病毒的混合液作为阴性对照;已知阳性血清与10^{-3}病毒的混合液作为阳性对照,处理方法同(1)步骤。

③每一稀释度血清中和组分别于颈背皮下接种5～7日龄乳鼠4只,对照组接种2只,0.2 mL/只,由母鼠哺乳,观察5 d判定结果。

④判定标准:先检查对照鼠,阴性对照鼠应于48 h内病死;阳性对照鼠应健活。待检血清任何一组的乳鼠健活或仅死两只,判定该份血清为阳性。以能保护50%接种乳鼠免遭病毒感染的血清最大稀释度为乳鼠中和效价。

该法特异性强,结果可靠,简单易行,基层可采用。但存在需时较长,乳鼠易被母鼠吃掉或咬死,敏感性低等缺点。

(二)体内中和试验

将待检血清稀释成1∶5,接种乳鼠12 h或24 h后,用10^{-3}病毒攻毒,同时设阴性血清和已知阳性血清(均为1∶5稀释)作为对照,观察5 d后判定结果。在阴性和阳性血清对照成立的前提下,待检血清组的乳鼠健活,判定该份血清为阳性,反之,则判为阴性。

该方法多用于定性检测,一般不作为定量检测。

子任务三　口蹄疫琼脂扩散试验

◆学习条件

(1)器材　平皿、打孔器、天平、温箱。

(2)药品　琼脂糖或琼胶素、叠氮钠、氯化钠、0.01 mol/L PBS;待检血清及标准阳性、阴性血清;已知口蹄疫型别的病毒抗原。

◆相关知识

口蹄疫琼脂扩散试验原理:抗原抗体在琼脂凝胶中,各以其固有的扩散系数扩散,当二者相遇时,在比例适当处发生结合而形成肉眼可见的沉淀带。该法无需特殊仪器设备,通常用于定性检测,但需时间长,敏感性差,漏检率高。

◆职业能力训练

口蹄疫琼脂扩散试验检测方法。

①称取琼脂糖或琼胶素1 g、叠氮钠1 g、氯化钠0.85 g,加pH为7.6的0.01 mol/L PBS 100 mL置沸水中煮熔化,趁热倾入平皿中,厚度3～4 mm。

②琼脂冷却凝固后,用打孔器打成中央一孔周围6孔的梅花形孔;中央孔径4～5 mm,周围孔径3 mm,与中央孔的孔距3～4 mm。

③中央孔加已知型别的浓缩抗原,四周孔加不同稀释度的待检血清和阴性、阳性对照血清(1∶2稀释),静置扩散1 h。

④移入湿盒内于室温或在37℃温箱内自由扩散3～5 d,也可放置于4～6℃冰箱内扩散。

⑤判定标准:出现沉淀线为阳性,反之,则为阴性。

该法无需特殊仪器设备,通常用于定性检测,但需时间长,敏感性差,漏检率高。

子任务四　猪口蹄疫抗体金标快速检测法

◆学习条件

(1)器材　免疫胶体金层析技术检测卡(内装干燥剂和吸样管)、离心管、检测对照卡。

(2)样品　待检血清。

◆相关知识

猪口蹄疫抗体金标快速检测原理:本检测卡采用免疫原理和胶体金免疫层析技术制成,快速检测血液或血清中的猪口蹄疫抗体。检测时间仅需3～15 min,操作简便、快速、结果准确、直观、灵敏度高、容易判定。当猪口蹄疫抗体滴度达到能抵御口蹄疫强毒攻击时,在检测区和对照区各形成一条色线,则视为阳性,抗体滴度越高,检测线颜色越深;当猪口蹄疫抗体滴度达不到抵御口蹄疫强毒攻击的抗体滴度时,只在对照区形成一条色线,则视为阴性(图3-3-3)。

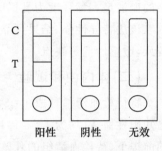

图3-3-3　检测结果

◆职业能力训练

猪口蹄疫抗体金标快速检测方法。

(一)操作步骤

①打开包装袋,取出检测卡平放在桌面上,并做好标记;

②在检测卡的加样孔内加入2～3滴待检血液或血清样品;

③在3～15 min内观察和记录结果,超过15 min的结果只能作为参考。

(二)判定结果

将检测线的颜色深浅与参照图对照,便可粗略估计样品抗体的滴度高低。

(1)阴性　只在对照区(C)出现一条紫红色线。

(2)阳性　在检测区(T)和对照区(C)各出现一条紫红色线。检测线颜色越深,表明口蹄疫抗体滴度越高。

(3)弱阳性　在检测区(T)和对照区(C)各出现一条紫红色线,但检测线颜色很浅。

(4)无效　都不出现紫红色线或只在检测区(T)出现紫红色线,对照区(C)不出现紫红色线。

(三)结果参考

(1)强阳性　结果说明猪口蹄疫抗体滴度较高,暂时不必进行口蹄疫疫苗的接种免疫。

(2)弱阳性　结果说明猪口蹄疫抗体滴度只达到抵抗口蹄疫强毒攻击的最低保护水平,这时应及时进行口蹄疫疫苗接种。

(3)阴性结果　说明机体内无猪口蹄疫抗体或抗体水平低于抵抗口蹄疫强毒攻击的最低保护水平,如果动物群体健康,应及时进行口蹄疫疫苗接种。如果动物群体已有个别动物出现疑似口蹄疫时,则可作为诊断猪口蹄疫的一个参考依据。

(四)注意事项

①请严格按照说明书要求进行操作和结果判定。

②检测卡从铝箔袋取出后应尽快使用,尽量避免长时间放置在空气中,否则吸潮后将失效。

③检测环境应保持一定的湿度,避风和避免在过高温度下进行操作。

④检测卡在 2～30℃保存,避光干燥处贮存,有效期 12～18 个月。

学习任务三　猪伪狂犬病的检测技术

◈学习目标

掌握猪伪狂犬病多种检测方法。如,伪狂犬病乳胶凝集试验、伪狂犬病琼脂扩散试验、伪狂犬病血凝和血凝抑制试验、伪狂犬病毒 PCR 试剂盒检测。

子任务一　伪狂犬病的乳胶凝集试验

◈学习条件

试剂与器材

伪狂犬病乳胶凝集抗原、伪狂犬病阳性血清、阴性血清、稀释液、玻片、吸头等。

◈相关知识

猪伪狂犬病乳胶凝集试验原理:将可溶性抗原(或抗体)先吸附于与免疫无关的乳胶颗粒表面,再与相应的抗体(或抗原)结合,在有电解质存在的适宜条件下,可出现肉眼可见的凝集现象。该试验方法方便、快速。

◈职业能力训练

猪伪狂犬病乳胶凝集试验检测技术。

①待检血清不需加热灭活或其他方式的灭活处理。

②将待检血清用稀释液做倍比稀释后,各取 15 µL 与等量乳胶凝集抗原在洁净干燥的玻片上用竹签搅拌充分混合,在 3～5 min 内观察,可能出现以下几种凝集结果。

③结果判定。

100%凝集:混合液透亮,出现大的凝集块。

75%凝集:混合液几乎透明,出现大的凝集块。

50％凝集：约 50％乳胶凝集,凝集颗粒较细。

25％凝集：混合液混浊,有少量凝集颗粒。

0％凝集：混合液混浊,无凝集颗粒出现。

如出现 50％凝集程度以上的(含 50％凝集程度),判为伪狂犬病抗体阳性,否则判为抗体阴性。如为阴性,可用微量中和试验进一步检测。

子任务二　伪狂犬病的琼脂扩散试验

◈学习条件

试剂与器材：琼脂扩散抗原、阴性血清和阳性血清,优质琼脂粉、平皿。

◈相关知识

伪狂犬病琼脂扩散试验原理：可溶性抗原(如血清蛋白、细胞裂解液或组织液等)与相应抗体特异性结合,在电解质存在条件下,经过一定时间,在两者比例适当时,出现肉眼可见的沉淀物。可用于伪狂犬病抗体检测。

◈职业能力训练

猪伪狂犬病琼脂扩散试验检测技术。

(1)0.8％琼脂板的制作　将 1 g 琼脂粉溶于 100 mL Tris-HCl 缓冲液(Tris 6.5 g,NaCl 2.9 g,NaN$_3$ 0.2 g,蒸馏水 1 000 mL,用盐酸调 pH 至 7.2)中,趁热倾倒于玻璃平皿上,厚度为 2~3 mm。待冷却凝集后,打孔,中央一孔,周围 6 孔,孔径为 2 mm,周围孔之间距离 2 mm,周围孔与中央孔间距为 4~6 mm,用酒精灯微热封底。

(2)加样　将琼脂扩散抗原加到中央孔中,周围孔加经热灭活的待检血清。设阴性血清和阳性血清对照。置湿盒 37℃作用,24~48 h 后观察结果。

(3)结果判定　在抗原孔与待检血清孔之间出现白色沉淀线,抗体可判为阳性。如待检血清抗体水平较低,可以观察到与待检血清相邻的阳性血清沉淀线末端略向抗原侧弯曲。阴性血清与抗原孔之间则没有沉淀线。

子任务三　伪狂犬病病毒血凝(HA)与血凝抑制(HI)试验

◈学习条件

(1)实验动物　小白鼠。

(2)试剂　阿氏液、PBS 液、白陶土。

(3)器材　96 孔 V 形平板、微量加样器、离心机。

◈相关知识

猪伪狂犬病病毒血凝(HA)与血凝抑制(HI)试验原理：某些病毒具有凝聚某些动物红细胞的能力,称为病毒的血凝。利用这种特性设计的试验称为血凝试验(HA),以此来推测被检材料中有无病毒存在,是非特异性的。病毒的血凝可为相应的特异性抗体所抑制,即血凝抑制实验(HI),本实验若是阳性,将特异性抗体与伪狂犬病病毒预先作用后再加入红细胞则不产生凝集,具有特异性。通过 HA-HI 实验,可用已知的血清来鉴定未知的病毒。

◈ **职业能力训练**

伪狂犬病病毒血凝(HA)试验检测技术。

(一)红细胞的制备

将小白鼠尾尖剪断,插入盛有灭菌的阿氏液的离心管的抽气瓶中,负压抽吸采血。采血完毕后,将离心管取出,用 PBS 洗涤 3 次,每次 2 000 r/min 离心 10 min,使用时加 PBS 配成 0.1％的红细胞悬液。

另有资料报道(刘贺生,2005),用眼科剪剪去小鼠眼球,暴露眼底血管,采血数滴于加有抗凝剂的离心管中,用 PBS 洗涤 3 次,然后用 PBS 配成 10％红细胞,与 1/40 000 浓度鞣酸溶液等体积均匀混合,于 37℃作用 1 h 后离心,再用 PBS 洗涤 3 次,以 1 500 r/min 离心,每次 5 min,使用时加 PBS 配成 0.5％红细胞悬液。

(二)待测血清的预处理

取待测血清 0.1 mL 加 PBS 0.3 mL,56℃灭活 30 min,加入 0.4 mL 25％白陶土 25℃振荡 1 h,离心取上清液加入 0.1 mL 配好的 0.1％红细胞悬液,37℃作用 1 h,离心除去红细胞,上清液作为 1:8 稀释的血清用于 HI 试验。不同厂家操作要求有所不同,看好说明书。

(三)HA 试验操作

①用微量加样器向 96 孔 V 形反应板 1～12 孔各加入 PBS 50 μL。

②换一吸头,吸 50 μL 伪狂犬病毒液于第 1 孔,混匀后吸出 50 μL 至第 2 排孔均匀混合,再从第 2 孔吸出 50 μL 至第 3 孔,依次稀释至第 11 孔,弃去 50 μL,各孔径倍比稀释后稀释度依次为 2^1、2^2、2^3…2^{11},第 12 孔不加病毒抗原,作为对照。

③换一吸头,向 1～12 孔各加入 50 μL 0.1％的红细胞,用振荡器轻微振荡混合均匀,置 37℃ 放置 15 min 至 2 h,观察结果。

结果判定:"♯♯♯♯"表示红细胞全部凝集,凝集的红细胞呈伞状布满管底。"♯♯♯""♯♯"表示大部分或半数红细胞凝集,在管底呈薄膜状。不凝集的红细胞沉于管底中心呈圆点状。"－"表示不凝集,红细胞沉于管底呈致密圆盘,边缘整齐。第 12 孔为红细胞不凝集。

(四)HI 试验操作

1. 制备 4 个血凝单位的病毒液

根据 HA 试验结果,确定病毒的血凝价,用 PBS 稀释病毒,使之含 4 个血凝单位病毒。能使红细胞全部凝集的病毒最高稀释度为凝集效价,表示含有一个血凝单位。如 HA 试验中本病毒的血凝价为 2^7,即病毒稀释到 2^7 时,每 50 μL 含 1 个凝集单位,2^6 为 2 个凝集单位,2^5 为 4 个凝集单位。

2. 操作方法

同样在 96 孔 V 型微量血凝反应板上进行(表 3-3-1)。每排孔可检测 1 份血清样品。

表 3-3-1 伪狂犬病毒血凝抑制试验(HI)的操作术式(微量法)

项目	孔号											
	12	1	2	3	4	5	6	7	8	9	10	11
被检血清的稀释倍数	2^1	2^2	2^3	2^4	2^5	2^6	2^7	2^8	2^9	2^{10}	病毒对照	盐水对照
生理盐水	50	50	50	50	50	50	50	50	50	50	50	100
待测血清	50	50	50	50	50	50	50	50	50	50 弃50	—	—
4个血凝单位病毒	50	50	50	50	50	50	50	50	50	50	50	—
振荡 1 min,置 37℃温箱放置 5~10 min												
1%红细胞悬液	50	50	50	50	50	50	50	50	50	50	50	50
振荡 15~30 s,置 37℃温箱放置 15~30 min												
结果举例	—	—	—	—	—	—	±	±	±	+	+	+

①加生理盐水:用微量移液器给 1~11 孔加入 50 μL,12 孔加入 100 μL。

②加被检血清:换一吸头吸取被检血清 50 μL 加入到第 1 孔,并用移液器挤压 3~5 次,使血清混合均匀,然后取 50 μL 加入到第 2 孔,混匀后取 50 μL 加入到第 3 孔,依此倍比稀释到第 10 孔,第 10 孔混匀后吸出 50 μL 弃去。第 11 孔为病毒对照,第 12 孔为盐水对照。

③加 4 个血凝单位的病毒:换一吸头给 1~11 孔加入 4 单位病毒 50 μL。然后,振荡 1 min,将反应板置 37℃恒温培养箱中作用 5~10 min。

④加红细胞:换一吸头给每孔加 1%鼠红细胞悬液 50 μL。振荡 15~30 s,37℃培养箱中作用 15~30 min,待第 11 孔病毒对照孔的红细胞均匀铺在管壁(100%凝集),取出,观察并记录结果。

3.结果判定及记录

"—"表示红细胞凝集抑制。高浓度的伪狂犬抗体能抑制伪狂犬病毒对鼠红细胞的凝集作用,使反应孔中的红细胞呈圆点状沉淀于反应孔底端中央,而不出现血凝现象。

"+"表示红细胞完全凝集。随着血清被稀释,它对病毒血凝作用的抑制减弱,反应孔中的病毒逐渐表现出血凝作用,而最终使红细胞完全凝集,沉于反应孔底层,边缘不整或呈锯齿状。

"±"表示不完全抑制。红细胞下沉情况介于"—"与"+"之间。

子任务四 伪狂犬病病毒 PCR 试剂盒检测

◈学习条件

1.仪器及药品

组织研磨器、眼科剪、眼科镊、一次性注射器、琼脂糖、灭菌 1.5 mL 离心管和吸头(10 μL、200 μL、1 000 μL)。

2.试剂盒

(1)裂解液 8 mL；　　　　　　　(2)蛋白酶 K 110 μL；

(3)抽提液 8 mL；　　　　　　　(4)异丙醇 7 mL；

(5)洗涤液 12 mL；　　　　　　　(6)无菌水 500 μL；

(7)阴性对照 300 μL；　　　　　　(8)阳性对照；

(9)0.2 mL 薄壁 PCR 管 15 个；　　(10)PCR 反应液 A 180 μL；

(11)PCR 反应液 B 50 μL；　　　　(12)50 倍 TAE 电泳缓冲液 20 mL；

(13)染色液 10 μL。

注：塑料袋内试剂(阳性对照、蛋白酶 K、PCR 反应液 A 和 B)−20℃冻存,其他室温保存。

◉相关知识

一、什么是 PCR 技术

PCR 技术,即聚合酶链式反应(polymerase chain reaction,PCR),是指在 DNA 聚合酶催化下,以母链 DNA 为模板,以特定引物为延伸起点,通过变性、退火、延伸等步骤,体外复制出与母链模板 DNA 互补的子链 DNA 的过程。

PCR 技术是一项 DNA 体外合成放大技术,能快速特异地在体外扩增任何目的 DNA。

二、PCR 原理

DNA 的半保留复制是生物进化和传代的重要途径。双链 DNA 在多种酶的作用下可以变性解旋成单链,在 DNA 聚合酶的参与下,根据碱基互补配对原则复制成同样的 2 分子拷贝。在实验中发现,DNA 在高温时也可以发生变性解链,当温度降低后又可以复性成为双链。因此,通过温度变化控制 DNA 的变性和复性,加入设计引物,DNA 聚合酶、dNTP 就可以完成特定基因的体外复制。

◉职业能力训练

伪狂犬病毒 PCR 试剂盒检测技术。

(一)样品制备

1.样品采集

病死或扑杀的猪,取大脑海马背侧皮层、中脑、脑桥、扁桃体、淋巴结等组织;待检活猪,用棉拭子取鼻腔分泌物,置于 50%甘油生理盐水中,或用注射器取血 5 mL,2~8 ℃保存。(要求送检病料新鲜,严禁反复冻融。)

2.样品处理

(1)组织样品的处理　称取组织 0.1 g 于研磨器中磨碎,再加 1 mL 生理盐水继续磨至无块状物;然后将样品转至 1.5 mL 灭菌离心管中,8 000 r/min 离心 5 min,取上清 100 μL 于 1.5 mL 灭菌离心管中,加入 500 μL 裂解液和 10 μL 蛋白酶 K,混匀后 37℃温育 1 h。

(2)全血样品的处理　待血凝后取血清放于离心管中,8 000 r/min 离心 5 min,取上清 100 μL 于 1.5 mL 灭菌离心管中,加入 500 μL 裂解液和 10 μL 蛋白酶 K,混匀后 37℃温育 1 h。

(3)阳性对照的处理　混匀后取 100 μL 于 1.5 mL 灭菌离心管中,加入 500 μL 裂解液和 10 μL 蛋白酶 K,混匀后 37℃温育 1 h。

(4)阴性对照的处理　混匀后取 100 μL 于 1.5 mL 灭菌离心管中,加入 500 μL 裂解液和 10 μL 蛋白酶 K,混匀后 37℃温育 1 h。

(二)病毒 DNA 的提取

①取出已处理的样品、阴性对照和阳性对照,分别加入 600 μL 抽提液(用抽提液之前不要晃动,不要吸到上层保护液),用力颠倒 10 次混匀,12 000 r/min 离心 10 min。

②取 500 μL 上清置于灭菌离心管中,加入 500 μL 异丙醇,混匀,置液氮中 3 min 或 −70℃冰箱中 30 min。取出样品管,室温融化,13 000 r/min 离心 15 min。

③弃上清,沿管壁缓缓加入 1 mL 洗涤液,轻轻旋转一周后倒掉,将离心管倒扣于吸水纸上 1 min,再将离心管真空抽干 15 min 或 37℃烘干。

④用 30 μL 无菌水溶解沉淀,作为模板备用。

(三)PCR 试验

①反应体系:分别取 16 μL PCR 反应液 A(用前混匀)、2 μL PCR 反应液 B(用前混匀)和 2 μL 模板 DNA,混匀。

②反应程序:在 PCR 仪上运行以下程序:94℃ 3 min;94℃ 30 s、55℃ 30 s、72℃ 30 s,35 个循环;72℃ 10 min。

(四)电泳

①制胶:用 50 倍稀释的 TAE 电泳缓冲液配制 1％琼脂糖凝胶。

②电泳:待胶凝固后,取 5 μL PCR 扩增产物点样于琼脂糖凝胶孔中,以 5 V/cm 的电压于 50 倍稀释的 TAE 电泳缓冲液中电泳。

③染色:取 50 倍稀释的 TAE 电泳缓冲液 30 mL,加入 10 μL 染色液,混匀后将胶浸泡 30 min,于紫外灯下观察结果。

(五)结果判断

阳性对照出现 400bp 扩增带,阴性对照无带出现(引物带除外)时,实验结果成立。被检样品出现 400bp 扩增带为猪伪狂犬病毒阳性,否则为阴性。

(六)注意事项

①本试剂盒有效期为 6 个月,不要使用超过有效期限的试剂,试剂盒之间的组分不要混

用。使用过程中,注意不同厂家试剂盒的操作要求。

②所有试剂应在规定的温度贮存,使用时拿到室温下,使用后立即放回。

③注意防止试剂盒组分受污染。使用前将塑料袋内试剂瞬离 15 s,使液体全部沉于管底,放于冰盒中,吸取液体时移液器吸头尽量在液体表面层吸取。

④严格按试剂盒说明书操作可以获得最好的结果。操作过程中移液、定时等全部过程必须精确。

⑤所有接触病料的物品均应合理处理,以免污染实验室。

学习情境四　猪细菌性疾病的实验室检测技术

◆学习目标

掌握猪链球菌病、葡萄球菌病、巴氏杆菌病、大肠杆菌病、炭疽杆菌病的检测方法。

◆学习条件

(1)试剂　常用染色液(美蓝染色液、革兰氏染色液、瑞氏染色液)。

(2)器材　载玻片、接种环、酒精灯、染色架、洗瓶、显微镜、培养箱、载玻片、香柏油、二甲苯、吸水纸、擦镜纸。

(3)待检材料　细菌培养物或待检病料。

◆相关知识

一、什么是革兰氏阳性菌和革兰氏阴性菌

革兰氏染色法是先用结晶紫来染细菌,所有细菌都染成了紫色,然后涂以革兰氏碘液,来加强染料与菌体的结合,再用 95% 的酒精来脱色 20～30 s,有些细菌不被脱色,仍保留紫色,有些细菌被脱色变成无色,最后再用沙黄复染 1 min,结果已被脱色的细菌被染成红色,未脱色的细菌仍然保持紫色,不再着色,这样,凡被染成紫色的细菌称为革兰氏阳性菌(G^+菌);染成红色的细菌称为革兰氏阴性菌(G^-菌)。

二、细菌抹片的制备

(1)玻片准备　载玻片应清晰透明、洁净而无油渍,滴上水后,能均匀展开,附着性好。如有残余油渍,可按下列方法处理。

①滴上 95% 酒精 2～3 滴,用洁净纱布揩擦,然后在酒精灯火焰上轻轻拖过几次。

②若上法仍未能去除油渍,可再滴上 1～2 滴冰醋酸,用纱布擦净,再在酒精灯火焰上轻轻通过。

(2)制片　所用材料情况不同,制片方法亦有差异。

①液体性材料。如液体培养物、血液、渗出液、乳汁等,可直接用灭菌接种环取一环材料,于玻片的中央均匀地涂布成适当大小的薄层,烧灼接种环。

②固体材料。如菌落、脓、粪便等,则应先用灭菌接种环取少量生理盐水或蒸馏水,置于玻片中央,然后再用灭菌接种环取少量材料,在液滴中混合,均匀涂布成适当大小的薄层,烧灼接种环。

③组织脏器材料。先用镊子夹持局部,然后以灭菌或洁净剪刀取一小块 0.5~1 cm 大小,夹出后将其新鲜切面在玻片上压印或涂抹成一薄片。

如有多个样品同时需要制成抹片,只要染色方法相同,亦可以在同一张玻片上有秩序地排好,做多点涂抹,或者先用蜡笔在玻片上划分成若干小方格,每方格涂抹一种样品,需要保留的标本片,应贴标签,注明菌名、材料、染色方法和制片日期等。

(3)干燥　上述涂片,应让其自然干燥。

(4)固定　有两类固定方法。

①火焰固定:将干燥好的细菌片,使涂抹面向上,以其背面在酒精灯火焰上来回通过数次,略加热(但不能太热,以不烫手背为度)进行固定。

②化学固定:血液、组织脏器等抹片做美蓝染色时,不用火焰固定,而应用甲醇固定,可将已干燥的抹片浸入甲醇中 2~3 min,取出晾干;或者在抹片上加数滴甲醇使其作用 2~3 min后,自然挥发干燥,抹片如做瑞氏染色,则不必先做特别固定,染料中含有甲醇,可以达到固定的目的。

三、常用的细菌染色法

(一)碱性美蓝染色法

抹片,自然干燥,甲醇固定 2~3 min,美蓝染色 1 min,水洗,干燥,镜检。

(二)革兰氏染色法

涂片,自然干燥,火焰固定;滴加草酸铵结晶紫 1 min,水洗甩干;滴加革兰氏碘液媒染 1 min,水洗甩干;滴加 95% 酒精脱色 0.5~1 min,水洗甩干;滴加沙黄或石碳酸复红液复染 1 min,水洗,干燥镜检。

(三)瑞氏染色法

①标记血涂片。

②待血涂片干透后,用蜡笔在两端画线,以防染色时染液外溢。然后将血涂片平放于染色架上,滴加瑞氏染液 3~5 滴。约 1 min 后,滴加等量或稍多的缓冲液,轻轻摇动血涂片或用吸耳球对准血涂片加液处轻吹,使染液充分混合。

③冲洗染液:染色 3~5 min 后,用流动的蒸馏水从血涂片一端冲去染液,约 30 s 以上。染片背面用纱布擦净后,待干。

◆**职业能力训练**

(一)猪链球菌病的实验室检测

1. 实验准备

培养箱、酒精灯、接种环、美蓝染色液、革兰氏染色液、载玻片、解剖器械、疑似链球菌病病猪(或死亡不久的尸体)。

2. 病料采集和处理

将临床疑似病例,据其不同病型采取不同的病料。败血症型病猪,无菌采取心、脾、肝、肾和肺等。淋巴结脓肿病猪可用无菌的注射器吸取未破溃淋巴结脓肿内的脓汁。脑膜炎型病猪,则以无菌操作采取脑脊髓液及少量脑组织。

3. 链球菌形态观察

将采集到的病料制成涂片,用碱性美蓝染色或者革兰氏染色法染色后镜检。如见到多数散在的或者成双排列的短链圆形或椭圆形球菌,无芽孢,有时可见到带荚膜的革兰氏阳性球菌,可做初步诊断。成对排列的往往占多数,注意与双球菌和两极着色的巴氏杆菌相区别(图3-4-1)。

4. 链球菌培养特性

未能确诊时,需进行链球菌分离培养。

怀疑为败血症的病猪,可先采取血液用硫乙醇盐肉汤增菌培养后,再转种于血液琼脂平板;若为肝、脾、浓汁、炎性分泌物、脑脊髓液等可直接用接种环钩取少许病料划线接种于血液琼脂平板上进行分离培养,37℃培养 24~48 h,形成大头针帽大小、湿润、黏稠、隆起半透明的露滴样菌落。菌落周围有完全透明的 β 溶血环,少数菌落呈现 α 绿色溶血环。可进一步做涂片镜检和纯培养以及生化特性检查。此外,还可以应用荧光 PCR 检测技术进行快速诊断(图3-4-2)。

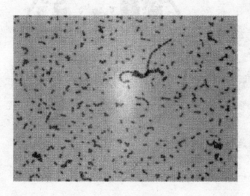

图 3-4-1　链球菌

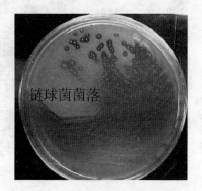

链球菌菌落

图 3-4-2　完全透明的 β 型溶血环

5. 动物试验

将分离所得的链球菌肉汤培养物注射到小白鼠(腹腔 0.1 mL),观察 3 d,如有死亡,取其腹腔渗出液做涂片,革兰氏染色镜检。

(二)葡萄球菌病实验室检测

1.葡萄球菌形态观察

挑取各种葡萄球菌的菌落或病料涂片,革兰氏染色后,观察其形态、排列及染色性。在病料涂片中,葡萄球菌常是单个、成对或短链状。在固体培养基上生长的常呈典型的葡萄串状排列。革兰氏染色阳性(图3-4-3)。

2.葡萄球菌培养特性

(1)接种　将血液琼脂平板分为几个等份,取各种葡萄球菌病料,用划线培养法分别接种于血平板上,并标记之。同样,分别将菌种接种于普通琼脂平板及普通肉汤中,置37℃培养18～24 h。

(2)观察结果及记录

①普通琼脂平板:菌落呈圆形、湿润、不透明、边缘整齐、表面隆起的光滑菌落。由于菌株不同可能呈现黄色、白色或柠檬色。

②血液琼脂平板:多数致病性菌株形成明显的溶血。

③肉汤:显著混浊,形成沉淀,在液面形成菌环。

(三)多杀性巴氏杆菌病实验室检测

1.巴氏杆菌形态观察

尽可能采取新鲜病料(心血、肝、脾、淋巴结、骨髓等)制成涂片,以碱性美蓝液或瑞氏染液进行染色。可见病料中的多杀性巴氏杆菌为两极浓染的卵圆形小杆菌。最急性病例可采胸腔液或腹腔液做涂片,比用血涂片易于发现病原菌。但慢性病例或腐败材料有时不易发现典型菌,须进行培养和动物试验(图3-4-4)。

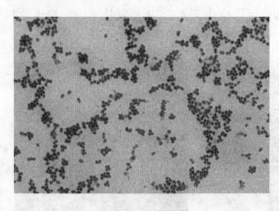

图3-4-3　葡萄球菌

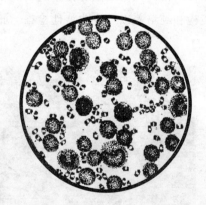

图3-4-4　巴氏杆菌

2.巴氏杆菌培养特性

将新鲜病料用血液琼脂平皿和麦康凯琼脂同时进行分离培养。第2天观察生长情况。此菌在麦康凯琼脂上不长,而在血琼脂上生长,24 h后,可形成淡灰色、圆形、湿润、露珠样小菌落。菌落周围无溶血区,此时从典型菌落挑菌制成涂片,进行革兰氏染色时,可染成革兰氏阴性两极浓染的短小杆菌。将菌落接种在三糖铁培养基上时可生长,三糖铁底部变黄。

(四)大肠杆菌病实验室检测

1.病料采集和处理

采取未经治疗过的畜禽粪便或用棉拭子(灭菌棉拭子经生理盐水或甘油缓冲盐水浸湿)插入肛门轻轻转动揩拭后取出,放入灭菌试管中送检。或从新鲜的尸体采取肝、脾、心血、腹水等病料做细菌分离。如从小肠前段或空肠后段内容物取样,可先用灭菌生理盐水冲洗后再用接种环从黏膜上蘸取材料划线做细菌培养。

2.大肠杆菌形态观察

取病、死畜禽肝脏直接涂片,用革兰氏染色法染色镜检,可见革兰氏染色阴性的红色小杆菌,如未发现细菌,再做分离培养(图3-4-5)。

3.大肠杆菌培养特性

将上述被检材料,划线接种于麦康凯或伊红美蓝培养基,置37℃培养箱中,培养24～48 h,挑取可疑菌落,在麦康凯培养基上是粉红色菌落,在伊红美蓝培养基上为紫黑色菌落,并常见闪烁金属光泽,初步诊断为大肠杆菌。还可做溶血试验和生化试验进一步鉴定。

(五)沙门氏菌病实验室检测

1.沙门氏菌形态观察

取病猪的粪、尿或肝、脾、肾、肠系膜淋巴结,流产胎儿的胃内容物,流产病畜的子宫分泌物少许制成涂片,自然干燥,用革兰氏染色法染色镜检,沙门氏菌呈两端椭圆形或卵圆形,不运动,不形成芽孢和荚膜的革兰氏阴性小杆菌(图3-4-6)。

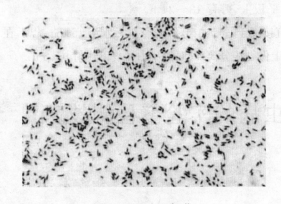 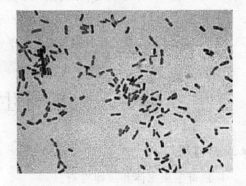

图3-4-5 大肠杆菌　　　　　　　　　　图3-4-6 沙门氏菌

2.沙门氏菌培养特性

将病料直接划线接种在麦康凯琼脂培养基上,置37℃培养箱中,培养24 h,在麦康凯培养基上是白色菌落。

(六)炭疽杆菌病实验室检测

1.炭疽杆菌形态观察

血液、水肿液做涂片,脾或淋巴结做成擦片或压印片,自然干燥后在火焰上固定,用美蓝或瑞氏染液染色,镜检。炭疽杆菌在组织中的表现呈单个或2~5个短链的竹节状杆菌,外有荚膜。猪淋巴结中的炭疽杆菌有时丧失其标准形态,只有荚膜残骸即所谓"菌影"(图3-4-7)。

2.炭疽杆菌培养特性(平板划线法)

①可用营养琼脂平板,将被检血液、水肿液、脾髓、红骨髓等,以接种环蘸取适量,划线,置37℃孵育18~24 h后,观察有无表面粗糙、边缘卷发状的典型菌落生长,如有可挑选个别菌落移植于肉汤内,24 h后观察,肉汤应清亮,管底有絮状生长物,轻摇不散。涂片镜检,为革兰氏阳性大杆菌。

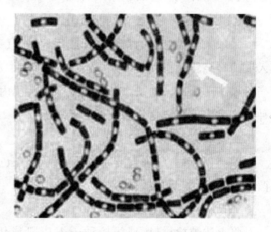

图 3-4-7 炭疽杆菌

②淋巴结可用灭菌过的剪刀或手术刀剖开,以镊子夹取,即以其剖面在平板上做涂抹。猪的局部炭疽,有时病变淋巴结内多杀性巴氏杆菌和炭疽杆菌并存,前者往往对后者在平板上的生长有抑制作用。因此须先用70%酒精棉花将检料外表擦净,后将病变最严重的部位剪开,投入1%石炭酸水溶液或75%酒精中浸泡30~60 min,取出,用无菌水冲洗,沥干后,选择深红色或暗红色的凹陷小病灶,分别涂抹于琼脂平板上,孵育18~24 h。

③皮毛、骨粉、土壤、饲草饲料等,可剪碎或直接浸于适量的肉汤中,经80℃水浴15 min,以后在37℃孵育18~24 h,观察及涂片镜检后。在平板上做划线分离,同时给小白鼠皮下注射0.1 mL。

学习情境五 猪寄生虫病的实验室检测技术

◆学习目标

1.猪寄生虫虫体和虫卵检查。

2.猪螨虫病实验室检查。

3.猪旋毛虫病实验室检查。

4.猪囊虫 IgG 抗体检查。

5.猪原虫病实验室检查。

6.猪附红细胞体病实验室诊断方法。

学习任务一 寄生虫虫体和虫卵的检查

◆**学习条件**

（1）器材 粗天平、粪盒（或塑料袋）、粪筛、4.03×10⁵ 孔/m² 尼龙筛、玻璃棒、镊子、塑料杯、离心管、漏斗、离心机、平口试管、试管架、青霉素瓶、带胶头移液管、载玻片、盖玻片、污物桶、纱布等。

（2）试剂 饱和盐水。

（3）待检样品 猪粪便。

◆**相关知识**

一、寄生虫虫卵检查方法

直接涂片法、粪便沉淀检查法和粪便饱和盐水漂浮法。

二、寄生虫蠕虫虫卵形态

寄生虫蠕虫虫卵形态见图 3-5-1。

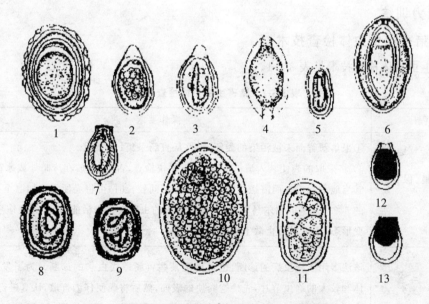

图 3-5-1 猪常见蠕虫卵（资料来源《动物寄生虫病》）

1.猪蛔虫卵 2.刚棘颚口线虫卵（新鲜虫卵） 3.刚棘颚口线虫卵（已发育的虫卵）

4.猪毛尾线虫卵 5.六翼泡首线虫卵 6.蛭行棘头虫卵 7.华枝睾吸虫卵 8.野猪后圆线虫卵

9.复因后圆线虫卵 10.姜片吸虫卵 11.食道口线虫卵 12、13.猪球虫卵

三、粪便沉淀检查法原理

虫卵的比重比水大，可自然沉于水底，便于集中检查。沉淀法多用于吸虫病和棘头虫病的诊断。

四、粪便饱和盐水漂浮法原理

应用密度较虫卵大的溶液作为检查用的漂浮液,使寄生虫卵、球虫卵囊等浮于液体表面,进行集中检查。漂浮法对大多数较小寄生虫卵,如某些线虫卵、绦虫卵和球虫卵囊等有很好的检出效果,对吸虫卵和棘头虫卵效果较差。

五、漂浮液的制作

最常用的漂浮液是饱和盐水溶液,其制法是将食盐加入沸水中,直至不再溶解生成沉淀为止(1 000 mL 水中约加食盐 400 g),用四层纱布或脱脂棉滤过后,冷却备用。为了提高漂浮法的检出效果,还可改用如下漂浮液:硫代硫酸钠饱和液(1 000 mL 水中溶入1 750 g硫代硫酸钠)、硝酸钠饱和液(1 000 mL 水中溶入 1 000 g 硝酸钠)、硫酸镁饱和液(1 000 mL 水中溶入 920 g 硫酸镁)等。国外用硝酸铵溶液(1 000 mL 水中溶解 1 500 g硝酸铵)和硝酸铅溶液(1 000 mL 水中溶解 650 g 硝酸铅)做漂浮液,提高了检出效果,可用于吸虫病的诊断。但是,用高密度溶液时易使虫卵和卵囊变形,检查必须迅速,制片时补加 1 滴水也可。

◈职业能力训练

(一)猪寄生虫虫体检查技术

猪寄生虫虫体检查技术见表 3-5-1。

表 3-5-1　猪寄生虫虫体检查技术

工作程序	操作要求
粪便的采集、保存和寄送方法	①采集新鲜而未被污染的粪便,最好从直肠采集; ② 将采取的粪便装入清洁的容器内,尽快检查,否则,应放在冷暗处或冰箱中保存; ③当地不能检查而需送检的,或需保存时间较长时,可将粪便浸入加温至 50～60℃的 5%～10%的福尔马林液中,使粪便中的虫卵失去生活能力,起固定作用,又不改变形态,还可以防止微生物的繁殖
肉眼简易虫体检查法	该法多用于绦虫病的诊断,也可用于某些胃肠道线虫病的诊断。为了发现大型虫体和较大的绦虫节片,先检查粪便的表面,然后将粪便仔细打散,认真进行观察。为了发现较小的虫体或节片,将粪便置于较大的容器(玻璃缸或塑料杯)中,加入5～10 倍量的水(或生理盐水),彻底搅拌后静置 10 min,然后倾去上面粪液,再重新加清水搅匀静置,如此反复数次,直至上层液体透明为止。最后倾去上层透明液,将少量沉淀物放在黑色浅盘(或衬以黑色纸或黑布的玻璃容器)中检查,必要时可用放大镜或实体显微镜检查,发现的虫体和节片用针或毛笔取出,以便进行鉴定。挑拣虫体,尽可能多拣一些,并把它保存在 4%福尔马林或 70%的酒精中

(二)猪寄生虫虫卵检查技术

1. 直接涂片法

先在载玻片上滴 1 滴甘油水(水∶甘油＝1∶1)或生理盐水,再用牙签或火柴棒挑取少量粪便加入其中,去除较大的或过多的粪渣,混匀,制成的玻片放于报纸上,以能通过粪便模糊地辨认其下的字迹为宜。然后加盖玻片,在显微镜下检查。如果虫卵较少不易发现,可进一步用其他方法检查。

本方法适用于随粪便排出的蠕虫卵和球虫卵囊检查,操作简便、快速,但检出率低。

2. 粪便沉淀检查法

①彻底洗净法。取粪便 5～10 g 置于烧杯中,加 10～20 倍量清水充分搅匀,再用金属筛或 2～3 层纱布滤过于另一杯中,滤液静置 20 min 后倾去上层液,再加水与沉淀物重新搅匀、静置,如此反复水洗沉淀物多次,直至上层液透明为止,最后倾去上清液,用吸管吸取沉淀物滴于载玻片上,加盖片镜检。

②离心机沉淀法。取粪便 5～10 g 置于小杯中,加 10～15 倍水搅拌混合,然后将粪液用金属筛或纱布滤入离心管中,经离心机以 2 000～2 500 r/min 的速度离心沉淀 1～2 min,取出后倾去上层液,再加水搅匀,离心沉淀。如此离心沉淀 2～3 次,最后倾去上层液,用吸管吸取沉淀物滴于载玻片上,加盖玻片镜检。

3. 饱和盐水漂浮法

取 5～10 g 粪便置于 100～200 mL 烧杯中,加入少量饱和盐水漂浮液搅拌混匀后,继续加入约 20 倍的漂浮液。然后将粪液用金属筛或纱布滤入另一烧杯中,舍去粪渣,静置滤液。经 40 min 左右,用直径 0.5～1 cm 的金属圈平着接触滤液面,提起后将黏着在金属圈上的液膜抖落于载玻片上,如此多次蘸取不同部位的液面后,加盖片镜检。

4. 试管浮聚法

取 2 g 粪便置于烧杯中或塑料杯中,加入 10～20 倍漂浮液进行搅拌混合,然后将粪液倒入试管至凸出瓶口为止。静置 30 min 后,用清洁盖玻片轻轻接触液面,提起后放入载玻片上镜检。

学习任务二　猪螨虫病的检测

◆ 学习条件

(1)器材　显微镜、手持放大镜、平皿、试管、试管夹、手术刀、镊子、载玻片、盖玻片、温度计、带胶乳头移液管、离心机、污物缸、纱布。

(2)试剂　5%氢氧化钠溶液、50%甘油。

(3)待检样品　患螨病的猪或皮肤病料。

◆ 相关知识

疥螨、痒螨、蠕行螨形态构造。

(1)疥螨　虫体微黄色,大小为 0.2～0.5 mm。呈龟形,背面隆起,腹面扁平;口器呈蹄铁形为咀嚼式;肢粗而短,第 3、第 4 对足不突出体缘(图 3-5-2)。

(2)痒螨　长圆形,体长 0.5～0.9 mm。肉眼可见。口器长,呈圆锥形。肛门位于躯体末端。第 1 和第 2 对足伸向侧前方,第 3 和第 4 对足伸向侧后方,均露出于体缘外侧(图 3-5-3)。

(3)蠕行螨　呈半透明乳白色,体长 0.25～0.3 mm,宽 0.04 mm。身体细长,外形上分头、胸、腹 3 部分。口器由 1 对须肢、1 对螯肢和 1 个口下板组成,胸部有 4 对很短的足;腹部长,有横纹(图 3-5-4)。

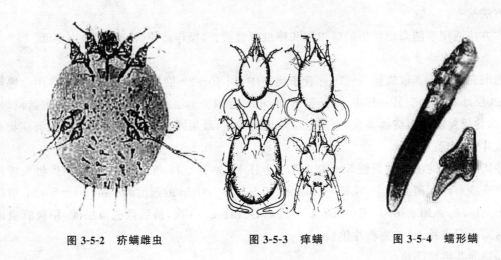

图 3-5-2　疥螨雌虫　　　　图 3-5-3　痒螨　　　　图 3-5-4　蠕形螨

◈ 职业能力训练

猪螨虫病检查技术。

(一)观察猪皮肤变化及全身状态

患猪局部发痒,常在墙角、饲槽、柱栏等处摩擦。可见皮肤增厚,粗糙和干燥,表面覆盖灰色痂皮,并形成皱褶。严重者,皮肤角化增强、干枯,有皱纹或龟裂,有血水流出。病猪消瘦,生长缓慢,易成僵猪。

(二)病料采集

其采集部位在动物健康皮肤和病变皮肤的交界处。

采集时剪去该部的被毛,用经过火焰消毒的外科刀,使刀刃和皮肤垂直用力刮取病料,一直刮到微微出血为止。刮取的病料置于消毒的小瓶或带塞的试管中。刮取部位处用碘酊消毒。

(三)螨虫实验室检查方法

1.加热检查法

将病料置于培养皿中,在酒精灯上加热至 37～40℃后,将玻璃皿放于黑色衬底(黑纸、黑布、黑漆桌面等)上用放大镜检查,或将玻璃皿置于低倍显微镜下检查,发现移动的虫体可确诊。

2.温水检查法

将病料浸入盛有 45～60℃温水的玻璃皿中,或将病料浸入温水后放在 37～40℃恒温箱内 15～20 min,然后置于显微镜下检查,若见虫体从痂皮中爬出,浮于水面或沉于皿底可确诊。

3．甘油浸泡法

将病料置于载玻片上，滴数滴 50％甘油后，加盖另一块载玻片，用手搓动两片，使皮屑粉碎，然后在显微镜下检查。由于甘油的作用，皮屑透明，螨虫特别明显。

4．皮屑溶解法

将病料浸入盛有 5％～10％氢氧化钠溶液的试管中，经 1～2 min 痂皮软化溶解，弃去上层液体后，用吸管吸取沉淀物，滴于载玻片上加盖片检查。为加速皮屑溶解，可将病料浸入10％氢氧化钠溶液的试管中，在酒精灯上加热煮沸数分钟，痂皮全部溶解后将其倒入离心管中，离心 1～2 min 后倒去上层液，吸取沉淀物制片镜检。

学习任务三　猪旋毛虫病的检测

子任务一　猪旋毛虫肌肉压片检查法和肌肉消化检查法

◈学习条件

（1）器材　显微镜、贝尔曼氏幼虫分离装置、旋毛虫压片器、剪子、镊子、绞肉机、60 mL 三角烧瓶、天平、带胶乳头移液管、载玻片、盖玻片、纱布、污物桶等。

（2）试剂　胰蛋白酶消化液或胃蛋白酶消化液。

（3）待检材料　旋毛虫病肉，已消化的旋毛虫病肉肉汤，或旋毛虫人工感染大白鼠。

◈相关知识

猪旋毛虫病原形态：成虫寄生在宿主肠道，细小，前部较细，较粗的后部含着肠管和生殖器官。雄虫长 1.4～1.6 mm，尾端有泄殖孔，有两个呈耳状悬垂的交配叶。雌虫长 3～4 mm，阴门位于身体前部的中央，胎生（图 3-5-5）。幼虫长 1.15 mm，蜷曲在由机体炎性反应所形成的包囊内，包囊呈圆形、椭圆形，连同囊角而呈梭形，长 0.5～0.8 mm（图 3-5-6）。

图 3-5-5　旋毛虫成虫（肠旋毛虫）
1.雌虫　2.雄虫

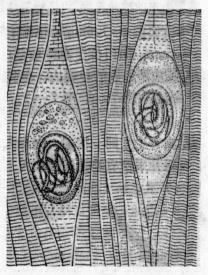

图 3-5-6　旋毛虫幼虫（肌旋毛虫）

241

◈**职业能力训练**

肌旋毛虫肌肉压片检查法和肌肉消化检查法。

(一)观察猪肌旋毛虫形态

视检 在充足的自然光或 800 W 左右灯光,用两手顺肌纤维方向绷紧肉样,仔细观察肌膜下、膈肌脚近腱膜的部位有无针尖大、半透明稍隆起的乳白色、灰白色小点,如有即可疑为旋毛虫,应进一步进行镜检。

(二)肌旋毛虫肌肉压片法

采取一块动物死亡后或屠宰后膈肌供检。用剪刀顺肌纤维从肉块的可疑部位或其他不同部位随机剪取麦粒大小的 24 个肉粒,使肉粒均匀地排列在旋毛虫检查压片器上,每排 12 粒,盖上另一块玻片,拧紧螺丝或用手掌适度地压迫玻板,使肉粒压成薄片(标本制作能透过肉片看清报上的小字)。

无旋毛虫检查压片器时可用普通玻片代替。每份肉样则需 4 块载玻片才能检查 24 个肉粒。使用普通玻片时需用手压紧两玻片,两端用透明胶缠住或用橡皮筋缚紧,方能使肉粒压薄。

将制好的压片在显微镜的低倍镜下观察(通常放大 40~100 倍),从压片一端第一块肉粒边缘开始,按顺序依次检查,不得漏检任何一块肉粒。

旋毛虫在镜下的形态:寄生于肌纤维间,典型的形态呈梭形、椭圆形或圆形包囊,囊内有螺旋状蜷曲虫体,包囊长轴与肌纤维平行。有时可见到肌肉间未形成包囊的杆状幼虫、部分钙化或完全钙化的包囊、部分机化或完全机化的包囊。

(三)肌旋毛虫肌肉消化法

为提高旋毛虫的检验速度,可进行群体筛选,发现阳性动物后再进行个体检查。将肉样中的腱膜、肌筋及脂肪除去,用绞肉机把肉磨碎后称量 25 g 置于 600 mL 三角烧瓶中倾入消化液,在 37℃温箱中搅拌和消化 8~15 h,然后将烧瓶移入冰箱中冷却。消化后的肉汤通过贝尔曼氏装置滤过,过滤后再倒入 500 mL 冷水静置 2~3 h 后倾去上层液,取 10~30 mL 沉淀物镜检。

消化液配方:①胰蛋白酶消化液:胰蛋白酶 1.0 g、0.5% 盐酸 1 000.0 mL。②胃蛋白酶消化液:胃蛋白酶 0.7 g、0.5% 盐酸 1 000.0 mL。

子任务二　猪旋毛虫 IgG 抗体试剂盒检测法

◈**学习条件**

(1)器材　需 10 μL 加样枪。

(2)试剂　猪旋毛虫 IgG 抗体检测试剂。

①预包被板 48T/96T1 支。

②酶结合物(1 号液)1 支。

③洗涤液(2 号液)1 支。

④底物(3 号液)1 支。

⑤显色剂(4 号液)1 支。

⑥样本稀释液(5 号液)1 支。

⑦终止液(6 号液)1 支。

⑧阳性对照品 1 支。

⑨阴性对照品 1 支。

⑩使用说明书 1 份。

◈ **相关知识**

猪旋毛虫 IgG 抗体检测原理:先将抗原吸附于载体表面,洗去未吸附的部分,然后加入待测血清,使其中的特异抗体蛋白(第一抗体)与抗原结合,再洗去未结合的部分。加入酶标记的抗体,与抗原-抗体复合物相结合,产生酶标记的免疫复合物,洗去未结合的酶标记物。加入底物,在酶的催化下即产生有色物质,通过比色测定光密度值,即可算出抗血清中抗体的存在量。

◈ **职业能力训练**

猪旋毛虫 IgG 抗体试剂盒检测技术。

(一)检测步骤

(1)洗涤液配制　用蒸馏水或去离子水将浓缩洗涤液(2 号液)按 1∶10 稀释,如取 30 mL浓缩液稀释到 270 mL 蒸馏水中。

(2)样本稀释　用样本稀释液(5 号液)将待检血清样本按 1∶100 稀释。如取 5 μL 样本与 500 μL 样本稀释液混匀。阴性、阳性对照品不用稀释,直接加样。

(3)加样反应　样本检测孔每孔分别加已稀释血清样本 100 μL。同时设阴性、阳性及空白对照各 1 孔,取阴性、阳性对照品各 100 μL 分别加入反应孔内,空白对照孔仅加入 100 μL样本稀释液(5 号液)。37℃ 避光反应 30 min 后,甩去孔内液体,每孔注满工作洗涤液洗涤 3次,每次均需停留 1 min 后再甩净拍干。

(4)加酶反应　除空白对照孔外,每孔均加酶结合物(1 号液)1 滴。37℃ 避光反应 30 min后,甩去孔内液体,如上洗涤拍干。

(5)显色反应　加底物(3 号液)和显色剂(4 号液)各 1 滴,混匀,37℃ 下避光显色 10 min。加终止液(6 号液)1 滴,终止反应(加终止液后,蓝色会变为黄色)并判读结果。

(二)结果判断

(1)肉眼观察　阴性对照接近无色,阳性对照呈明显黄色,表示试验有效。待检孔无色表示该标本为阴性,待检孔呈黄色表示该标本为阳性。

(2)仪器判断　以空白对照调零用酶标仪于 450 nm(620 nm 做参比波长)读取 OD 值,待检孔 OD 值大于阴性对照 2.1 倍者为阳性。当阴性对照 OD 值低于 0.07 时按 0.07 计算。

(三)注意事项

(1)试剂盒在 2～8℃ 下保存,每次取出时先平衡至室温后使用。滴瓶每次用后一定要将盖拧紧,各瓶盖之间切不可混用。各试剂盒之间不可混用。

(2)洗涤时将蒸馏水加满孔内,每次停放 30 s 后甩去孔内液体。禁用自来水等其他水源。

(3)为提高试验的可比性,建议使用仪器判读结果。并对阴性对照设复孔以减少误差。

学习任务四　猪囊虫 IgG 抗体检测

◈ **学习条件**

(1)器材　10 μL 加样移液器。

(2)试剂　猪囊虫 IgG 抗体检测试剂盒。

①预包被板 48T/96T。

②酶结合物(1 号液)1 支。

③洗涤液(2 号液)1 支。

④底物(3 号液)1 支。

⑤显色剂(4 号液)1 支。

⑥样本稀释液(5 号液)1 支。

⑦终止液(6 号液)1 支。

⑧阳性对照品 1 支。

⑨阴性对照品 1 支。

⑩使用说明书 1 份。

◈ **相关知识**

一、猪囊虫 IgG 抗体检测原理

先将抗原吸附于载体表面,洗去未吸附的部分,然后加入待测血清,使其中的特异抗体蛋白(第一抗体)与抗原结合物,再洗去未结合的部分,加入酶标记的抗体(第二抗体,即第一抗体的抗体),与抗原-抗体复合物相结合,产生酶标记的免疫复合物,洗去未结合的酶标记物,加入底物,在酶的催化下即产生有色物质,通过比色测定光密度值,即可算出血清中抗体的存在量。

二、猪囊虫 IgG 抗体检测临床意义

囊虫病是由猪肉绦虫的幼虫(即囊虫)寄生体内所致,常造成皮下组织、肌肉与中枢神经系统的损害,同时体内会产生特异性的抗体并获得一定免疫力,检测特异性囊虫抗体可作为囊虫感染的辅助诊断指标。

本试剂盒采用囊虫囊液抗原做固相抗原检测动物血清中的特异性囊虫抗体,灵敏度高(可达 96％以上),特异性强,重复性好,操作方便快速,可分多次使用。

◈ **职业能力训练**

猪囊虫 IgG 抗体检测技术。

(一)检测步骤

(1)加样反应　取出所需量的反应板条,每孔加样本稀释液(5 号液)2 滴,再分别加入待检的血清样本 10 μL,混匀。同时设阴性、阳性及空白对照各 1 孔,阴性、阳性对照与待检样本同

步处理,空白对照孔仅加入样本稀释液(5号液)2滴。37℃避光反应30 min后甩去孔内液体,每孔加洗涤液(2号液)1滴,立即用蒸馏水注满,静置30 s后甩去,再直接用蒸馏水洗涤四次,甩去,拍干。

(2)加酶反应　除空白对照孔外其余每孔加酶结合物(1号液)2滴,37℃避光反应30 min后甩去孔内液体,如上洗涤,拍干。

(3)显色反应　加底物(3号液)和显色剂(4号液)各1滴,混匀,37℃下避光显色10 min。加终止液(6号液)1滴,混匀,终止反应(加终止液后蓝色会变为黄色)并判读结果。

(二)结果判断

(1)肉眼观察　阴性对照接近无色,阳性对照呈明显黄色,表示试验有效。待检孔接近无色表示该标本为阴性,待检孔呈明显黄色表示该标本为阳性。

(2)仪器判断　以空白对照调零用酶标仪于450 nm(620 nm为参比波长)读取OD值,待检孔OD值大于阴性对照2.1倍者为阳性。当阴性对照OD值低于0.05时按0.05计算。

学习任务五　猪原虫病的检测

◆**学习条件**

(1)器材　显微镜、离心机、恒温箱;烧杯、试管、载玻片、盖玻片、纱布、牙签、酒精灯等。

(2)试剂　甲醇、姬姆萨液或瑞氏染色液、柠檬酸钠、生理盐水等。

◆**职业能力训练**

原虫病常用的检查方法有以下几种。

1.血液涂片法

由耳静脉采血1滴于载玻片上,另以载玻片或盖玻片推制成涂片(检查梨形虫时,血片越薄越好),待干,滴数滴甲醇固定5 min,再以姬姆萨液或瑞氏染色液进行染色,染好的血涂片白细胞核和细胞质应十分清晰。

查原虫用高倍镜或油镜。

2.鲜血压滴标本检查法

由耳静脉采血1滴,置于清洁载玻片上,加上等量生理盐水1滴,混合后加上盖玻片,于低倍镜下检查,看有无活动的虫体,必要时以高倍镜观察。冬季检查时,应将做好的片子放在手心上或火炉旁稍许加温,以增加虫体的活力而便于观察。

3.浓集检查法

颈静脉采血,置于预先备有柠檬酸钠的试管内,混合后静置30~50 min。用离心机(1 500~2 000 r/min)离心3~5 min或自然沉淀2~3 h,此时细胞沉于管底部,而虫体集中于红细胞表面和白细胞层,然后以吸管吸取白细胞层做压滴标本或染色检查。这种方法主要用来检查锥虫。

4.毛细管集虫法

毛细管内径约0.8 mm,预先进行肝素抗凝处理,吸入耳静脉血约50 mL,熔封其无血端,3 000 r/min离心5min,然后将毛细管置于载玻片上直接镜检(100倍),必要时以450倍检查,阳性者可在白细胞与血浆交界处查到活动的虫体。

学习任务六　猪附红细胞体病的检测

◆学习条件

(1)器材　显微镜、载玻片、盖玻片。

(2)试剂　瑞氏染色液、姬姆萨染色液、吖啶橙染液、中性蒸馏水。

◆相关知识

一、附红细胞体病原形态

附红细胞体是一种多形态微生物,多呈环形、月牙形、点状、杆状、哑铃状和星状等。大小为(0.3～1.3)μm×(0.5～2.6)μm。无细胞壁,仅有单层界膜,无明显的细胞膜和细胞器。常单独或呈链状附着于红细胞表面,或游离于血浆中,但以球形、附着于红细胞表面静止的状态比较多见。被寄生的红细胞变形,细胞膜皱缩,呈现出芒星状、锯齿状或者不规则状,也可围绕在整个红细胞上(图3-5-7)。附红细胞体发育过程中形状和大小可以发生改变。附红细胞体对苯胺染料易染,革兰氏染色阴性,姬姆萨染色呈紫红色,瑞氏染色为淡蓝色。在油镜下,调节微调螺旋时折光性较强,附红细胞体中央发亮,形似空泡。

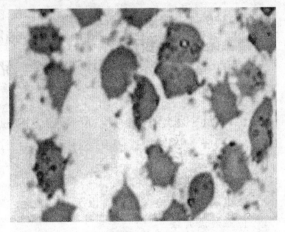

图3-5-7　细胞周围及红细胞上均有附红细胞体

二、血涂片制备

1.操作步骤

①取无油脂的洁净载玻片,选一张边缘光滑的盖玻片作为推片。

②取被检血一小滴放在载玻片的右端,用左手的拇指与食指夹载玻片,右手持推片,将推片倾斜30°～40°角,使其一端与载玻片接触并放在血滴之前,向右拉动推片使与血滴接触,待血液扩散形成一条线之后,以均等的速度轻轻向左推动,此时血液被涂于载玻片上而形成一薄膜。

③将涂好的血片,迅速左右晃动,促使血膜干燥。否则,血细胞易皱缩变形,影响检查结果。

④血涂片常用瑞氏染色法、姬姆萨氏染色法和瑞-姬氏复合染色法。

2.注意事项

①载玻片应事先处理干净,可先用清洁液(硫酸与重酪酸钾配成)浸泡,冲洗,置于无水乙醇中备用,临用前擦干即可。

②推制血涂片时,用力要均匀,勿使太薄或太厚。

③良好的涂片,血液应分布均匀,厚度要适当,对光观察时呈霓红色;血膜的两端应留有空隙,以便用玻璃蜡笔注明畜别、编号及日期。

④制成的血涂片干燥后,如不立即染色,则血膜应向下保存,以免蚊蝇舐食或落入灰尘。保存时间也不宜过久。

⑤供镜检血液涂片应不少于2～4张。包装运送时,将制成的涂片彼此中间夹垫火柴棍或厚纸片,重叠后用线缠住,用纸包好。每片应注明号码,另附说明。

◆职业能力训练

猪附红细胞体病实验室诊断方法。

可采用2种方法进行诊断,每种方法各有利弊,最好多采用几种方法,以防误诊。

(一)悬滴法

新鲜血液加等量生理盐水稀释后吸取数滴置载玻片上,加盖盖玻片,置显微镜下观察。可见虫体呈球形、逗点形、杆状或颗粒状。由于虫体附着在红细胞表面有张力作用,红细胞在视野内上下震动或左右运动,红细胞形态也发生了变化,呈菠萝状、锯齿状、星状等不规则形状。该方法也适用于抗凝血液,抗凝血液存放1～2 d,一般并不影响检测结果。

(二)涂片镜检法

1. 直接涂片

取新鲜或抗凝血少许置载玻片上推成薄层,然后在显微镜下直接观察。可看到附红细胞体呈球形、逗点形、杆状或颗粒状。寄生有附红细胞体的红细胞呈菠萝状、锯齿状、星状等不规则形状。该方法的优点是简单、快速。其不足之处,一是对推片的技术有一定要求,红细胞必须推成薄层;二是容易和其他导致红细胞变形的情况混淆。

2. 染色

①瑞氏染色法:将自然干燥的血片用蜡笔于血膜两端各划一道横线,以防染色液外溢。置血片于水平支架上,滴加瑞氏染色液,并记其滴数,直至将血膜浸盖为止。待染1～2 min后,滴加等量蒸馏水,轻轻吹动使之混匀,再染4～10 min,用蒸馏水冲洗,自然干燥或吸干后镜检。

②姬姆萨染色法:涂片用甲醇固定1～2 min,将血片直立于装有姬姆萨染液的染色缸中,染色30～60 min,取出用蒸馏水洗净,干燥后镜检。

③吖啶橙染色法:血片先用甲醇固定1～2 min,用滴管取吖啶橙染液2～3滴于血膜上,染色40～60s,加盖玻片。

3. 镜检

①瑞氏染色:在640～1 600倍显微镜下观察,红细胞呈淡紫红色,附红细胞体呈淡蓝色或黄色,革兰氏染色呈阴性。

②姬姆萨染色:附红细胞体呈稍淡紫红色。

③吖啶橙染色:将涂片置于荧光显微镜下观察,附红细胞体呈明亮橘黄色,背景呈暗绿色。

此时,从红细胞的边缘和血浆中可辨认出病原。在急性病例中,病原不易辨认,为淡黄色至浅绿色的小点状。

学习情境六　猪中毒病的实验室检验

◆ **学习目标**

1. 亚硝酸盐中毒实验室检验。

2. 有机磷中毒实验室检验。

3. 氢氰酸和氰化物中毒实验室检验。

4. 食盐、黄曲霉素 B_1、棉籽饼(粕)等食物中毒的实验室检验。

5. 磷化锌和敌鼠钠盐等鼠类中毒的实验室检验。

学习任务一　亚硝酸盐中毒的检验

◆ **学习条件**

试剂:10%联苯胺液、10%醋酸、10%高锰酸钾、10%硫酸。

◆ **相关知识**

一、哪些青绿饲料含有硝酸盐

白菜、包心菜、萝卜叶、甜菜及其叶、菠菜、莴苣叶、芥菜、马铃薯茎叶、南瓜藤、甘薯藤及叶、玉米幼苗、多种野菜及未成熟燕麦、小麦、大麦等。植物在幼嫩时硝酸盐含量较多,抽穗或结果后迅速下降。种子中含硝酸盐少。硝酸盐在硝酸盐还原菌作用下,被还原为毒性较高的亚硝酸盐。

硝酸盐还原菌在自然界广泛存在,其最适生长温度为 $20\sim40℃$。当饲料调配不当时,如将青绿饲料小火焖煮及雨淋堆放等,可造成硝酸盐还原菌快速繁殖,使饲料中亚硝酸盐含量升高。猪只采食了这样的饲料后就可发生中毒。

二、实验室检测原理

1. 格瑞斯氏反应原理

亚硝酸盐在酸性溶液中,与对氨基苯磺酸作用产生重氮化合物,再与 $α$-甲萘胺偶合时产生紫红色偶氮素。

2. 联苯胺冰醋酸反应原理

亚硝酸盐在酸性溶液中,将联苯胺重氮化成醌式化合物,呈现棕红色。

◆ **职业能力训练**

亚硝酸盐中毒的实验室检验技术见表 3-6-1。

表 3-6-1 亚硝酸盐中毒的实验室检验技术

工作程序	操作要求
问诊	有没有慢火焖煮、堆积存放、霉烂变质等青绿饲料调制方法不当的情况
检样处理	取胃内容物、呕吐物、剩余饲料等约 10.0 g,置于小烧瓶内,加适量蒸馏水及 10％醋酸溶液数毫升,使成酸性。搅拌成粥状,放置 15 min 后滤过,所得滤液供定性检验用。如检样颜色过深,可加少量活性炭脱色或用透析法提取。注意以下几点。 ①要求容器清洁,无化学杂质,要洗刷干净,不能随便用药瓶盛装,病料中更不能放入防腐消毒剂,因为化学药品可能发生反应而妨碍检验; ②送检材料应包括肝、肾、胃和肠内容物及怀疑中毒的饲料样品,甚至血和膀胱内容物; ③每一种病料应该放在一个容器内,不要混合; ④专人保管、送检,除微生物检查所附带的说明外,尚需提供剖检材料,提供可疑的毒物
实验室检测	做格瑞斯氏反应、联苯胺冰醋酸反应定性实验和变性血红蛋白检查。 ①格瑞斯氏反应:配制格瑞斯氏粉:称取 α-甲萘胺 1.0 g,对氨基苯磺酸 10.0 g,酒石酸 89.0 g,共同研磨成粉,置于棕色瓶中备用。将适量格瑞斯氏粉置于白瓷反应板凹窝中,加入被检液数滴,如出现紫红色,即为阳性; ②联苯胺冰醋酸反应:取胃肠内容物或残余饲料的液汁 1 滴,滴在滤纸上,加 10％联苯胺液 1～2 滴,再加上 10％醋酸 1～2 滴,如有亚硝酸盐存在,滤纸即变为棕色,否则颜色不变。也可将待检饲料放在试管内,加 10％高锰酸钾溶液 1～2 滴,搅匀后,再加 10％硫酸 1～2 滴,充分摇匀。如有亚硝酸盐,则高锰酸钾变为无色,否则不退色; ③变性血红蛋白检查:取血液少许于小试管内,暴露于空气振荡后,在有变性血红蛋白的情况下,血液不变色(仍为暗褐色)。健康猪的血液则由于血红蛋白与氧结合而变为鲜红色
结论	给出实验诊断结论。提出合理建议和解决处理措施

学习任务二 有机磷农药中毒的检验

◆**学习条件**

试剂:10％氢氧化钠、10％盐酸、1％亚硝酰铁氰化钠溶液、5％氢氧化钠乙醇溶液(现配),1％间苯二酚乙醇溶液(现配)。

◆**相关知识**

一、有机磷农药的种类

有机磷农药种类很多,对猪的毒性差异也很大。常见的有机磷农药有:对硫磷(1605)、甲基对硫磷(甲基 1605)、内吸磷(1059)、甲基内吸磷(甲基 1059)、乐果、敌百虫、敌敌畏等。

二、对硫酸(1605)的检验原理(硝基酚反应法)

1605 在碱性溶液中溶解后,生成黄色的对硝基酚钠,加酸可使黄色消失,加碱可使黄色再现。

三、内吸磷(1059)的检验原理(亚硝酰铁氰化钠法)

1059 等含硫有机磷农药在碱性溶液中溶解生成的硫化物,与亚硝酰铁氰化钠作用后产生稳定的红色络合物。

四、敌百虫和敌敌畏的检验原理(间苯二酚法)

敌百虫和敌敌畏在碱性条件下分解生成二氯乙醛,与间苯二酚缩合生成红色产物。

◆ **职业能力训练**

有机磷农药中毒的实验室检验技术见表 3-6-2。

表 3-6-2　有机磷农药中毒的实验室检验技术

工作程序	操作要求
问诊	①是否吃了被有机磷农药污染的青草、蔬菜或用有机磷农药拌过的种子? 是否喝了被有机磷农药污染的水? 盛装过有机磷农药的器皿未经彻底洗净即用来盛饲料或做饲具。可能是哪种有机磷农药中毒; ②用某些有机磷农药(如敌百虫、倍硫磷、蝇毒磷、敌敌畏)防治猪寄生虫病时,剂量过大,浓度过高,或涂擦皮肤的面积过大; ③人为事故及其他
检样处理	取胃内容物适量,加 10%酒石酸溶液使之成弱酸性;再加苯淹没,浸泡 0.5 d,并经常搅拌,滤过。残渣中再加入苯提取一次,合并苯液于分液漏斗中,加 2%硫酸液反复洗去杂质并脱水。将苯液移入蒸发皿中,待自然挥发近干,再向残渣中加入无水乙醇溶解后,供检验用
生前症状检查	①显著消化机能紊乱,呕吐、分泌物增多,发生胃肠炎; ②表现兴奋、抑制、肌肉痉挛等神经症状; ③表现心跳加快、减弱、传导阻滞等心机能衰竭症状; ④肺水肿出血,呼吸困难; ⑤肾炎,表现血红蛋白尿和血尿管型
实验室检测	①1605 的检验(硝基酚反应法) 试剂:10%氢氧化钠、10%盐酸。 操作方法:取处理所得供检液 2 mL 置于小试管中,加 10%氢氧化钠 0.5 mL。如有 1605 存在即显黄色,置水浴中加热,则黄色更加明显。再加 10%盐酸后,黄色消退,再加 10%氢氧化钠后又出现黄色。如此反复 3 次以上均显黄色者为阳性,否则即为假阳性; ②内吸磷(1059)的检验(亚硝酰铁氰化钠法) 试剂:10%氢氧化钠溶液,1%亚硝酰铁氰化钠溶液

续表 3-6-2

工作程序	操作要求
实验室检测	操作方法:取供检液 2 mL,待自然干燥后,加蒸馏水溶于试管中,加 10% 氢氧化钠溶液 0.5 mL,使之呈强碱性。在沸水浴中加热 5~10 min,取出放冷。再沿试管壁加入 1% 亚硝酰铁氰化钠溶液 1~2 滴,如在溶液界面上显红色或紫红色为阳性,说明样品中含有 1059、3911、1420、4049、三硫磷或乐果等; ③敌百虫和敌敌畏的检验(间苯二酚法) 试剂:5%氢氧化钠乙醇溶液(现配),1%间苯二酚乙醇溶液(现配)。 操作方法:取 3 cm×3 cm 定性滤纸一块,在中心滴加 5%氢氧化钠乙醇溶液 1 滴和 1% 间苯二酚乙醇溶液 1 滴。稍干后滴加待检液数滴,在电炉或小火上微微加热片刻,如有敌百虫或敌敌畏存在时,则呈粉红色。 敌百虫与敌敌畏的鉴别:在滴板上加一滴样品,待自然干燥后,于残渣上加甲醛硫酸试剂(每毫升硫酸中加 40%甲醛 1 滴)。若显橙红色为敌敌畏,若显黄褐色为敌百虫
结 论	给出实验诊断结论。提出合理建议和解决处理措施

学习任务三　氢氰酸和氰化物中毒的检验

◈学习条件

　　试剂:10%氢氧化钠溶液,10%盐酸溶液,10%酒石酸溶液,20%硫酸亚铁溶液(临用前配制)等检验试剂。

◈相关知识

一、氢氰酸和氰化物中毒的种类与机理

　　氢氰酸和氰化物中毒的种类很多,对猪的毒性差异也很大。常见的中毒种类有:亚麻及亚麻籽饼、鲜亚麻茎和叶,木薯,高粱幼苗,豆类和蔷薇科植物都含有氰苷。氰苷本身是无毒的,而氢氰酸是剧毒物质。在自然条件下,在完整的植物细胞内,氰苷与水解氰苷的酶,在空间上是被分隔开的,所以在植物体内一般不形成氢氰酸。但当植物枯萎、受霜冻、生长受阻或被践踏时,由于植物细胞受到损害,使得氰苷能与酶接触,在植物体内被酶降解而产生氢氰酸。家畜氢氰酸中毒的主要原因,是采食含氰苷的植物经咀嚼时破坏了植物细胞,并在消化道内由于浸渍与植物酶水解而释放出氢氰酸。

二、改良普鲁士蓝法检验机理

　　氰离子在碱性溶液中与亚铁离子作用,生成亚铁氰络盐,在酸性溶液中,遇高价铁离子即生成普鲁士蓝。

◈职业能力训练

　　氢氰酸和氰化物中毒的实验室检测技术见表 3-6-3。

表 3-6-3 氢氰酸和氰化物中毒的实验室检测技术

工作程序	操作要求
问诊	①猪是否吃过亚麻及亚麻籽饼、鲜亚麻茎和叶,木薯,高粱幼苗,豆类和蔷薇科植物; ②人为事故及其他
实验室检测	定性检验可用改良普鲁士蓝法。方法如下: ①硫酸亚铁-氢氧化钠试纸制备:用定性滤纸一张,在中心部分依次滴加 20%硫酸亚铁溶液及 10%氢氧化钠溶液(临用前配制); ②取检材 5～10 g,切细,放置烧瓶内,加蒸馏水调成粥状,再加 10%酒石酸溶液适量,使之成酸性,立即在瓶口盖上硫酸亚铁－氢氧化钠滤纸,用小火徐徐加热煮沸数分钟后,取下滤纸,在其中心滴加 10%盐酸。如有氢氰酸或氰化物存在,则呈现蓝色斑
结论	给出实验诊断结论。提出合理建议和解决处理措施

学习任务四　食物中毒的检验

子任务一　棉籽饼(粕)中毒的检验

◈学习条件

(1)器材　磨碎机、显微镜、玻璃容器等。

(2)试剂　硫酸、乙醚等。

◈相关知识

棉籽饼中毒剂量:普通棉籽饼中含有一种叫棉酚的毒素,占棉籽的 0.7%～4.8%,棉酚及类棉酚色素集中在棉籽仁的球状色腺体中,色腺体周围为棉籽仁的肉质。棉酚是一种姜黄色结晶,熔点 181～185℃,它是一种多元化合物,具有多种异构体。

猪对游离棉酚更敏感些,其耐受量为 100 mg/kg,超过此量即抑制生长,并可能中毒死亡。

◈职业能力训练

棉籽饼(粕)中毒的定性检测技术见表 3-6-4。

表 3-6-4 棉籽饼(粕)中毒的定性检测技术

工作程序	操作要求
问诊	同舍有数头以上的动物,同时或相继出现症状和病理变化基本相似的疾病。有没有饲喂棉籽饼(粕)的病史
实验室检测	①将棉籽饼磨碎,取其细粉末少许,加硫酸数滴,若有棉酚存在即变为红色(应在显微镜下观察)。若将该粉末在 97℃下蒸煮 1～1.5 h 后,则反应呈阴性; ②将棉籽饼按上法蒸煮后,再用乙醚浸泡,然后回收乙醚,浓缩,用上法检查,可出现同样的结果。该法只能做定性检验
结论	给出实验诊断结论。提出合理建议和解决处理措施

子任务二　食盐中毒的检验

◆ 学习条件

(1)器材　玻璃容器、量筒、棕色玻瓶、玻璃棒、移液管、容量瓶、烧杯、滴定管、微量吸管、25 mL 滴管、新华滤纸、试纸等。

(2)试剂　硝酸、硝酸银、铬酸钾、蒸馏水等。

◆ 相关知识

一、食盐中毒剂量

当日粮中添加食盐比例过高,或使用了含盐量极高的劣质鱼粉而仍按常规比例配料,或由于添加的食盐拌和不均,常使猪只摄入过多的食盐。食盐中毒与饮水情况密切相关,如猪饲料含 2.5% 的食盐,间歇少量供水时,即可引起猪中毒,而大量饮水时,饲料中含量高达 10%～13% 也不易引起中毒,因为足够的饮水可促进食盐排泄。

各种动物对食盐的敏感性不一样,引起猪急性食盐中毒的剂量为每千克体重 1～2 g。

二、酸性硝酸银法检测食盐中毒原理

根据氯化钠中的氯离子在酸性条件下与硝酸银中的银离子结合,生成不溶性的氯化银白色沉淀。

◆ 职业能力训练

猪食盐中毒的实验室检测技术见表 3-6-5。

表 3-6-5　猪食盐中毒的实验室检测技术

工作程序	操作要求
问诊	同舍有数头以上的动物,同时或相继出现症状和病理变化基本相似的疾病。有采食过量食盐的病史
实验室检测	酸性硝酸银法 试剂　酸性硝酸银试剂:取硝酸银 1.75 g、硝酸 25 mL,蒸馏水 75 mL 溶解后即得 操作方法　取水 2～3 mL 放入洗净的试管中,再用小吸管取眼结膜囊内液少许,放入小试管中,然后加入酸性硝酸银试剂 1～2 滴,如有氯化物存在就呈白色混浊,量多时混浊程度增大
结论	给出实验诊断结论。提出合理建议和解决处理措施

子任务三　黄曲霉素 B_1 快速检验

◆ 学习条件

1.黄曲霉素 B_1 快速检测试纸卡提供材料

①10 份快速检测试纸卡(内带一次性吸管)。

②稀释液 1 瓶。

③15 mL 离心管。

④1 份产品使用说明书。

2.器材

小型粉碎机、家用吹风机、4 000 r/min 离心机、感量为 0.1 g 的天平、玻璃器皿、烧杯、量筒、滴管、移液管。

3.试剂

乙酸乙酯、纯净水。

◆ **相关知识**

黄曲霉素 B_1（AFB_1）快速检测试纸卡原理：黄曲霉素 B_1 快速检测试纸基于竞争法胶体金免疫层析技术，用于快速筛查含有 AFB_1 的粮食谷物。将检测液加入试纸卡上的样品孔，检测液中的 AFB_1 与金标垫上的金标抗体结合形成复合物。若 AFB_1 在检测液中浓度低于灵敏度值，未结合的金标抗体流到 T 区时，被固定在膜上的 AFB_1-BSA 偶联物结合，逐渐凝集成一条可见的 T 线；若 AFB_1 浓度高于灵敏度值，金标抗体全部形成复合物，不会再与 T 线处 AFB_1-BSA 偶联物结合形成可见 T 线。未固定的复合物流过 T 区被 C 区的二抗捕获并形成可见的 C 线。C 线出现则表明免疫层析发生，即试纸有效。

黄曲霉素 B_1 快速检测试纸卡使用注意事项。

①如果购买时发现过期，破损，污染，无效的产品，请在购买处进行更换。

②所有试纸启封后 1 h 内使用。

③本品为一次性产品，请勿重复使用；请勿使用非本品随附的稀释液。

④4～30℃阴凉干燥处保存，不可冷冻，避免阳光直晒，生产日期起 18 个月内有效。

◆ **职业能力训练**

黄曲霉素 B_1 实验室检验技术。

①取 5 g 以上有代表性的谷物样品粉碎（过 20 目筛），准确称取 2 g 均匀粉碎试样加入到离心管中。

②向离心管中准确加入 2 mL 纯水和乙酸乙酯 8 mL，将瓶塞盖紧密封，用力振荡 5 min，4 000 r/min 离心 1 min。

③用吸管取 2 mL 上清液到小玻璃杯中，吹干滤液，参照表 3-6-6 根据残留限量量取相应体积稀释液复溶杯底固体。此溶解液即为检测液。

表 3-6-6　对照表

谷物残留限量/(mg/kg)	5	10	20	30	40	50	100
使用稀释液体检/mL	0.4	0.8	1.6	2.4	3.2	4	8

④取出试纸，开封后瓶放在桌面，用滴管向试纸孔缓慢而准确地逐滴加入 3 滴检测液。

⑤5 min 判断结果，10 min 后的结果无效。

结果判定如图 3-6-1 所示。

阴性：C 线显色，T 线肉眼可见，无论颜色深浅均判为阴性。

阳性：C 线显色，T 线不可见，判为阳性。

无效:C 线不显色,无论 T 线是否显色,该试纸均判为无效。

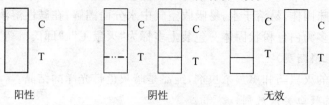

阳性　　　　　　　阴性　　　　　　　无效

图 3-6-1　判定结果

学习任务五　鼠药中毒的检验

子任务一　磷化锌中毒的检验

◆**学习条件**

试剂 10％盐酸、1％硝酸银溶液、溴化汞试纸、硫氰汞铵试剂、碱性乙酸铅棉、5％亚铁氰化钾溶液、10％氢氧化钠溶液。

◆**相关知识**

一、鼠药中毒的种类

1.按鼠药进入机体的途径分

按鼠药进入机体的途径分为胃毒剂、熏蒸剂、触杀剂。

2.按鼠药的成分分

①无机杀鼠剂——磷化锌、亚砷酸等。

②有机杀鼠剂——敌鼠、溴敌隆、大隆等。

③植物性杀鼠剂——马钱子、红海葱等。

④微生物杀鼠剂——达尼契氏菌等。

3.按鼠药的作用速度分

①急性杀鼠剂或单剂量杀鼠剂,也称速效杀鼠剂如氟乙酸钠、氟乙酰胺、毒鼠强、磷化锌、毒鼠磷等。

②慢性杀鼠剂或多剂量杀鼠剂,又称缓效杀鼠剂如敌鼠钠盐、杀鼠灵、杀鼠迷、大隆等。

4.按鼠药的使用要求分

①许可使用的杀鼠剂——杀鼠灵、杀鼠迷、溴敌隆、氯鼠酮等。

②控制使用的杀鼠剂——磷化锌、毒鼠磷、溴代毒鼠磷、甘氟等。

③禁止使用或"三禁"杀鼠剂——氟乙酰胺、氟乙酸钠、亚砷酸、安妥、马钱子等。

二、临床常见的鼠药中毒种类有哪些

1.毒鼠强

毒鼠强的化学名称为四亚甲基二砜四胺,为白色晶体或粉末状。

在民间的名字有很多,比如"三步倒"、"闻到死"、"四二四"、"原子能灭鼠王"、"气体灭鼠剂"等。

2.氟乙酰胺(有机氟类)

白色、无臭、无味固体,易溶于水,易吸收空气中水分而潮解,在碱性溶液中水解。市场销售成品多为白色粉状固体。包装上多标为"灭鼠王"、"邱氏鼠药"、"灭鼠灵"等。

3.磷化锌(有机磷酯类)

它是使用较早的灭鼠药和熏蒸杀虫剂,纯品是暗灰色带光泽的结晶。

4.敌鼠钠盐(抗凝血类杀鼠剂)

三、磷化锌中毒的检验原理

磷化锌检验分别检验磷和锌离子。

1.磷的检验用硝酸银试纸法和溴化汞试纸法的原理

磷化锌在酸性条件下生成磷化氢,磷化氢遇硝酸银产生黑色磷化银。磷化氢和溴化汞作用产生黄红色的化合物。

2.锌的检验用显微结晶法和亚铁氰化钾反应原理

(1)显微结晶法原理　锌在微酸性的溶液中与硫氰汞铵作用生成白色硫氰汞锌十字形和树枝形结晶。

(2)亚铁氰化钾反应原理　在微酸性溶液中,锌与亚铁氰化钾生成铁氰化锌白色沉淀。沉淀不溶于稀酸而溶于碱中,若加过量试剂时,则生成更难溶的白色亚铁氰化锌钾沉淀。

◆职业能力训练

磷化锌中毒的实验室检测技术见表3-6-7。

表3-6-7　磷化锌中毒的实验室检测技术

工作程序	操作要求
问　诊	同舍有数头以上的动物,同时或相继出现症状和病理变化基本相似的疾病。有误食毒饵或毒死老鼠的病史
生前症状检查	食欲减退,呕吐,呕吐物或呼出气体有蒜味或乙炔气味,腹痛不安。呼吸加快加深,初期过度兴奋甚至惊厥、后期昏迷嗜睡,全身广泛性出血。此外,还伴有腹泻、粪便中混有血液等症状
检样处理	检样以剩余饲料为最好,其次是呕吐物和胃内容物。对呕吐物和胃内容物的检验应及时进行
实验室检验	磷化锌检验分别检验磷和锌离子。 1.磷的检验　用溴化汞试纸法和硝酸银试纸法。 (1)溴化汞试验法 试剂:10%盐酸,溴化汞试纸(将滤纸浸于5%溴化汞乙醇溶液中约1 h,保存于棕色瓶中备用)。 操作方法:取125 mL锥形瓶一个,瓶口盖有装玻璃管的软木塞,管上口的细玻璃管部有溴化汞试纸条。称取检样5～10 g,放入瓶内,加水搅成糊状,再加10%盐酸5 mL,立即塞上装有试剂的瓶塞,30 min后(必要时可加热至50℃左右)观察溴化汞纸条的颜色变化,如呈黄色或棕黄色者,为阳性反应。

续表 3-6-7

工作程序	操作要求
实验室检验	(2)硝酸银试纸法 试剂:1%硝酸银溶液,10%盐酸,碱性乙酸铅棉(5%乙酸铅溶液加入 50%氢氧化钠直至刚好生成沉淀又溶解为止)。 操作方法:取 125 mL 锥形瓶一个,瓶口盖有装玻璃管的软木塞,管上口的细玻璃管部有硝酸银试纸条。玻璃管下装入醋酸铅棉,加水。取检材 10 g 放入三角瓶中,加水搅拌成糊状,再加 10%盐酸 5 mL,立即塞上装有试剂的瓶塞,在 50℃水浴上加热 30 min,若有磷化物存在,硝酸银试纸条变黑。 2.锌的检验 用显微结晶法和亚铁氰化钾反应 (1)显微结晶法 试剂:硫氰汞铵试剂(取氰化汞 8 g,硫氰汞铵 9 g,加水到 100 mL)。 操作方法:取检液 1 滴(测磷用的检液可直接过滤经蒸发浓缩后使用)在载玻片上,蒸发近干,冷后加 1 滴硫氰汞铵试剂,在显微镜下观察。如有锌存在,马上生成硫氰汞锌结晶,呈特殊的十字形和树枝状突起。 (2)亚铁氰化钾反应 试剂:5%亚铁氰化钾溶液;10%氢氧化钠溶液。 操作方法:将做完磷化氢反应后的检材进行过滤或取有机质破坏后的溶液 2 mL,置小试管中,加 5%亚铁氰化钾溶液,如有锌存在产生白色沉淀,再加 10%氢氧化钠时沉淀溶解。 注意事项:在进行锌离子的检查时,如果检材为内脏或其他检材但已腐败时,必须先破坏有机质,其方法如下:取检材 5～10 g 置坩埚中,于电炉上加热使其炭化,再置高温炉 600℃左右使其灰化,冷后加稀盐酸溶解,过滤将滤液蒸干,除去多余的盐酸,再加水溶解过滤,滤液供检验用
结论	给出实验诊断结论。提出合理建议和解决处理措施

子任务二 敌鼠钠盐中毒的检验

◉学习条件

试剂 9%三氯化铁、5%盐酸羟胺、无水乙醇、氯仿、稀盐酸。

◉相关知识

(1)敌鼠钠盐中毒检验用三氯化铁反应的原理 敌鼠或敌鼠钠盐都能与三氯化铁反应,生成红色。

(2)盐酸羟胺反应原理 敌鼠或敌鼠钠都能与盐酸羟胺反应,缩合成肟酸,呈现白色混浊。

◉职业能力训练

敌鼠钠盐中毒的实验室检测技术见表 3-6-8。

表 3-6-8　敌鼠钠盐中毒的实验室检测技术

工作程序	操作要求
问诊	同舍有数头以上的动物,同时或相继出现症状和病理变化基本相似的疾病。有误食毒饵或毒死老鼠的病史
检样处理	①取呕吐物、胃内容物、血液和尿液作为检样。也可采取可疑饲料作为检样; ②取固体检样或半固体检样适量,预先在水浴锅上将水分挥干,置三角瓶中,加无水乙醇适量,在水浴上温浸 15 min,过滤。滤液在水浴锅上挥干,残渣加无水乙醇溶解,滤去不溶物,滤液浓缩至少量供定性检验用。若进行仪器分析或含量测定,滤液浓缩后,再过中性氧化铝柱纯化,用氯仿洗脱,洗脱液浓缩后供检; ③液体检样,可取适量于分液漏斗中,先加稀盐酸酸化,再用氯仿振摇提取,分出氯仿液,在水浴上浓缩至近干,供定性检验。必要时可用中性氧化铝柱纯化
实验室检验	①三氯化铁反应 试剂:9％三氯化铁溶液。 操作方法:取提取浓缩液少许,加无水乙醇 1.5 mL 溶解,加 9％三氯化铁溶液 1～2 滴,若有敌鼠或敌鼠钠盐,有红色悬浮物生成。加氯仿 0.5 mL,蒸馏水 0.5 mL,充分振摇,氯仿呈明显红色; ②盐酸羟胺反应 试剂:5％盐酸羟胺溶液。 操作方法:取提取浓缩液 5 滴,加无水乙醇 1 mL 稀释,然后逐滴加入 5％盐酸羟胺溶液,如含有敌鼠及其钠盐,可出现白色混浊。含量高时可出现白色沉淀
结论	给出实验诊断结论。提出合理建议和解决处理措施

参考文献

[1] 王志远.猪病防治.北京:中国农业出版社.2006.

[2] 李立山,张周.养猪与猪病防治.北京:中国农业出版社.2006.

[3] 张宏伟,杨廷桂.动物寄生虫病.北京:中国农业出版社.2006.

[4] 徐有生.科学养猪与猪病防制原色图谱.北京:中国农业出版社,2009.

[5] 王振玲,华勇谋.猪病防治实操手册.北京:中国农业大学出版社,2011.

[6] 王泽岩,赵建增.猪病鉴别诊断与防治.北京:金盾出版社,2008.

[7] 叶培根,唐万勇.猪防治员.北京:金盾出版社,2008.

[8] 张苏华.猪传染病防治图谱.上海:上海科学技术出版社,2007.

[9] 易本驰,张汀.猪病快速诊治指南.郑州:河南科学技术出版社,2008.

[10] 刘家国,王德云.新编猪场疾病控制技术.北京:化学工业出版社,2009.

[11] 金璐娟.猪病防治.北京:北京师范大学出版集团,2011.

[12] 潘耀谦.猪病诊疗原色图谱.2版.北京:中国农业出版社,2008.

[13] 马玉华,谷风柱.简明猪病诊断与防治原色图谱.北京:化学工业出版社.2009.

[14] 赵德明.兽医病理学.2版.北京:中国农业大学出版社,2005.

[15] 马学恩.家畜病理学.北京:中国农业出版社,2007.

[16] 潘耀谦,刘兴友.猪病诊治彩色图谱.北京:中国农业出版社,2010.

[17] 宣长和,王亚军,邵世义,等.猪病诊断彩色图谱与防治.北京:中国农业科学技术出版社,2005.

[18] 吴清民.兽医传染病学.5版.北京:中国农业大学出版社,2009.

[19] 李舫.动物微生物学.北京:中国农业出版社,2010.

[20] 王哲,宣华,韦旭斌.兽医手册.4版.北京:科学出版社,2001.

[21] 芦惟本.跟芦老师学看猪病.北京:中国农业出版社,2009.

[22] 徐有生.猪病理剖检实录.北京:中国农业出版社,2010.

[23] 李祥瑞.动物寄生虫病彩色图谱.北京:中国农业出版社,2004.